Essence

에센스 화장품 성분과학

Cosmetic Ingredients

메디시인

머리말

화장품은 어제보다 오늘, 오늘보다 내일 더 발전하는 산업으로 전 세계 대부분의 사람이 사용하는 필수품입니다. 역사적으로도 피부를 가꾸기 위해, 아름다워지기 위해, 본인을 표현하기 위해 자연의 재료를 이용하여 화장품을 만들어 사용했습니다. 화장품은 화학공학을 기반으로 정밀화학에서 생명공학으로 발전하여 지금은 4차 산업과 융합하여 '스마트 뷰티의 시대'로 불리고 있습니다.

현대인들의 생활수준 향상과 더불어 건강관리에 대한 관심으로 피부의 노화 억제와 함께 깨끗하고 아름다운 피부를 유지하고자 하는 욕구가 증대하면서 소비자의 취향과 피부타입을 고려한 맞춤형 화장품의 시장이 확대되었습니다. 그에 따라 조제관리사 및 판매자들은 수많은 화장품의 성분을 세부적으로 공부해야 할 필요가 있으며, 소비자들도 본인에게 필요한 성분과 유해한 성분들을 함께 익혀 똑똑한 소비가 늘어나는 추세입니다.

이와 같이 모든 사람들로부터 지대한 관심의 대상이 된 화장품은 '아름다움을 위한 하나의 학문'으로 자리 잡게 되었고 여러 대학에서 화장품관련 전공이나 과목이 세부적으로 개설되어 운영되고 있습니다.

본 교재는 나날이 눈부신 성장을 하는 화장품산업에 발맞춰 화장품의 관심도가 증대함에 따라 지적 호기심에 대한 요구를 충족시키고자 우리가 궁금해 하는 화장품에 대하여 화장품을 전공하는 학생뿐만 아니라 산업현장의 실무자 역시 이해하기 쉽도록 최대한 전문용어를 풀어가며 작성하였고, 화장품의 분야 중에서도 성분에 대한 기본적인 지식을 전달하고자 하는 열의로 집필하게 되었습니다.

전공 교수님들과 화장품 분야 전문가들의 많은 애정과 지도를 바라며, 이 책이 화장품을 올바르게 이해하고 응용하는데 보탬이 되었으면 합니다. 그리고 본 교재의 부족한 부분은 향후 독자와 전문가들의 의견을 반영하여 더 유용한 화장품 교재로 만들어가고자 합니다.

끝으로 이 책이 출판되기까지 많은 관심과 도움을 주신 분들께 감사의 말씀을 드리며, 아낌없는 지원을 해주신 (주)지구문화/메디시언 임직원 분들께도 감사를 드립니다.

신축년 새 봄에

박 초 희

차례

Contents

Chapter 4 유성원료

Chapter 5 계면활성제

Chapter 6 고분자화합물

차례

Chapter 7 보습제

Chapter 8 산화방지제

Chapter 9 색재

Chapter 10 보존제

Contents

Chapter 11 천연추출물

Chapter 12 효소

Chapter 13 기능성 화장품

차례

Chapter 1

화장품의 개요

1. 화장품의 개요

1. 화장품의 정의

우리나라에서 화장품은 본래 약사법에 포함되어 다뤄졌으나 1999년 9월 7일에 약사법과는 분리되어 총7장32조 부칙6조로 구성된 화장품법(법률 제6025호)이 제정되었고, 2000년 7월 1일 자로 시행 되었다. 화장품법은 2011년 8월 4일 전부 개정하여 2012년 2월 5일 시행 되면서 2017년 5월 30일에는 기능성화장품의 범위(미백, 주름개선, 자외선차단)가 모발색상 변화(일시적 제외), 체모 제거(물리적 제외), 탈모 증상 완화(물리적 제외), 여드름 완화(인체 세정용만 해당), 가려움 개선, 튼살의 붉은선 완화로 확대되어 시행되었다.

화장품법 제1장 총칙 제2조에서 정의하는 화장품 용어의 뜻은 아래와 같다.

(1) 화장품

인체를 청결·미화하여 매력을 더하고 용모를 밝게 변화시키거나 피부·모발의 건강을 유지 또는 증진하기 위하여 인체에 바르고 문지르거나 뿌리는 등 이와 유사한 방법으로 사용되는 물품으로서 인체에 대한 작용이 경미한 것을 말한다. 다만, 약사법 제 2조제4호의 의약품에 해당하는 물품은 제외한다.

(2) 기능성 화장품

화장품 중에서 다음 각 목의 어느 하나에 해당되는 것으로서 총리령으로 정하는 화장품을 말한다.

① 피부의 미백에 도움을 주는 제품

- 피부에 멜라닌색소가 침착하는 것을 방지하여 기미·주근깨 등의 생성을 억제함으로써 피부의 미백에 도움을 주는 기능을 가진 화장품
- 피부에 침착된 멜라닌색소의 색을 엷게 하여 피부의 미백에 도움을 주는 기능을 가진 화장품

② 피부의 주름개선에 도움을 주는 제품

- 피부에 탄력을 주어 피부의 주름을 완화 또는 개선하는 기능을 가진 화장품

③ 피부를 곱게 태워주거나 자외선으로부터 피부를 보호하는 데에 도움을 주는 제품

- 강한 햇볕을 방지하여 피부를 곱게 태워주는 기능을 가진 화장품
- 자외선을 차단 또는 산란시켜 자외선으로부터 피부를 보호하는 기능을 가진 화장품

④ 모발의 색상 변화·제거 또는 영양공급에 도움을 주는 제품

- 모발의 색상을 변화(탈염· 탈색을 포함) 시키는 기능을 가진 화장품(일시적으로 모발의 색상을 변화시키는 제품 제외)

⑤ 피부나 모발의 기능 약화로 인한 건조함, 갈라짐, 빠짐, 각질화 등을 방지하거나 개선하는 데에 도움을 주는 제품

- 탈모 증상의 완화에 도움을 주는 화장품(다만, 코팅 등 물리적으로 모발을 굵게 보이게 하는 제품은 제외)
- 여드름성 피부를 완화하는 데 도움을 주는 화장품(다만, 인체세정용 제품류로 한정)
- 아토피성 피부로 인한 건조함 등을 완화하는 데 도움을 주는 화장품
- 튼살로 인한 붉은 선을 엷게 하는 데 도움을 주는 화장품

(3) 영유아 또는 어린이 사용 화장품

영유아 화장품은 만 3세 이하, 어린이 사용 화장품은 만 4세 이상부터 만 13세 이하가 사용할 수 있는 화장품을 말하며, 이를 표시· 광고하려는 경우 제품 및 제조 방법에 대한 설명자료와 화장품의 안전성 평가자료, 제품의 효능·효과에 대한 증명 자료를 작성·보관해야 한다.

(4) 천연 화장품

동식물 및 그 유래 등을 함유한 화장품으로 식품의약품안전처장이 정하는 기준에 맞는 화장품이며, 천연(물, 천연 연료, 천연 유래 원료) 함량이 전체 제품의 95% 이상을 차지해야 한다.

(5) 유기농화장품

유기농 원료와 동식물 및 그 유래 원료 등을 함유한 화장품으로 식품의약품안전처장이 정하는 기준에 맞는 화장품이어야 하며, 유기농 함량이 전체 제품의 10% 이상 또는 유기농 함량을 포함한 천연 함량이 전체 제품의 95% 이상이어야 한다.

(6) 맞춤형 화장품

제조 또는 수입된 화장품의 내용물에 다른 화장품의 내용물이나 식품의약품안전처장이 정하는 원료를 추가하여 혼합한 화장품이다. 제조 또는 수입된 화장품의 내용물을 소분(小分)한 화장품이다.(단, 고형비누 등 화장품의 내용물을 단순 소분한 화장품은 제외)

2. 화장품의 분류

화장품은 사용 목적이나 사용 부위, 제품의 구성 성분, 제품의 성상, 기술적 특징 등에 따라 여러 가지로 분류된다. 식품의약품안전처(식약처)에서 분류한 화장품의 유형은 〈그림 1-1〉과 같이 영·유아용, 목욕용, 인체 세정용, 눈 화장용, 방향용, 두발염색용, 색조화장용, 두발용, 손발톱용, 면도용, 기초화장용, 체취 방지용, 체모 제거용, 이렇게 총 13가지이다. 각 유형에 따른 화장품의 종류는 〈표 1-1〉과 같다.

식약처에서 분류한 화장품의 유형은 위와 같지만, 화장품은 목적에 따라 다양한 방식으로 나뉠 수 있다. 허가 규정에 따라 일반화장품과 기능성화장품으로 분류할 수 있고, 구성 성분에 따라 천연화장품, 한방화장품, 유기농화장품, 바이오

화장품, 발효화장품 등으로 나누기도 하며, 기술적 특징에 따라 유화제품, 가용화제품, 분산제품, 나노제품 등으로 구분할 수도 있다. 또한, 피부의 유형이나 가격, 연령, 유통 경로 등 다양한 방식으로 나눌 수 있다.

출처: 식품의약품안전처

그림 1-1 화장품의 유형

표 1-1 화장품의 유형 및 종류

화장품의 유형	화장품의 종류
영·유아용 (만 3세 이하의 어린이용을 말함)	• 영·유아용 샴푸, 린스 • 영·유아용 로션, 크림 • 영·유아용 오일 • 영·유아 인체 세정용 제품 • 영·유아 목욕용 제품
목욕용	• 목욕용 오일·정제·캡슐 • 목욕용 소금류 • 버블 배스(bubble baths) • 그 밖의 목욕용 제품류
인체 세정용	• 폼 클렌저(foam cleanser) • 바디 클렌저(body cleanser) • 액체 비누(liquid soaps) 및 화장비누(고체 형태의 세안용 비누) • 외음부 세정제 • 물휴지(다만, 식품접객업의 영업소에서 손을 닦는 용도 등으로 사용할 수 있도록 포장된 물티슈와 장례식장 또는 의료기관 등에서 시체(屍體)를 닦는 용도로 사용되는 물휴지는 제외) • 그 밖의 인체 세정용 제품류
눈 화장용	• 아이브로 펜슬(eyebrow pencil) • 아이 라이너(eye liner) • 아이 섀도(eye shadow)

화장품의 유형	화장품의 종류
	• 마스카라(mascara) • 아이 메이크업 리무버(eye make-up remover) • 그 밖의 눈 화장용 제품류
방향용	• 향수 • 분말향 • 향낭(香囊) • 콜롱(cologne) • 그 밖의 방향용 제품류
두발 염색용	• 헤어 틴트(hair tints) • 헤어 컬러스프레이(hair color sprays) • 염모제 • 탈염·탈색용 제품 • 그 밖의 두발 염색용 제품류
색조 화장용	• 볼연지 • 페이스 파우더(face powder), 페이스 케이크(face cakes) • 리퀴드(liquid)·크림·케이크 파운데이션(foundation) • 메이크업 베이스(make-up bases) • 메이크업 픽서티브(make-up fixatives) • 립스틱, 립라이너(lip liner) • 립글로스(lip gloss), 립밤(lip balm) • 바디페인팅(body painting), 페이스페인팅(face painting), 분장용 제품 • 그 밖의 색조 화장용 제품류
두발용	• 헤어 컨디셔너(hair conditioners) • 헤어 토닉(hair tonics) • 헤어 그루밍 에이드(hair grooming aids) • 헤어 크림·로션 • 헤어 오일 • 포마드(pomade) • 헤어 스프레이·무스·왁스·젤 • 샴푸, 린스 • 퍼머넌트 웨이브(permanent wave)

화장품의 유형	화장품의 종류
	• 헤어 스트레이트너(hair straightner) • 흑채 • 그 밖의 두발용 제품류
손발톱용	• 베이스코트(basecoats), 언더코트(under coats) • 네일폴리시(nail polish), 네일에나멜(nail enamel) • 탑코트(topcoats) • 네일 크림·로션·에센스 • 네일폴리시·네일에나멜 리무버 • 그 밖의 손발톱용 제품류
면도용	• 애프터셰이브 로션(aftershave lotions) • 남성용 탤컴(talcum) • 프리셰이브 로션(preshave lotions) • 셰이빙 크림(shaving cream) • 셰이빙 폼(shaving foam) • 그 밖의 면도용 제품류
기초 화장용	• 수렴·유연·영양 화장수(face lotions) • 마사지 크림 • 에센스, 오일 • 파우더 • 바디 제품 • 팩, 마스크 • 눈 주위 제품 • 로션, 크림 • 손·발의 피부연화 제품 • 클렌징 워터, 클렌징 오일, 클렌징 로션, 클렌징 크림 등 메이크업 리무버 • 그 밖의 기초화장용 제품류
체취 방지용	• 데오도런트 • 그 밖의 체취 방지용 제품류
체모 제거용	• 제모제 • 제모왁스 • 그 밖의 체모 제거용 제품류

3. 화장품의 품질

화장품의 품질은 제품을 사용하는 사람의 만족도에 의해 결정된다. 하지만 객관적인 평가는 여러 각도에 따라 차이가 많을 수 있다. 화장품을 관리하는 국가, 화장품을 생산하고 판매하는 제조업자의 평가, 제품을 직접 사용하는 사용자의 평가, 화장품 연구자의 평가 등 기준은 각각의 입장에 따라 다르기 때문이다.

정부에서는 화장품 내용물의 표시 량의 정도, 사용제한이나 사용 불가 원료의 함유 여부, 화장품 기재 사항의 정확도 등을 법적 기준에서 품질 수준을 결정할 것이고, 제조자는 유화입자의 냄새, 크기, 미생물 등 물리적·화학적·생물학적으로 측정 가능한 범위를 정하고 규정에 적합하게 제품이 생산됐는지 여부에 의해 품질을 정할 것이다. 소비자 입장에서 화장품 품질을 평가하는 기준은 가격, 서비스, 구매의 편의성, 성분, 효과, 용기의 모양, 향, 사용감 등의 요소가 있을 것이다.

화장품 품질의 특성은 〈표 1-2〉와 같이 크게 안정성, 안전성, 사용성, 유효성으로 나눌 수 있다. 먼저 안정성은 화장품의 변화에 대한 것으로 제품의 변질이나 변취, 변색, 미생물 오염 등이 없어야 한다. 제품의 안정성이 떨어지게 되면 사용감, 안전성, 유효성 모두 영향을 받을 수 있다.

안전성은 화장품에서 가장 중요한 특성이라고 할 수 있다. 화장품은 거의 매일 아침, 저녁으로 평생을 사용하기 때문에 부작용이 있어서는 안 되는 제품이다. 특히, 유효성을 강조한 제품의 경우, 효과를 높이기 위해 사용된 피부 생리활성 물질이 감작반응, 경구독성, 피부자극 등의 부작용이 발생할 수 있기 때문에 안전성은 매우 중요하다.

사용감은 제품의 특성에 따라 각각의 기준이 달라진다. 제품 사용 시, 촉촉함, 발림성, 향, 색, 사용 편리성 등 사용할 때 느껴지는 모든 것들이 기준이 될 수 있다.

마지막으로 유효성은 화장품이 갖는 기능이라 할 수 있다. 피부노화를 억제하는 것, 자외선 차단, 보습효과, 세정효과, 발색, 색감표현 등 효과의 우수성에 따라 화장품 품질의 평가가 이뤄진다.

표 1-2 화장품 품질의 특성

안정성	변질, 변취, 변색, 미생물 오염 등이 없어야 함
안전성	피부자극성, 감작성, 이물 혼입, 경구 독성, 파손 등이 없어야 함
사용성	• 사용감(피부친화성, 부드러움, 촉촉함 등) • 사용편리성(크기, 중량, 형상, 기능성, 기구, 휴대성 등) • 기호성(향기, 디자인, 색상 등)
유효성(기능성)	미백효과, 자외선 차단 효과, 보습효과, 발색효과, 색채효과, 세정효과 등

4. 화장품 성분명 표준화를 위한 기준

"화장품 전성분 표시지침"(2007.6 식품의약품안전청) 제8조제1항에 따라 대한화장품협회에서 화장품 성분사전을 발간하면서 성분명을 통일하였다. 현재 국내에서 사용하는 화장품의 표준 성분명은 대한화장품협회(https://kcia.or.kr/)에서 찾아볼 수 있다.

이 사전에 수록된 원료의 순서와 표시명칭 기준은 다음과 같다.

이 기준은 화장품법 제12조 및 동법 시행규칙 제21조제2호에 따라 화장품 성분 명칭을 표준화하기 위한 것이다.

1. 화장품 성분의 명칭 표준화에 대한 일반적 원칙은 다음과 같다.

① 표준명은 원칙적으로 대응하는 영어명칭이 화학명일 경우에는 한글로 음역하고, 화학명이 아닌 경우는 번역하여 명명한다. 동·식물과 같이 학명이 있는 성분 또는 일상적으로 사용하고 있는 관용명이 있는 성분은 별도로 정한다. 또한, 대응하는 영어명칭이 없는 경우 별도로 정한다.

② **표준명에 사용하는 문자** : 표준명은 원칙적으로 한글, 숫자 및 영문 알파벳을 사용해서 작성한다.

※ 다만 영어알파벳은 ([D, L, DL], [α, β, γ] 오르쏘(ortho), 메타(meta), 파라(para)] 및 [t-] (터셔리 tertiary))등과 같은 기호에만 사용한다.

③ **원소명의 취급** : 원소명은 [별표2]와 같다. 다만, 별표2에서 명명하지 않는 원소의 경우에는 IUPAC명에 따라 음역하여 명명한다.

④ **약호의 취급** : 영문명칭 중 [별표3]에 수록되어 있는 성분명칭이 사용되어 있는 경우 또는 부분구조명칭을 포함하는 경우는 [별표3]에 따라 명명한다.

⑤ **혼합물**(용액 및 무기안료의 피복처리물 포함) : 정제 또는 합성된 복수의 성분으로 구성된 혼합물은 각각 구성성분으로 명명한다.

⑥ **복수의 동족화합물을 포함하는 원료, 복수의 동·식물 원료를 사용하여 제조된 원료 또는 복수의 모노머를 포함하는 폴리머** : 어떤 부분구조가 복수의 동족화합물을 포함하는 원료, 복수의 동·식물 원료를 사용하여 제조된 원료 또는 복수의 모노머를 포함하는 폴리머인 경우, 그 복수성분을 단일성분으로 취급한다. 즉 단일성분으로 간주하는 복수원료의 성분명칭을 [/](slash, 사선)로 이어서 표시하고 이것을 [( )](괄호)로 묶는다. 부분구조의 기재순서는 영문명칭에 준한다.

⑦ **결정수** : 표준명에는 원칙적으로 결정수를 생략한다.

⑧ **기원이 다른 원료의 취급** : 화학구조가 동일한 원료에 대해서는 기원의 여하를 불문하고 동일 명칭으로 한다.

⑨ **접두어 및 접미어** : 접두어 및 접미어를 붙여서 그 원료의 특성, 기원 또는 정제도 등을 명시하고 있는 경우, 성분의 본질이 동일하면 원칙적으로 접두어 또는 접미어를 생략하고 동일 명칭으로 한다.

2. 화장품용 색소는 “화장품의 색소 종류와 기준 및 시험방법(식품의약품안전처 고시 제2016-49호)의 명칭으로 기재한다.

3. 동·식물 유래원료에 대한 명명 기준은 다음과 같이 한다.

① 주성분이 분리·정제되어 거의 단일성분에 가까운 것으로 간주할 수 있는 경우는 그 성분명칭을 표준명으로 한다.

② 상기 이외의 경우는 아래와 같이 표시한다.

- 원칙적으로 동식물의 관용명과 사용부위를 열거하고 ‘원료의 성상'에 해당하는 단어를 붙여서 명명한다.
- 사용부위를 표기하지 않아도 일반적으로 쉽게 인지되는 경우에는 부위를 생략한다.(예: 사과추출물, 감추출물) 다만, 일반적으로 인지되는 부위와 다른 부위를 사용한 경우에는 표시한다. (예 : 사과나무뿌리추출물)
  사용부위는 원칙적으로 우리말로 표시한다.(예 : 인삼잎추출물)

- 관용명은 다음에 나열한 참고자료에서 한글명을 검색하여 명명한다.
  - 한반도생물자원포털(https://species.nibr.go.kr/index.do)
  - 국가표준식물목록(http://www.nature.go.kr)의 식물종 및 재배품종명 (다만, 학명을 '종명+속명'으로 음역하여 기재한 경우 제외)
  - 국립수산과학원 해양생물종(http://portal.nfrdi.re.kr/)
  - 식품의약품안전처 식품원재료검색 (http://www.foodsafetykorea.go.kr/main.do)
  - 기타 백과사전 및 식물관련도감 등 관련서적
- 한국어로 된 관용명이 없을 경우에는 일반화된 영어명 (관용명, Common Name)을 영어사전을 이용하여 한글로 번역하거나, 음역한 명칭을 사용한다.
- 외국어 명칭도 없을 경우에는 학명을 라틴학명 고전발음법에 따라 명명하며, 속명과 종명 사이는 한 칸을 띄어 구분한다. 학명에 아명이 추가된 경우 '아명의 음역+정명의 한글명'으로 명명한다.

4. 추출물은 다음과 같이 명명한다.

① '추출물 원재료+추출물'로 명명한다.

※ 동식물의 경우에는 원재료란 학명+사용부위이다.

② 추출용매는 기재하지 않을 수 있다.

③ 혼합용매는 각각 구성성분으로 구분하여 기재한다.

④ 혼합한 복수의 동식물에서 얻은 추출물은 하나의 성분으로 기재한다.
예시) 라벤더꽃/바질꽃/로즈마리잎추출물

⑤ 동식물의 추출물을 2종 이상 혼합한 경우는 각각의 구성성분으로 구분하여 기재한다.
예시) 라벤더꽃추출물, 바질꽃추출물, 로즈마리잎추출물

5. 발효물은 다음과 같이 명명한다.

① 발효물 자체가 관용명을 가진 경우는 그 명칭을 표준명으로 한다.(예 : 잔탄검(Xanthan Gum), 웨이(Whey)).

② 영어명칭의 'Ferment'는 '발효물'로 번역하여 명명한다.

③ 관용명이 없는 경우는 '기질의 명칭+발효물'로 명명한다.(예 : 쌀발효물) 또

한, 이들로부터 얻는 추출물은 '기질+발효추출물'로 명명한다. (예 : 쌀겨발효추출물)

④ 얻어지는 발효물 성분 중, 분석데이터 등에서 단리·정제되어 있다고 간주할 수 있는 성분에 대해서는 특정화학명칭 또는 총칭으로 표시한다. (예 : 소듐하이알루로네이트)

6. 배양물은 '배양균명+배양물'로 명명한다. 또한, 이들로부터 얻는 추출물은 '배양균명+배양추출물'로 명명한다. (예 : 송이버섯균사체배양추출물)

7. 영어명칭의 'Oil'은 '오일'로 명명하며, 기름 또는 유(油)로 명명하지 않는다.

다만, 화합물의 일부로 식물명이 사용되는 경우는 '식물명+오일(예: 하이드롤라이즈드호도오일, 폴리(아마인오일))'로 명명하며, Castor Oil 및 Palm Oil은 화합물로 널리 사용되어 관용화 되었으므로 한글 식물명(피마자, 야자기름)을 사용하지 않고 음역하여 각각 캐스터오일 및 팜오일로 한다.

8. 영어명칭을 음역하는 방법은 다음과 같으나, 다음에서 정한 것 이외의 것은 [별표4]에 의하여 명명한다. 다만, 항목 3의 원칙이 항상 우선된다.

① −mer는 머로 음역한다.

예) Poloxamer 폴록사머

② 단어의 처음에 오는 X는 'ㅈ'으로, 중간 또는 말미에 오는 X는 'ㄱ스'로 음역한다.

예) Xylitol 자일리톨 Dextran 덱스트란

③ −ium은 '윰'으로 음역하되 앞의 자음과 붙여서 명명한다.

예) Chromium Oxide 크로뮴옥사이드

④ 기능단을 표시하는 접미사 −ol, −al, −one 등은 자음과 분리하여 명명한다. 단, phenol은 예외로 하며 '페놀'로 명명한다.

예) Methanol 메탄올 예외) Bisabolol 비사보롤

⑤ −acid는 '애씨드'로 명명한다. 다만, amino acid는 "아미노산", fatty acid는 "지방산"으로 명명한다

⑥ 효소를 뜻하는 −ase는 '−아제'로 명명한다.

⑦ 모음과 자음 사이의 r은 표기하지 않거나 모음에 ㄹ 받침으로 붙여 명명한다. 다만, r 다음에 m이 오는 경우는 '름'으로 명명하며, ar−로 시작되는 경

우는 "아(亞)−산"과의 혼동을 피하기 위하여 "아르−"로 명명한다.

예) carbomer 카보머 carboxy 카복시−
chloroform 클로로폼 arsine 아르신

⑧ −er은 ‘ㅓ’로 명명한다.

예) ester 에스터 ether 에터
terpene 터펜

⑨ th는 “트”로 명명하지만, “thio−”와 “ortho”는 각각 “티오”와 “오쏘”로 명명한다.

예) sodium thiosulfate 소듐티오설페이트
Threonine 트레오닌 Thio− 티오−

⑩ −ene는 ‘−엔’으로 명명한다.

예) Benzene 벤젠

⑪ −ide는 ‘−아이드’로 명명한다. 단, ‘imide'는 '이미드‘로, 'amido'는 ‘아미도’로, ‘imido'는 '이미도‘로 각각 명명한다.

예) Hydride 하이드라이드

⑫ hy−, cy−, xy−, ty−는 각각 ‘하이−’, ‘사이−’, ‘자이−’, ‘타이−’로 명명한다.

예) Hydride 하이드라이드
Xylene 자일렌 Styrene 스타이렌
Anhydro 안하이드로 Aldehyde 알데하이드
Glyco− 글라이코−

⑬ u는 일반적으로 ‘ㅜ’로 명명하지만 ‘ㅓ’ 또는 ‘ㅠ’로 명명하는 경우도 있다.

예) Toluene 톨루엔 Sulfide 설파이드
Butane 부탄

⑭ 당류는 다음과 같이 표기한다.

예) Glucose 글루코오스 Lactose 락토오스
Fructose 프룩토오스

⑮ 접두어는 다음과 같이 표기한다.

예) trans− 트랜스 di− 다이
tri− 트라이 bi− 바이
icos− 아이코사 eicosa 에이코사

cyclo−	사이클로	meso−	메소
abeo−	아비오	retro−	레트로
des−	데스	de−	데
lyso−	라이소		

표 1−3 원료의 배합목적

연번	한글배합목적	영문배합목적
1	pH 조정제	pH Adjusters
2	가소제	Plasticizers
3	각질제거제	Exfoliants
4	감미제	Flavoring Agents
5	결합제	Binders
6	계면활성제	Surfactants
7	계면활성제(거품촉진제)	Surfactants − Foam Boosters
8	계면활성제(분산제)	Surfactants − Dispersing Agents
9	계면활성제(세정제)	Surfactants − Cleansing Agents
10	계면활성제(용해보조제)	Surfactants − Solubilizing Agents
11	계면활성제(유화제)	Surfactants − Emulsifying Agents
12	계면활성제(친수제)	Surfactant − Hydrotropes
13	계면활성제(현탁화제)	Surfactants−Suspending Agents
14	광안정화제	Light Stabilizers, Ultra viloet Light Absorbers
15	금속이온봉쇄제	Chelating Agents
16	기포방지제	Antifoaming Agents
17	네일컨디셔닝제	Nail Conditioning Agents
18	모발고정제	Hair Fixatives
19	미끄럼조정제/활택제	Slip Modifiers
20	미백개선제	Skin Bleaching Agents
21	발한억제제	Antiperspirant Agents
22	벌킹제(증량제)	Bulking Agents
23	변색방지제	Fading−protecting Agents

연번	한글배합목적	영문배합목적
24	변성제	Denaturants
25	보습제	Humectants
26	부식방지제	Corrosion Inhibitors
27	분사제	Propellants
28	분산제(비계면활성제)	Dispersing Agents – Nonsurfactant
29	불투명화제	Opacifying Agents
30	비듬방지제	Antidandruff Agents
31	산화방지제	Antioxidants
32	산화제	Oxidizing Agents
33	살균보존제	Preservatives
34	살균제	Cosmetic Biocides
35	속눈썹컨디셔닝제	Eyelash Conditioning Agents
36	수렴제	Cosmetic Astringents
37	안티케이킹제	Anticaking Agents
38	여드름완화제	Antiacne Agents
39	연마제	Abrasives
40	염모제	Hair Colorants
41	완충화제	Buffering Agents
42	용제	Solvents
43	유화안정제	Emulsion Stabilizers
44	자외선차단제	Sunscreen Agents
45	점도감소제	Viscosity Decreasing Agents
46	점도조절제	Viscosity Controlling Agents
47	점도증가제(비수성)	Viscosity Increasing Agents – Nonaqueous
48	점도증가제(수성)	Viscosity Increasing Agents – Aqueous
49	점착제	Adhesives
50	정전기방지제	Antistatic Agents
51	제모제(물리적)	Epilating Agents
52	제모제(화학적)	Depilating Agents

연번	한글배합목적	영문배합목적
53	착색제	Colorants or Color additives
54	착향제	Fragrance Ingredients
55	체취방지제	Deodorant Agents
56	퍼머넌트웨이브용제/ 헤어스트레이트너용제	Hair-Waving/Straightening Agents
57	표면조정제	Surface Modifiers
58	피막형성제	Film Formers
59	피부보호제	Skin Protectants
60	피부컨디셔닝제	Skin-Conditioning Agents
61	피부컨디셔닝제(기타)	Skin-Conditioning Agent - Miscellaneous
62	피부컨디셔닝제(보습제)	Skin-Conditioning Agents - Humectant
63	피부컨디셔닝제(수분차단제)	Skin-Conditioning Agent - Occlusive
64	피부컨디셔닝제(유연제)	Skin-Conditioning Agents-Emollient
65	헤어컨디셔닝제	Hair Conditioning Agents
66	현탁화제(비계면활성제)	Suspending Agents - Nonsurfactant
67	환원제	Reducing Agents
68	흡수제	Absorbents

표 1-4 원소의 표준명

원자번호	원소기호	IUPAC 이름	원소명
3	Li	Lithium	리튬
11	Na	Sodium(Natrium)	소듐
12	Mg	Magnesium	마그네슘
13	Al	Aluminium	알루미늄
19	K	Potassium(Kalium)	포타슘
20	Ca	Calcium	칼슘
56	Ba	Barium	바륨

표 1-5 약호의 표준명

연번	약호	해당 성분	표준명
1	AMP	아미노메칠프로판올	에이엠피
2	AMPD	아미노메칠프로판디올	에이엠피디
3	BG	1, 3-부틸렌글라이콜	비지
4	BHA	부틸하이드록시아니솔	비에이치에이
5	BHT	디부틸하이드록시톨루엔	비에이치티
6	DEA	디에탄올아민	디이에이
7	DIPA	디이소프로판올아민	디파
8	DMAPA	디메칠아민프로필아민	디마파
9	DME	디메칠에텔	디엠이
10	DNA	데옥시리보핵산	디엔에이
11	DPG	디프로필렌글라이콜	디피지
12	DVB	디비닐벤젠	디브이비
13	EDTA	에칠렌디아민테트라초산	이디티에이
14	HCl(L)	염산염	에이치씨엘
15	HEDTA	하이드록시에칠에칠렌디아민트리초산	에이치이디티에이
16	LPG	액화천연가스	엘피지
17	MEA	모노에탄올아민	엠이에이
18	MIBK	메칠이소부틸케톤	미비케이
19	MIPA	모노이소프로판올아민	미파
20	PABA	파라아미노안식향산	파바
21	PCA	피로리돈카르본산	피씨에이
22	PEI	폴리에칠렌이민	피이아이
23	PEG	폴리에칠렌글라이콜	피이지
24	PG	프로필렌글라이콜	피지
25	PPG	폴리프로필렌글라이콜	피피지
26	PVP	폴리비닐피로리돈	피브이피

연번	약호	해당 성분	표준명
27	RNA	리보핵산	알엔에이
28	SE	자기유화형	에스이
29	SMDI	메칠렌비스(이소시아나토사이클로헥산)	에스엠디아이
30	TIPA	트리이소프로판올아민	티파
31	TEA	트리에탄올아민	티이에이
32	VA	초산비닐	브이에이

표 1-6 음역 표기 방식

연번	문자	음역방식
1	a	ㅏ 또는 ㅔ이
2	b	ㅂ
3	c(a,o,u의 앞)	ㅋ
4	c (i, e, y 앞)	ㅅ
5	d	ㄷ
6	e	ㅔ
7	e (어미)	(표기하지 않음)
8	f	ㅍ
9	g	ㄱ 또는 ㅈ (모음 앞)
10	h	ㅎ
11	i	ㅣ 또는 ㅏ이
12	j	ㅈ
13	k	ㅋ
14	l (모음 앞)	ㄹㄹ
15	l (자음 앞)	ㄹ
16	m	ㅁ
17	n	ㄴ
18	o	ㅗ
19	p	ㅍ
20	q	ㅋ

21	r	ㄹ 또는 표기하지 않음
22	s	ㅅ
23	t	ㅌ, 받침의 경우 ㅅ
24	u	ㅜ,ㅠ 또는 ㅓ
25	v	ㅂ
26	w	ㅜ
27	x	ㅈ
28	y (자음 다음)	ㅣ 또는 ㅏ이
29	y (모음 앞)	ㅑ, ㅛ, ㅠ
30	z	ㅈ
31	ph	ㅍ
32	sh	ㅅ
33	th	ㅌ 또는 ㅅ(ㅆ)
34	−ane	ㅔ인(다만, methane~octane은 '안')
35	−ene	엔
36	−yne	ㅏ인
37	an(중모음)	ㄴ
38	er	ㅓ
39	iu	ㅠ
40	io	ㅣ오 또는 ㅏ이오
41	ia	ㅣ아
42	eu	ㅠ

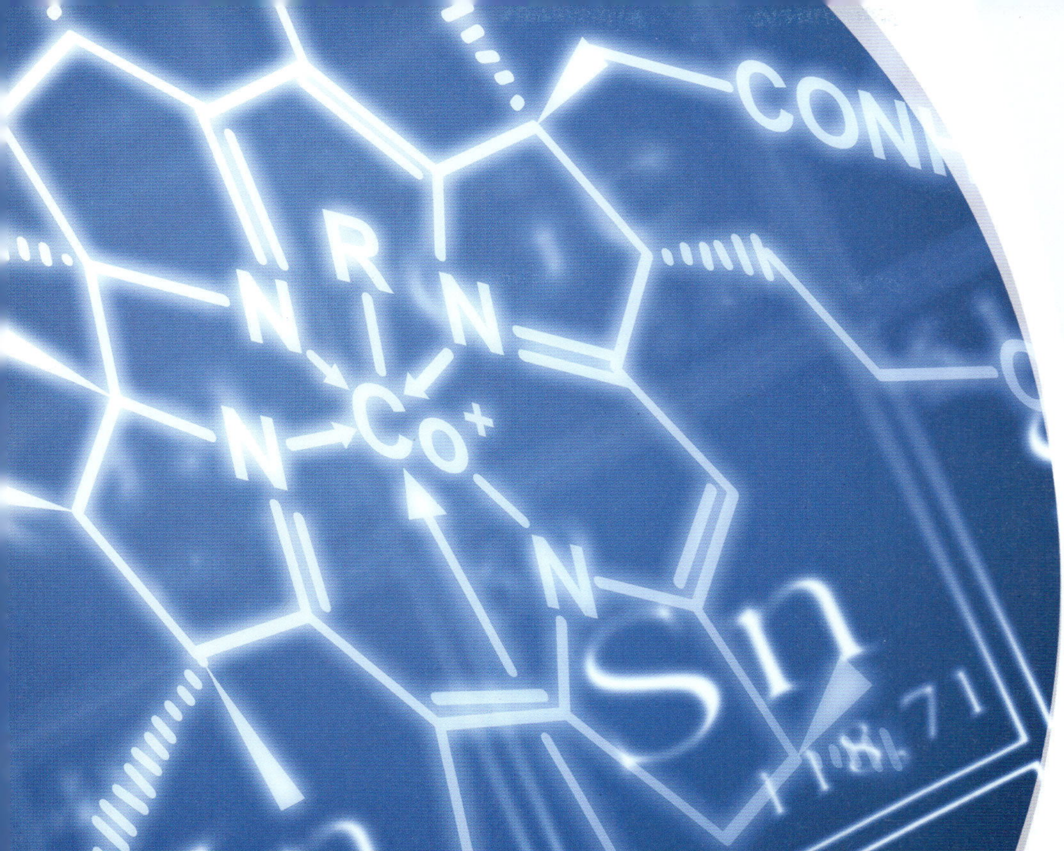

Chapter 2

유기화학

2. 유기화학

유기화학(organic chemistry)은 탄소화합물의 화학이다. 유기화합물은 생물이나 한때 생물이었던 것으로부터 유래되었다. 유기화합물의 수는 굉장히 많으며, 그 중 수천만 개의 알려진 화학물질 중 95% 이상이 탄소화합물이다.

탄소 원자는 긴 사슬을 형성할 수 있을 정도로 탄소 원자 사이의 결합이 아주 강하다. 이 탄소 원자가 이루고 있는 사슬형은 수천 개의 탄소 원자를 포함하며, 다양한 크기의 고리를 형성한다. 수소, 산소, 질소 같은 다른 원자와 강한 결합은 다양한 방법으로 배열이 된다.

화장품을 제조하는 화장품 연구자들은 피부의 구조와 피부의 생리기능 등의 기초이론을 다루는 피부과학 분야의 지식과 유기화학, 무기화학과 분석화학 분야의 지식을 바탕으로 화장품 제조에 사용되는 성분들의 특성을 잘 파악하고 적용하여 제품을 제조한다.

제품의 특성에 따라 필요한 성분들을 선별하고, 여러 성분들을 조합하여 서로 분리되지 않고 사용감이 좋은 제품으로 만들기 위해서 물리화학 분야의 지식을 활용해야 한다.

제품의 물성인 레올로지 현상 등을 다루는 화학공학과 감성공학의 적용도 필요한 것이 화장품 제조이다. 따라서 다양한 분야의 융합이 화장품 개발의 기초를 이루고 있으며, 화장품 분야는 이러한 학문의 집합체라 볼 수 있다.

1. 화학결합(Chemical Bond)

화학결합에는 여러 가지 종류의 결합이 있다. 금속결합, 이온결합, 공유결합이 그 종류이다.

유기화합물을 만드는 결합의 대부분이 바로 공유결합이다. 공유결합에는 단일 결합, 이중 결합, 삼중 결합 등으로 분류할 수 있다. 이 결합의 종류에 따라 결합의 세기를 나타내는 기준이 된다. 다시 말해, 결합 에너지를 결합의 세기를 통해 나타낼 수 있다.

에너지가 클수록 강한 결합이고, 에너지가 작을수록 약한 결합이다. 단일 결합은 결합의 거리가 가장 길고 힘도 약하며, 삼중 결합은 결합의 거리가 가장 짧고 결합은 강하다.

분자 중 가장 간단한 분자는 수소분자(H_2) 로 2개의 수소원자의 1개의 결합 손으로 이루어져 있다. 산소분자(O_2)는 산소 원자에 2개의 결합 손으로 이루어져 있는 이중결합이다. 질소분자(N_2)는 3개의 결합손으로 이루어져 있는 삼중결합 구조이다.

표 2-1 화학결합의 종류

결합			예
금속결합			철(Fe), 금(Au)
이온결합			염화소듐(NaCl)
공유결합	포화결합	단일결합	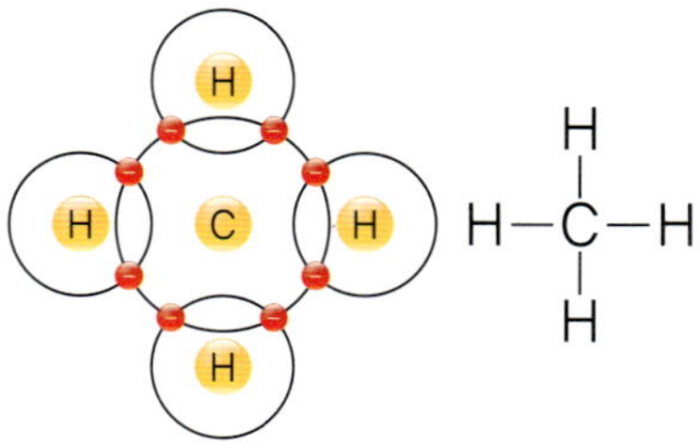 메테인(CH_4)

결합			예
금속결합			철(Fe), 금(Au)
이온결합			염화소듐(NaCl)
	불포화 결합	이중결합	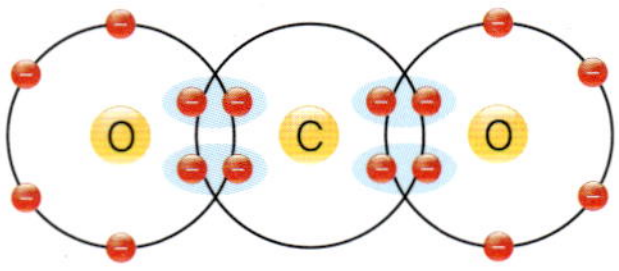 O=C=O 이산화탄소(CO_2)
		삼중결합	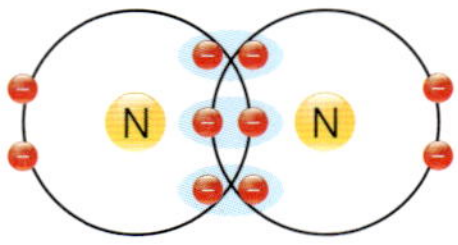 N≡N 질소(N_2)

2. 이성질체(Isomer)

분자식은 같지만 구조식이 전혀 다른 화합물을 이성질체라고 한다.

1. 시스-트랜스 이성질체

2개의 메틸기가 이중결합과 같은 쪽에 붙어 있는 것을 cis형, 서로 반대쪽에 붙어 있는 것을 Trans형이라고 한다. 이 물질들은 분자식은 서로 같지만, 구조식이 다르기 때문에 이성질체이다.

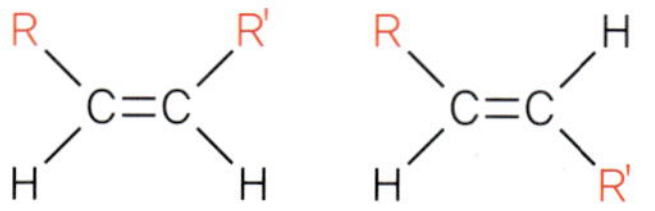

cis-(시스형) trans-(트랜스형)

그림 2-1 시스-트랜스 이성질체

유기화합물에는 수 많은 이성질체가 존재하고, 탄소 수의 증가와 함께 이성 질체의 수도 기하급수적으로 증가함을 알 수 있다.(예: C_4H_{10}는 2가지, $C_{10}H_{22}$는 75개, $C_{15}H_{32}$는 4,347)

2. 회전 이성질체

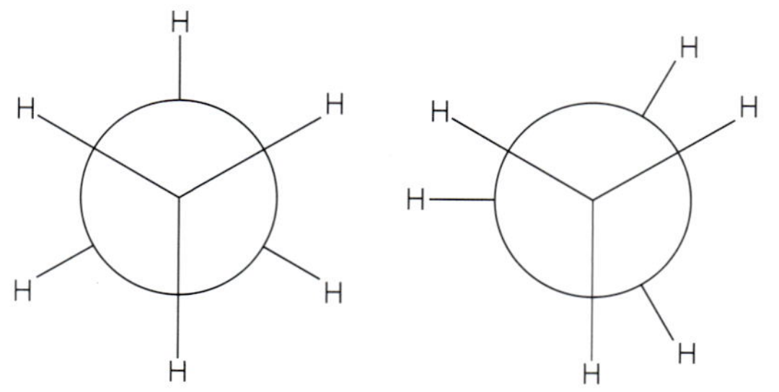

(A) 엇갈린 형태(straggered) (B) 가려진 형태(eclipsed)

그림 2-2 회전 이성질체

A는 2개의 탄소에 붙은 수소원자가 서로 엇갈린 형태로 비틀어져 있는 형태이고, B는 서로 겹쳐져 있는 가려진 형태이다. 구조식이 다르기 때문에 회전 이성질체라고 한다. 에테인(ethane)처럼 탄소가 단일결합으로 이루어진 물질은 단일결합을 축으로 분자 전체를 회전시킬 수 있다.

이런 회전 이성질체의 특징은 안정성의 차이이다. 엇갈린 형태의 에테인은 안정적이고 에너지가 작으며, 가려진 형태의 에테인은 에너지가 크고 불안정하다.

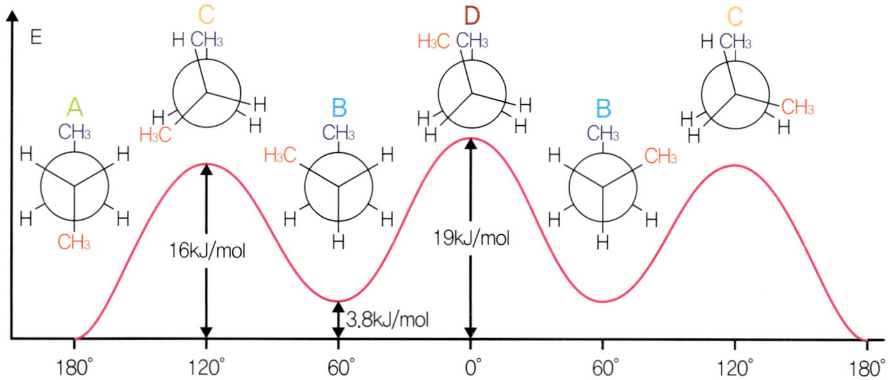

그림 2-3 뷰테인(부탄)의 뉴먼 투영도

3. 광학 이성질체

사람의 왼손과 오른손의 관계에 비유할 수 있다. 오른손과 왼손은 서로 다른 손이지만, 거울을 중심으로 비추어 보면 오른손과 왼손은 같아진다. 이와 같은 관계에 있는 물질을 광학 이성질체라고 한다. 광학 이성질체는 화학적 성질은 같지만, 광학적 성질과 생리적인 성질이 전혀 다르다고 볼 수 있다. 이러한 형태의 이성질체는 천연물에 많이 존재한다.

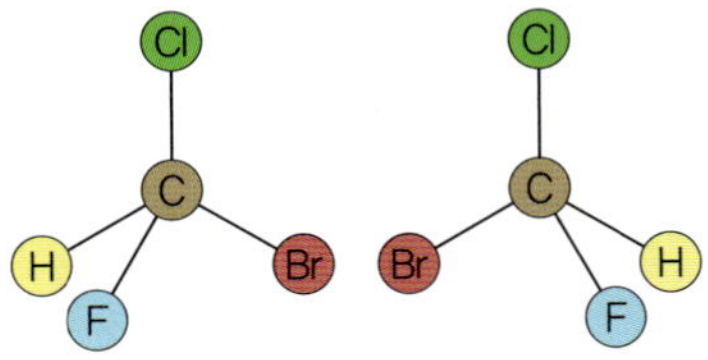

그림 2-4 광학 이성질체

4. 벤젠의 이성질체

방향족에 나타나는 이성질체로 오쏘(*ortho*), 메타(*meta*), 파라(*para*)가 있다. 치환기의 위치에 따라 〈그림 2-5〉와 같이 이름이 붙여진다. 오쏘는 치환기가 나란히 있을 때, 메타는 1개를 건너 띄고 있을 때, 그리고 파라는 반대쪽에 치환기가 있을 때 불리는 명칭이다.

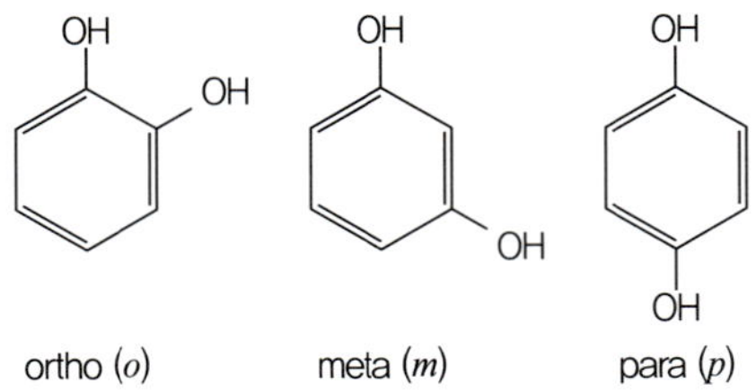

그림 2-5 벤젠의 치환기의 위치에 따른 명칭

3. 탄화수소(Hydrocarbon)

탄화수소는 가장 간단한 유기화합물로 수소와 탄소만을 포함한다. 탄화수소는 탄소화합물 중 탄소와 수소로만 구성된 화합물을 의미하며, 탄소 원자의 결합 형태에 따라 포화 탄화수소, 불포화 탄화수소, 방향족 탄화수소 등으로 구분된다.

탄소 원자들이 단일결합만으로 결합하여 이루어진 탄화수소 화합물을 '포화 탄화수소'라고 하며, 탄소 원자의 연결 방식에 따라 사슬 모양 포화 탄화수소와 고리 모양 포화 탄화수소로 나뉜다.

또한, 분자 내에 이중결합이나 삼중결합과 같은 불포화 결합을 1개 이상 함유한 탄화수소를 불포화 탄화수소라고 하며, 방향족 탄화수소는 불포화 고리 모양 화합물이다.

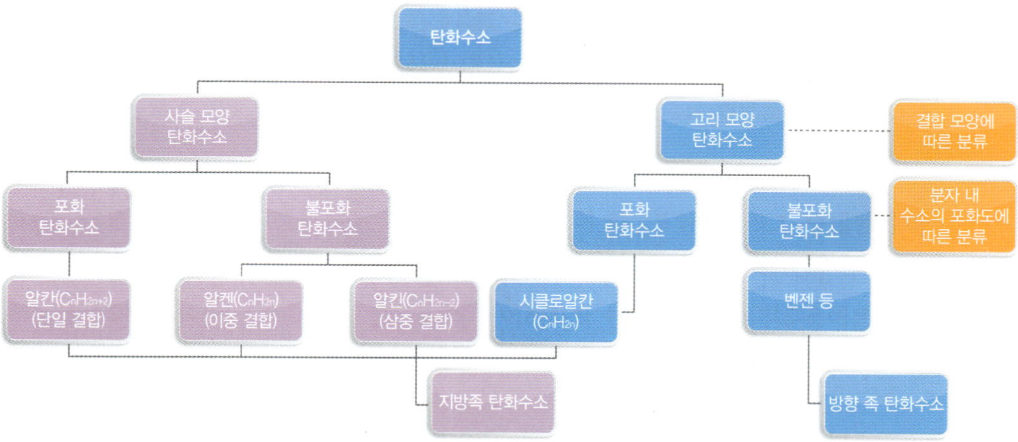

그림 2-6 탄화수소의 분류

1. 알칸(Alkane) 포화 탄화수소(C–C 단일 결합)

알칸(alkane) 또는 알케인은 고리가 없는 사슬형 포화 탄화수소의 일반명이다. 알케인은 오직 수소와 탄소로만 구성되어 있으며, 분자 내의 모든 결합은 단일결합으로, 이중결합이나 삼중결합은 존재하지 않는다. 알케인의 일반식은 C_nH_{2n+2}이다. 가장 단순한 알케인은 탄소 하나와 수소 넷으로 이루어진 메테인으로, 화학식은 CH_4이다.

알케인 내에서 각각의 탄소 원자는 이웃한 탄소 원자 및 수소 원자들과 결합하여 총 4개의 공유결합을 형성하며, 모든 수소 원자는 각자 탄소 원자에 결합되어 있다. 탄소와 수소는 전기음성도 차이로 인해 극성 공유결합을 하지만 전체적으로는 모든 쌍극자 모멘트가 상쇄되므로 무극성을 띤다.

탄소 원자의 개수에 따라서 알케인의 크기가 달라진다. 보통 탄소수에는 제한이 없으나, 분자가 고리형이 아닌 사슬형 구조이고 포화 탄화수소라는 조건을 만족해야 한다. 알케인은 대부분 반응성이 작고 무색 무취이며 생물학적인 활성도 작다. 그러나 때로는 반응성이 있는 작용기의 형태로 화학반응에 참여하기도 한다. 대표적인 작용기인 알킬기는 일반적으로 간단히 R이라는 구조로 나타내는데, 알케인과 비슷하게 탄소와 수소의 단일결합으로만 이루어져 있다.

알칸은 CH_2 기가 하나씩 늘어날 때마다 끓는점이 약 20~30℃씩 증가한다. 탄소 원자수에 따라 상온에서 상태가 달라지고, 비극성 분자는 물에 녹지 않고 반응을 잘 하지 않는다. 하지만 연소하여 열을 생산하여 연료로 사용한다.

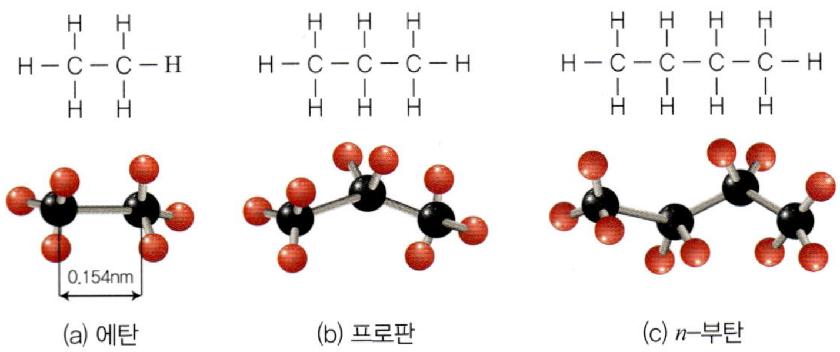

그림 2-7 에탄, 프로판, *n*–부탄의 구조식

2. 고리 모양 포화 탄화수소

사이클로알케인(cycloalkane)이라고 불리우며 탄소 원자 사이의 결합이 단일결합만으로 이루어진 고리 모양의 포화 탄화수소이다. $C_nH_{2n}(n \geq 3)$ 고리 모양의 포화 탄화수소로 단일결합만 있으며, 일반식은 (n = 3, 4, 5, …)이다.

사이클로파라핀이라고도 하며 이름은 '사이클로~안(cyclo~ane)'이라고 부르는데 이는 포화 탄화수소의 총칭인 알칸(alkane)에 고리 모양을 의미하는 '사이클로(cyclo)'를 붙여서 만든 명칭이다. 사슬 모양의 알켄(alkene)과는 분자식이 같은 이성질체이며, 합성하는 방법과 반응성 등은 고리 크기에 따라 다르다.

사이클로알칸은 원자 고리의 크기에 따라 안정성이 다르다.

① 원자 고리 3~4개 : 결합각의 변형이 크고 불안정하다.

② 원자 고리 5~7개 : 변형이 없고 안정된 구조로 에너지 면에서도 안정하다.

③ 원자 고리 8~11개 : 다소 불안정하다.

④ 원자 고리 12 이상 : 안정되어 있다.

- 사이클로프로판(C_3H_6) : 탄소 사이의 결합각이 60°로 작아 강한 반발력이 작용하여 불안정하기 때문에 다른 물질과 쉽게 반응하여 고리가 끊어진다.
- 사이클로부탄(C_4H_8) : 사이클로파라핀의 한 종류로 무색 기체이며, 끓는점은 −15℃이다.
- 사이클로펜탄(C_5H_{10}) : 탄소 사이의 결합각이 108°로 109.5°에 가깝기 때문에 매우 안정하다.
- 사이클로헥산(C_6H_{12}) : 2종류(의자 모양, 배 모양)의 기하 이성질체가 존재한다.

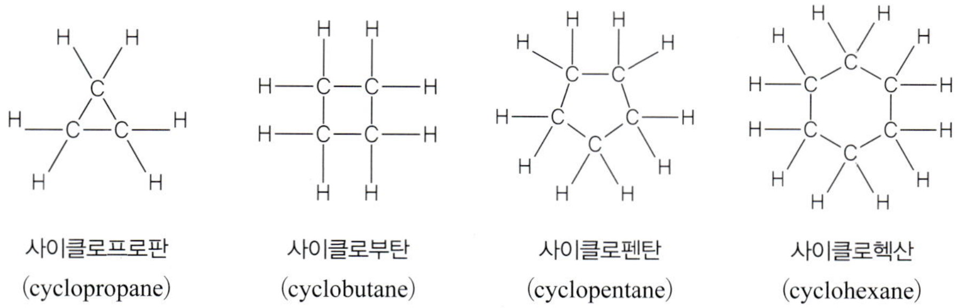

그림 2-8 사이클로알칸의 이름과 구조식

3. 사슬 모양 불포화 탄화수소

불포화 탄화수소는 알켄과 알킨을 말한다(∵ 더 많은 수소를 첨가시킬 수 있음).

(1) 알켄(alkene)

하나 이상의 탄소-탄소 이중결합(C=C)을 갖는 탄화수소, 일반식 C_nH_{2n}이고, 에틸렌(C_2H_4)이 있다.

표 2-2 알켄의 종류

탄소수	분자식	시성식	국제명	관용명
2	C_2H_4	$CH_2=CH_2$	에텐(ethene)	에틸렌
3	C_3H_6	$CH_2=CHCH_3$	프로펜(propene)	프로필렌
4	C_4H_8	$CH_2=CHCH_2CH_3$	부텐(butene)	부틸렌
5	C_5H_{10}	$CH_2=CHCH_2CH_2CH_3$	펜텐(pentene)	펜틸렌

(2) 알킨(alkyne)

하나 이상의 탄소-탄소 삼중결합($C\equiv C$)을 갖는 탄화수소, 일반식 C_nH_{2n-2}이고, 아세틸렌(C_2H_2) 등이 있다.

표 2-3 알킨의 종류

탄소수	분자식	시성식	국제명	관용명
2	C_2H_2	$CH\equiv CH$	에틴(ethyne)	아세틸렌
3	C_3H_4	$CH\equiv C-CH_3$	프로핀(propyne)	메틸아세틸렌
4	C_4H_6	$CH\equiv C-CH_2-CH_3$	부틴(butyne)	에틸아세틸렌

4. 고리 모양 불포화 탄화수소(방향족 탄화수소)

벤젠(benzene, C_6H_6) 또는 벤졸(benzol)은 휘발성 액체 탄화수소로 콜타르를 증류, 정제하여 만든다. 6개의 탄소원자가 동일 평면에 있는 평면 정육각형의 고리구조이며, 무색이고 가연성이 있으며, 발암 물질로도 알려져 있다. 비등점은 섭씨 80.1도이고 화학식은 C_6H_6 이다. 가끔 페닐기에 수소가 붙어 있다는 의미로 Ph-H로 표기되기도 한다. 상대적으로 높은 끓는점을 가진 것으로 알려져 있으며 달콤한 냄새를 가진 것이 특징이다.

발암성 때문에 사용이 제한되지만 화학 공정에서 중요한 용매로 사용되며, 약품, 플라스틱, 인조 고무, 염료, 향료, 폭약 등의 원료로 쓰인다. 벤젠은 원유의 성분이며, 석유에 존재하는 다른 물질들을 통해서 합성할 수도 있다.

벤젠을 구성하는 6개의 탄소 원자는 서로 공유결합을 이루며, 6개의 탄소원자 끝에 각각 1개의 수소원자가 공유결합을 이루고 있다.〈그림 2-9〉

탄소 원자간의 결합은 단일결합도, 이중결합도 아닌 중간적 성질을 가지며, 탄소 원자 사이의 결합 길이는 0.139nm로 모두 같다. 공명 구조를 이루고 있어 화학적으로 매우 안정한 벤젠은 무극성 분자이다.

방향족 화합물에는 벤젠(C_6H_6), 페놀(C_6H_5-OH), 벤조산(C_6H_5-COOH), 니트로벤젠($C_6H_5-NO_2$) 등이 있다.

Check-Point

벤젠(방향족 탄화수소)의 공명 구조

① 벤젠은 평면 정육각형 구조로서 탄소 원자 사이에 단일결합과 이중결합의 중간 형태의 결합을 이루는 공명 구조이다. 따라서 벤젠의 탄소 간 길이는 단일결합보다는 짧고 이중결합보다 길다.

② 공명 구조는 이중결합이 3개 있는 가상적인 벤젠의 구조보다 에너지 상으로 안정하다. 반응으로 불포화 탄화수소이므로 첨가 반응을 할 수 있으나, 오히려 치환 반응이 우세하다. 공명 현상에 의한 안정화 때문에 첨가 반응보다 치환 반응이 활발하며, 벤젠은 브롬수 탈색 반응을 하지 않는다.

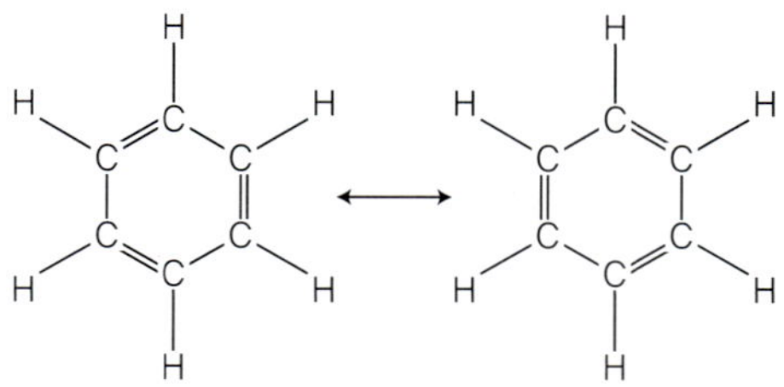

그림 2-9 벤젠의 공명

4. 방향족 탄화수소(Aromatic Hydrocarbons)의 유도체

1. 페놀류

벤젠 고리에 하이드록시기(−OH)가 결합하고 있는 물질로서 약한 산성을 띠며, 물에 조금 녹는 성질을 갖고 있다. 살균 소독성 물질로서 염화철(III) 수용액에 의해 보라색을 띠는 정색 반응을 한다. 또한 카복시산과는 에스테르화 반응을 한다.

하이드록시기가 벤젠 고리에 붙어 있는 화합물로 방향족성의 고리(벤젠고리·나프탈렌고리 등)에 하이드록시기(−OH)가 결합한 구조이다. 좁은 뜻으로는 가장 간단한 화합물인 하이드록시벤젠, 즉 벤젠의 수소원자 1개가 하이드록시기로 치환된 화합물을 가리킨다.

방향고리에 하이드록시기가 1개 치환한 페놀을 1가 페놀이라고 하며, 방향고리에 2개의 하이드록시기가 치환한 페놀을 2가 페놀, 또 방향고리에 3개의 하이드록시기가 치환한 페놀을 3가 페놀이라고 하고, 이것들을 총칭하여 다가페놀이라고 한다. 페놀에는 단순히 하이드록시기가 방향고리에 치환해 있을뿐만 아니라, 메틸기 등의 알킬기나 니트로기 등이 다시 치환한 화합물도 있다.

페놀은 약산이며 독성이 매우 강하다. 1867년 리스터에 의해 수술실에서 처음으로 사용되었던 살균제이며, 마루나 가구를 소독하는 소독제로도 사용된다.

하이드록시벤젠은 페놀의 가장 간단한 화합물로 특유의 냄새가 나는 무색의 침상결정이다. 65.3℃ 이상의 물에서 물과 임의의 비율로 섞이며, 에탄올과 디에틸에테르 등에 잘 녹는다. 1~5%의 용액을 살균소독약으로 사용하며 부식작용이 있어 피부에 바르면 하얗게 된다. 소독용 외에 보존제로서도 사용하며, 약한 지각 마비작용이 있어 통증이나 가려움을 멎게 할 목적으로 배합하기도 한다.

2. 방향족 카복시산

벤젠 고리의 H 원자가 카복시기(−COOH)로 치환된 구조의 화합물이다. 알코올과 에스테르화 반응을 한다.

3. 니트로 화합물

벤젠 고리의 H 원자가 니트로기($-NO_2$)로 치환된 화합물로서 물에 잘 녹지 않고, 폭약의 원료로 사용된다.

4. 방향족 아민

아민은 탄화수소에 아미노기($-NH_2$)가 붙어 있는 화합물로서, 이것은 마치 암모니아(NH_3)로부터 수소 하나를 탄화수소로 바꾼 꼴이므로 약한 염기성을 띤다.

벤젠 고리에 아미노기가 붙은 대표적인 물질로 아닐린이 있다. 물에 잘 녹지 않아 염산과 반응시켜 염산아닐린으로 만들면 물에 잘 녹는다.

Check-Point

> 살리실산은 카복시기와 하이드록시기를 모두 갖고 있으므로 알코올과 에스테르를 만들 수 있을 뿐만 아니라 카복시산과도 에스테르를 만든다.

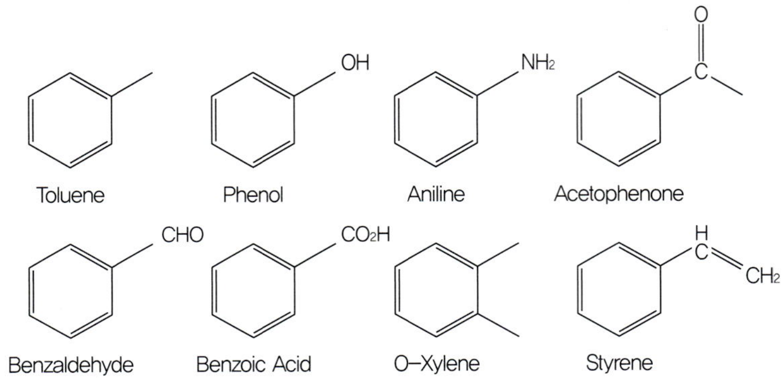

그림 2-10 벤젠의 유도체

※ 작용기(Functional Group)

유기화합물에 특정한 물리적·화학적 성질을 갖게 하는 원자단이다. 알킬기는 알칸으로부터 수소 원자를 제거하여 얻어진 것이다. 예를 들면, 메틸기(CH_3)는 메탄에서 수소제거, 에틸기(CH_3CH_2)는 에탄에서 얻어진 것이다.

표 2-4 화학 작용기

일반명	작용기를 포함하는 일반식	이름	작용기	화합물 예
알코올	R−OH	하이드록시기	−OH	CH_3OH C_2H_6OH
에테르	R−O−R'	에테르결합	−O−	CH_3OHCH_3 $C_2H_6OHC_2H_6$
알데하이드	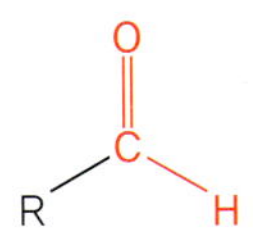	포르밀기	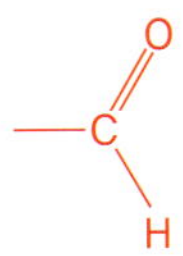	HCHO CH_3CHO

일반명	작용기를 포함하는 일반식	이름	작용기	화합물 예
케톤	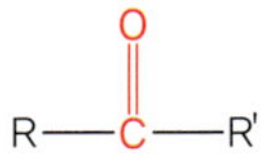	카르보닐기 (케톤기)	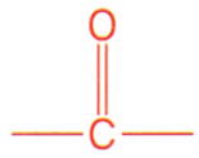	$CH_3COC_2H_6$
카복시산	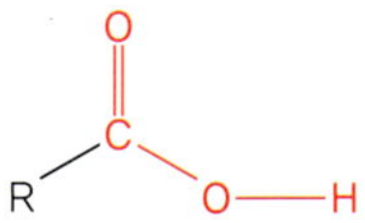	카복시기	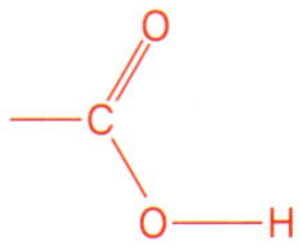	HCOOH CH_3COOCH
에스테르	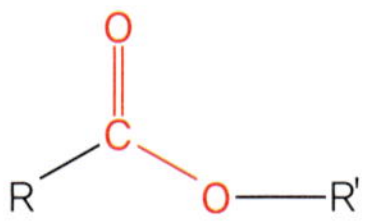	에스테르 결합		$HCOOH_3$ CH_3COOCH_3
아민	$R-NH_2$	아미노기	$-NH_2$	CH_3NH_2 $CH_3CH_2NH_2$

5. 알코올(R−OH)

탄화수소의 수소원자를 하이드록시기(−OH)로 치환한 하이드록시화합물의 총칭으로 페놀은 제외된다. 크게는 탄소원자의 수에 따라 저급알코올과 고급알코올로 나눌 수 있다. 탄소의 수가 적은 경우를 저급알코올이라 하고 메탄올과 에탄올을 대표로 들 수 있다. 저급알코올은 수용성이지만 탄소수가 증가할수록 유용성이 증가하며 분자량이 커져 녹는점이 높아진다. 일반적으로 6개 이상의 탄소수를 가진 경우 고급알코올이라 한다.

하이드록시기 개수에 따른 분류로는 한 개 가진 것을 1가 알코올, 두 개 가진 것을 2가 알코올, 세 개 가진 것을 3가 알코올이라 하고 두 개 이상 가진 것을 일괄하여 다가알코올이라고 한다. 그리고 하이드록시기에서 1차 화합물은 1차 알코올, 2차 화합물은 2차 알코올이라 한다.

1가 알코올은 국제순수응용화학연합(international union of pure and applied chemistry, IUPAC)의 명명법에 따라 모체인 탄화수소 이름의 어미에 '−올'을 붙인다. 예로, 메탄 CH_4에 대응하는 CH_3OH를 메탄올이라 부르고, 2가 알코올에서는 어미로 디올, 3가에서는 트리올을 붙인다. 보통은 관용명이 쓰이며 이것은 1가 알코올 ROH에서 탄화수소기 R의 이름 다음에 알코올을 붙여서 명명한다. 예로 CH_3OH는 메틸알코올이라 한다.

지방족 고리 알코올의 보기에는 사이클로헥산올 등, 방향족 알코올의 보기에는 벤질알코올 등이 있다. 또 스테롤이나 테르펜류에도 알코올이 존재한다. 하이드록시기 외에 작용기를 가진 알코올의 유도체로서 하이드록시알데히드, 하이드록시케톤, 하이드록시산 등이 있다.

알코올은 자연계에 에스테르로서 많이 존재한다. 1가 알코올의 탄소수가 적은 것은 식물의 정유 안에, 많은 것은 동식물의 왁스 속에, 3가 알코올인 글리세롤은 동식물의 유지 내에 있다. 이것들의 에스테르를 비누화하면 알코올이 생긴다.

사슬 1가 알코올은 탄소수가 적은 것은 자극성 있는 맛이고, 물과 잘 섞이는 액체로서 탄소원자 수가 증가함에 따라 물에 녹기 어려워지며, 탄소수가 많은 것은 물에 녹지 않는 고체이다. 다가알코올은 액체 또는 고체로서 대개 단맛이 있으며 산과 작용하면 에스테르를 생성한다.

산화되면 1차 알코올은 알데히드를 거쳐 산이 되고, 2차 알코올은 케톤이 된다. 3차 알코올은 분해하여 본래의 알코올보다 탄소원자수가 적은 케톤 또는 산이 된다.

6. 에테르(Ether)

에테르는 탄화수소 화합물 중 하나로 탄소구조체 2개와 산소 하나가 R−O−R' 형태로 결합된 물질을 말한다. 물에 녹지 않는 많은 유기물을 녹이는 용매로 사용된다.

기화가 잘 되어 녹아 있는 물질 회수가 쉽고, 산소와 천천히 반응하여 불안정한 과산화물을 형성한다. 분자 구조상 무극성이라 알코올과는 달리 물에 잘 녹지 않는다. 휘발성이 강해서 에테르라는 이름이 붙었으며 불을 붙이면 잘 탄다. 유기물질을 잘 녹이고 화학적으로 안정하기 때문에 유기용매로 자주 쓰인다.

진한 황산이 들어가면 알코올로 분해되고, 140℃ 정도로 가열하면 다시 에테르가 된다. 온도에 따라 반응방향이 바뀌는 대표적인 예시라고 볼 수 있다. 에테르 증기는 전신마취 효과가 있으며, 에틸에테르 증기는 인류 최초의 마취제이기도 하다.

하지만 에테르 자체가 인체에 유독한 물질 중 하나이므로, 좀 더 안전한 마취제가 나온 이후부터는 동물 마취용으로만 사용된다. 냄새가 독하고, 가연성이 높고 인화점, 착화점 등이 상당히 낮은 편이므로 취급에 각별한 주의가 필요하다.

구조를 보면 산소 원자에 수소가 결합하지 않는다. 따라서 반응에 산소가 포함되면 안 되는 경우 반응의 용매로 사용한다. 유기 반응에서는 물이 들어가면 안 되는 경우도 많기 때문에 건조시켜 사용한다.

7. 알데하이드(Aldehyde)와 케톤(Ketone)

알데하이드는 일반식 RCHO로 표현되는 화합물이고, 케톤은 일반식 R−CO−R'로 표현된다. 알데하이드와 케톤은 모두 카보닐기와 C=O를 가지고 있어, 모두 종종 카보닐 화합물라고 부른다.

카보닐기는 크게 알데하이드와 케톤의 화학을 지칭한다. 카보닐기를 공유하고 있는 알데하이드와 케톤이 성질이 비슷하다. 하지만 알데하이드에서 카보닐기에 수소 원자가 바로 붙어 있고, 케톤은 두 가지의 유기화합물이 붙어있다는 점이 다르다. 구조의 다른 점이 두 화합물의 성질에 두 가지 방향으로 영향을 미친다. 알데하이드는 쉽게 산화되지만, 케톤은 상대적으로 어렵게 산화된다.

포름알데히드는 우리 주변에서 흔히 볼 수 있는 플라스틱 제품, 페인트, 전자부품 등에 사용되는 수지의 원료이다. 특히 수지는 목재에 대한 접착력이 매우 우수해 합판이나 가구를 제작할 때 접착제로 다량 사용되고 있다.

또한 접착성뿐만 아니라 내열성도 뛰어나기 때문에 유리 섬유나 석면 섬유의 단열재용 결합제와 건물의 단열재, 바닥재로도 사용된다. 포름알데히드는 수증기나 산소의 투과율이 낮고 내약품성이 뛰어나 프린터 인쇄 잉크와 금속 제품의 부식 방지용 도료(자동차, 선박, 금속 용기 도료)에도 사용된다.

포름알데히드는 물에 잘 녹으며, 35~38% 포름알데히드 수용액을 포르말린이라고 하는데, 포르말린은 대부분의 미생물에 독성이 있기 때문에 살충제, 살균제로 사용되고, 화장품 및 가정용 가구와 같은 소비재의 방부제로도 사용된다.

또한 식품 가공 과정에서 항균제와 방부제로 사용한다. 특히 새 가구, 새 제품에는 더 많은 양의 포름알데히드가 배출되고 이렇게 배출된 포름알데히드는 공기를 통해 호흡기와 피부에 노출되기 쉽다. 포름알데히드는 1급 발암 물질로 규정한 물질로 높은 농도의 포름알데히드에 지속적으로 노출되면 비인두암과 백혈병의 원인이 되며, 농도에 따라 눈, 코, 목 등에 자극을 주어 불쾌감, 눈물, 재채기 등을 일으킬 수 있다.

아세톤(acetone), 다이메틸 케톤(dimethyl ketone) 또는 프로판온(propanone)은 가장 간단한 형태의 케톤이다. 화학식은 CH_3COCH_3이며, 물, 알코올, 에테르 등 대부분의 용매와 잘 섞이고, 상온에서는 휘발성이 강하므로 인화성이 크다. 아세톤은 체내의 일반적인 대사과정에서 만들어지고 배출되며, 보통 혈액과 소변에 존재하여 당뇨병이 있는 사람들은 보통사람보다 아세톤을 체내에서 더 많이 만들어 낸다. 그러나 생식 독성실험결과 생식관련 문제를 일으킬 가능성은 낮은 것으로 나타났다. 아세톤은 아주 중요한 용매 중 하나이며 플라스틱이나 셀룰로스 도료 제작에 널리 쓰이고, 아세틸렌을 녹여 저장하는 용도로도 사용된다. 유기합성의 원료로도 사용되며 아세톤으로부터 생성되는 대표적인 화합물은 다이아세톤 알코올이다.

다이아세톤 알코올은 용매, 시너 등으로 사용된다. 실생활에서는 물과 유기용매 모두에 대해서 잘 녹는다는 성질을 이용하여, 페인트와 같이 물로 세척되지 않는 물질을 세척하는데 이용한다. 특히, 손톱에 바른 매니큐어의 제거에 유용하다. 하지만 아세톤은 인화성이 강한 물질이기 때문에 취급에 주의해야 하고, 장기적인 피부 접촉은 심한 염증을 일으킬 수 있는 독성물질에 속하므로 사용하는데 주의가 필요하다.

8. 카복실산(Carboxylic Acid)

카복시기(−COOH)를 갖는 유기화합물로 일반식은 RCO_2H 또는 RCOOH로 표시 한다. 카복시기의 수소를 해리하여 산성을 나타내므로 카복시산이라 한다.

카복시기를 1개 갖는 것을 모노카복시산, 2개 갖는 것을 디카복시산, 3개 갖는 것을 트리카복시산이라 하며, 사슬 모양의 모노카복시산은 지방이나 유지의 성분으로서 널리 분포하므로 특히 지방산이라 한다. 카복시기 외에 아미노기(基)를 갖는 카복시산을 아미노산, 수산기(하이드록시기)를 갖는 카복시산을 하이드록시산(옥시산), 케톤의 카르보닐기를 갖는 카복시산을 케토산이라 한다.

개미산(formic acid)은 개미(formica)에 함유되어 있는 산이며, 식초산(acetic acid)은 식초(acetum) 안에 3~4% 함유되어 있다. 호박(succinum)을 건류하면 얻어지는 디카복시산은 호박산, 즉 숙신산(succinic acid)으로 명명되고, 우유가 부패해 시어졌을 때 생기는 산은 젖(lact)에서 젖산(lactic acid)의 이름으로 불린다.

카복시산은 지방 내지 유지의 중요한 구성 성분으로서 동식물계에 널리 분포한다. 동식물유를 구성하고 있는 카복시산은 탄소수 16개 및 18개의 것이 많으며, 탄소수가 적은 아세트산은 식초의 성분으로서 3% 가량 함유되어 있다.

아세트산·부티르산 등의 카복시산과 1가 알코올과의 에스테르는 방향이 있고 과실 속에 존재하므로, 식품의 향료로 쓰인다.

9. 에스테르(Ester)

에스테르(ester) 또는 에스터는 유기화합물의 하나로, 유기 라디칼이 산의 수소 분자 자리에 치환된 것을 말한다. 에스테르의 가장 공통적인 전형은 카복시산-에스테르(R'−C(=O)−O−R_2)이며 다른 에스테르로는 인산, 황산, 질산과 붕산 에스테르 등이 있다.

휘발성 에스테르는 대개 향기를 지니며, 향수, 에센스(필수기름)와 페로몬에서 발견된다. 그리고 많은 과일들에 그 향을 준다.

에틸 아세테이트와 메틸 아세테이트는 중요한 솔벤트이며 지방산 에스테르는 지방과 지질을 형성하고 폴리에스테르는 중요한 플라스틱이다. 순환 에스테르는 락톤이라 불린다.

에스테르는 에스테르화라는 산과 알코올 사이의 축합 반응으로 합성할 수 있다.

① 메틸 부티레이트(Methyl Butyrate)

메틸 부티레이트의 화학식은 $CH_3CH_2CH_2COOCH_3$이다. 대부분의 에스테르와 마찬가지로 과일 냄새가 나며, 사과나 파인애플 향과 비슷하다.

상온에서는 물에 대한 용해도가 낮은 무색의 액체로 부유하여 유성 층을 형성한다. 메틸 부티레이트는 여러 식물성 제품, 특히 파인애플 오일에 소량으로 존재한다.

② 에틸 부티레이트(Ethyl Butyrate)

에틸 부티레이트는 화학식 $CH_3CH_2CH_2COOCH_2CH_3$의 에스테르이며, 프로필렌글리콜, 파라핀 오일 또는 등유에 용해된다.

파인애플과 비슷한 과일 향이 나는 에틸 부티레이트는 가공된 오렌지 주스의 풍미 강화제로 사용되는 핵심 성분이다. 또한, 낮은 농도에서도 많은 과일에서 자연적으로 발생하고 향료에 사용되는 가장 일반적인 화학 물질 중 하나이다.

③ 프로필 아세테이트(Propyl Acetate)

프로필 아세테이트의 화학식은 $CH_3COOCH_2CH_2CH_3$이며, 투명한 무색 액체는 배 특유의 냄새로 알려져 있어 일반적으로 향료 및 향료 첨가제에 사용된다.

④ 벤질 아세테이트(Benzyl Acetate)

아세트산 벤질 또는 초산 벤질은 분자식이 $C_9H_{10}O_2$인 유기 에스테르이며, 벤질 알코올과 아세트산의 축합 반응에 의해 형성된다. 대부분의 다른 에스테르들과 마찬가지로 아세트산 벤질은 달콤하고 유쾌한 향을 가지고 있기 때문에 개인위생 및 건강관리 제품에 사용된다.

아세트산 벤질은 재스민과 일랑일랑 그리고 네롤리의 에센셜 오일의 구성 성분으로 재스민을 연상시키는 기분 좋은 달콤한 향기를 풍긴다. 또한, 향료로써 아세트산 벤질은 다양한 화장품 및 로션, 헤어크림과 같은 개인 케어제품에 재스민이나 사과 향을 내는데 사용된다.

아세트산 벤질은 다양한 종류의 꿀벌의 수컷에게 매력적인 많은 화합물들 중 하나로 꿀벌에 의해 수집되어 특정 페로몬으로 사용된다. 아세트산 벤질의 천연 공급원으로는 재스민과 같은 다양한 꽃들과 배, 사과 등이 같은 과일 등이 있다.

⑤ 옥틸 아세테이트(Octyl Acetate)

옥틸 아세테이트는 $CH_3(CH_2)_7O_2CCH_3$의 화학식을 갖는 유기 화합물이다. 옥틸 알코올과 아세트산에서 형성된 에스테르로 분류되며 오렌지, 자몽 및 감귤류 제품에서 발견된다.

⑥ 메틸 벤조네이트(Methyl Benzonate)

메틸 벤조네이트는 $C_6H_5CO_2CH_3$의 화학식을 갖는 에스테르이다. 무색의 액체로 물에 잘 녹지 않지만 유기 용제와 섞일 수 있다. 또한, 곤충을 유인하는데 필요한 살충제로 사용된다.

10. 아민(Amine)

암모니아에서 수소를 제거하여 알킬기나 방향족기로 치환하여 유도되며, 치환된 수소원자의 수에 따라, 1차 아민 RNH_2, 2차 아민 R_2NH, 3차 아민 R_3N으로 나눈다.

탄화수소기가 사슬식(지방족)만 일 때는 사슬 아민 또는 지방족 아민이라 하고, 하나라도 방향족인 것을 함유할 때는 방향족 아민이라고 한다. 또한, 분자 안에 있는 아민의 질소원자의 수가 1개일 때는 모노아민, 2개일 때는 디아민, 3개, 4개일 때는 각기 트리아민, 테트라아민이라 하며, 디아민 이상을 일괄하여 부를 때는 폴리아민이라고 한다.

사슬 아민은 기의 이름 다음에 아민을 붙여서 명명하는 것이 보통이다. 방향족 아민에는 아닐린, 톨루이딘처럼 아민이라는 명칭이 들어가지 않는다. 하지만, 암모니아를 탄화수소기가 아닌 다른 기로 치환한 화합물에는 아민 또는 아미드라고 하는 것이 있다.

방향족 아민은 일반적으로 물에 안 녹고 특이한 냄새를 가지며, 사슬 아민은 암모니아보다 약간 강한 염기지만 방향족 아민은 약하다.

Chapter 3

수성원료

3. 수성원료

1. 정제수(Distilled Water)

화장품 제조에 있어 물은 가장 중요한 원료 중 하나이다. 화장품에서 물은 피부보습의 기초 물질로서 일부 색조화장품(립스틱, 아이섀도)을 제외한 모든 제품에 사용되는 필수 원료이다. 화장품에 사용되는 물은 대부분 이온교환 수지를 이용하여 정제한 이온 교환수를 자외선램프로 살균하고, 일정한 pH를 유지하여 사용한다.

만약 물이 세균에 오염되었거나 칼슘, 마그네슘 등의 금속 이온이 함유되어 있다면 피부에 손상을 가져오고 모발을 끈적거리게 할 수 있다. 또한, 이는 제품이 분리되거나 점도의 변화를 일으켜 제품의 품질이 떨어지는 요인이 되기도 한다.

1. 증류

전통적인 순수(純水) 제조방법은 물을 끓이면 수증기가 발생하여 콘덴서(condenser)로 올라가고, 콘덴서의 냉각수에 의해 수증기가 응축되어 순수를 생산하는 것으로 비용이 비싸서 실험실 외에는 많이 사용되지 않는다.

2. 활성탄흡착

다공성 물질인 활성탄 여과재를 사용하여 물 중의 유기물질, 부유 입자, 냄새, 맛, 색깔 및 잔류염소를 제거한다. 이때 흡착의 정도는 유기물 분자의 크기와 분자량에 따라 결정된다. 활성탄 흡착 여과시 원수의 염소도 제거되므로 활성탄 여과 후부터는 미생물의 번식의 위험성을 고려해야 한다.

3. 이온교환

가장 널리 이용되는 초순수 제조방법이다. 물을 양이온/음이온 교환수지를 통과시켜 물 속의 양이온과 음이온을 각각 H+ 이온과 OH− 이온으로 교환, 이들이 결합하여 순수(H_2O)가 생성되는 원리이다.

① 혼상식(Mixed−Bed Deionizer)

양이온 수지와 음이온 수지를 혼합하여 한 개의 탑 속에서 음이온층과 양이온층을 거치도록 하는 것이다.

② 복상식(Two−Bed Deionizer)

양이온 교환수지와 음이온 교환수지를 각각 다른 탑에 충전하여 통과시키는 것이다.

4. 역삼투

삼투압 현상을 이용하여 고농도 용액에 삼투압보다 큰 압력을 가하여 고농도 용액의 물이 반투막을 통과하여 저농도 용액 쪽으로 강제 이동하도록 함으로써 순수(純水)를 얻을 수가 있다. 역삼투 방식은 이온교환 방식에 비해 유지관리가 간편한 장점이 있으나, 이온교환 방식 정도의 초순수를 얻기는 어렵다.

5. 자외선 살균 램프 장치

253.7nm 파장의 자외선 조사로 수중의 미생물을 사멸시키는 살균법이다. 보통 정제수 보관 또는 사용 전에 미생물의 최종 제거 목적으로 이용된다.

UV 살균 등 사용 시 주의할 점은 살균효과를 고려한 적정 유량의 통과이다. 특히 UV 통과 전 생균수가 높은 경우는 유량(유속)이 너무 빠르면 통과 후에도 균이 존재할 가능성이 높으므로 주의해야 한다.

또한 철 성분이 자외선을 흡수하는 성질이 있어서 스테인리스 파이프를 통과하는 경우는 살균효과가 많이 떨어지는 것을 고려하여 램프, 유량 등을 결정해야 한다.

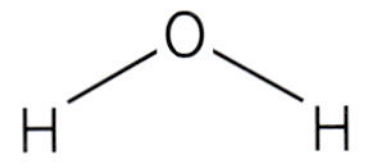

그림 3-1 물의 구조

2. 에탄올(Ethanol)

에틸알코올(ethyl alcohol)이라고도 하며, 탄소 원자의 수가 적어 메탄올과 함께 저급 알코올에 속하는 휘발성이 뛰어난 원료이다. 메탄올은 독성이 있기 때문에 화장품 제조에 사용되는 저급 알코올은 에탄올이다.

저급 알코올인 에탄올은 무색·투명하고, 특유한 냄새와 휘발성이 있으며, 술의 주성분이다. 화학식은 C_2H_6O, 녹는점은 −114.5℃, 끓는점은 약 78.3℃, 비중은 0.79이다. 특이한 향기가 있는 휘발성 액체이지만 독성이 없어 주류의 제조 원료로 쓰이며, 소독약·화학 약품의 합성 원료, 용제, 연료, 의약품, 실험용 시약 등으로도 쓰인다.

술의 주성분으로 막걸리나 맥주에는 약 3~4.5%의 에탄올이, 소주에는 약 20%의 에탄올이, 위스키나 브랜디에는 35~55%의 에탄올이 포함되어 있다.

에탄올을 제조하는 방법으로는 주로 알코올 음료에 포함되는 에탄올을 만들 때 감자나 고구마의 녹말을 발효시켜 만드는 발효법과 에틸렌을 황산에 흡수시켜 얻은 황산에스테르를 가수 분해하여 에테르와 함께 얻는 황산가수법, 요오드 합성법 등이 있다.

에탄올은 여러 가지 물질을 잘 녹이며, 물과는 임의의 비율로 잘 섞이는데 혼합할 때 부피가 줄어들고 열을 내며 잘 탄다. 공기 중에서는 엷은 푸른색의 불꽃을 내며 타고, 증기에 인화하면 폭발하는 성질도 있다.

에탄올은 단백질을 응고시키는 성질이 있어 살균작용과 함께 흥분, 마취효과도 있다. 에탄올은 배합량에 따라 효능·효과가 조금씩 차이가 있으며, 일반적으로 에탄올과 물의 비율이 7:3일 때 살균과 소독의 효과가 가장 우수하다.

화장품에 사용되고 있는 에탄올은 술을 만드는 데 사용할 수 없도록 변성제(폴리필렌 글리콜, 부탄올)를 첨가하여 만든 변성 에탄올(SD−alcohol)인 SD−에탄올 40을 사용하며, 수렴, 청결, 살균제, 가용화제 등으로 이용되고 있다. 스킨 토너류 제품에는 에탄올이 함유되어 있는데 주로 수렴 효과와 청량감을 부여하고, 네일 제품에서는 가용화제로 사용하기도 한다.

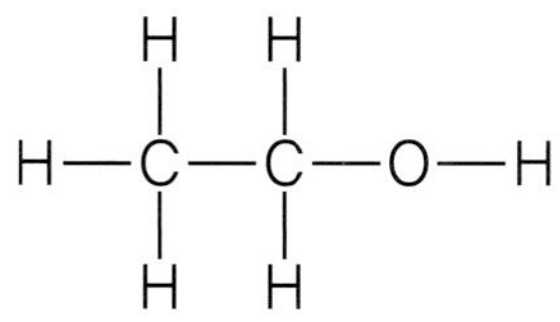

그림 3−2 에탄올의 구조

Chapter 4

유성원료

4. 유성원료

유지류(Oils and Fats)

일반적으로 유지 중에서 상온에서 액상인 것을 오일, 고체인 것을 지방이라고 한다. 유지는 대부분 자연계에서 존재하는 동물 및 식물 등에서 유래한 성분으로 소수성이 강하여 물에 잘 녹지 않고, 유기용매에 잘 녹는(가용) 물질이다.

동식물 유지에는 일반적으로 불포화된 C=C 이중결합이 많이 있고, 이중결합이 많을수록 상온에서 액상(오일)으로 존재한다. 이러한 유지에 니켈 등의 가루를 촉매로 가하여 150~200℃로 가열하면서 수소를 첨가하는 공정을 수화 또는 수소첨가라 하고, 이러한 공정을 거치면 C=C 이중결합이 C−C 단일결합으로, 즉 불포화결합이 포화결합으로 변하게 된다.

유지에서 이렇게 얻어진 원료를 경화유(hardened oil) 또는 수소첨가유(hydrogenated oil)이라고 하는데, 일반적으로 이렇게 수소첨가를 하게 되면 원료 유지의 좋지 않은 냄새가 억제되고, 융점이 높아진다. 따라서 성상도 오일상에서 백색의 고상이 되는 경우도 발생한다.

유지는 화학구조상 지방산(fatty acid)과 3가 알코올(한 분자 내에 −OH가 3개)인 글리세롤(glycerol)이 에스테르 결합을 한 트리글리세리드가 주성분이다. 글리세린에 각종 지방산이 여러 종류의 비율로 혼합되어 있는데, 지방산의 혼합비율은 원료와 원산지에 따라 다르다. 또한, 어느 정도의 유사한 물리화학적 성질을 가진다.

유지류의 기본 화학구조는 다음과 같다.

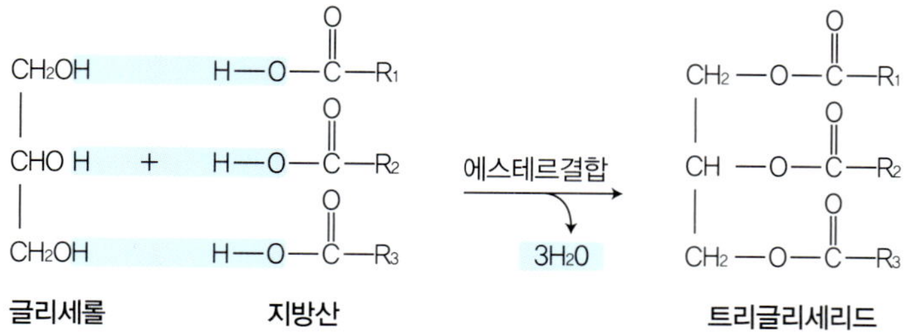

그림 4-1 유지류의 기본 구조

Check-Point

화장품으로 유성원료의 사용목적

① **유연효과**(Emollient Effect) : 피부 및 모발에 유연성을 부여한다.

② **밀폐효과**(Occlusive Effect) : 피부에 소수성 피막을 형성함으로써 외부로부터 유해물질 침투를 방지하고 피부 표면의 수분 증발을 억제한다.

1. 식물성 오일(Vegetable Oil)

식물성 오일은 공기 중에 존재하는 산소와 결합하여 산화·중합·축합하여 피막을 형성하는 정도에 따라 건성유, 반건성유, 불건성유로 나눌 수 있다. 지방산 구조의 불포화도가 높으면 건성유가 되고, 불포화도가 낮으면 불건성유가 된다. 구체적으로 요오드 값이 130 이상이면 건성유, 100~130이면 반건성유, 100 이하이면 불건성유라고 한다. 건성유는 공기 중에서 표면에 막이 생기고 서서히 굳으며, 불건성유는 공기 중에서 건조되지 않는다.

Check-Point

요오드값(Iodine Value)

유지에 염화요오드를 작용시킬 때 유지 100g에 흡수되는 염화요오드의 양에서 요오드의 양을 환산하여 그램 수로 나타낸 것. 요오드 수라고도 한다. 일반적으로 유지류에 요오드를 작용시키면 2중 결합 하나에 대해 요오드가 2원자 첨가되기 때문에 유지의 불포화도를 나타낼 수 있다.

식물성 오일에는 올리브 오일(olive oil), 동백 오일(camellia oil), 피마자 오일(castor oil), 마카다미아 너트 오일(macadamia nut oil), 아보카도 오일(avocado oil), 아몬드 오일, 메도우폼 오일(meadowfoam oil), 로즈 힙 오일(rose hips oil) 등이 있으며, 이 원료들은 수분 증발을 억제하고 사용감을 향상시키는 역할을 한다.

1. 올리브 오일(Olive Oil)

올리브유는 물푸레나무과(oleaceae)의 올리브나무(*Olea europaea* L.)에서 나는 열매를 압착하여 얻는 지방유이다. 주산지는 스페인, 이탈리아 등의 지중해 연안지방이다. 올리브유의 지방산은 65~85%로 가장 많은 함량을 나타내는 올레인산(oleic acid)과, 팔미트산(palmitic acid) 7~16%, 리놀렌산(linoleic acid) 4~15%로 조성되어 있다.

화장품으로서의 주요 용도는 피부에 유연한 감촉을 주고, 피부 표면으로부터 수분이 증발하는 것을 억제하는 역할을 하여 선탠오일, 마사지 오일의 기제, 각종크림, 두발류 제품 등에 주로 사용된다.

최근에는 올리브 오일에 친수성의 폴리에틸렌글라이콜을 부가 중합하여 스킨류 등에 사용감 개선을 위한 용도인 수용성오일로 만들어 사용되기도 한다. 또한, 올리브 오일의 주요 지방산과 고급알코올인 세테아릴알콜(cetearyl alcohol)을 반응시켜 얻은 에스테르 형태의 천연물 유도 계면활성제의 형태로 사용되기도 한다.

그림 4-2 올리브(*Olea europaea* L.)

표 4-1 올리브 오일의 주요 지방산과 물성정보

지방산	함량	화학구조
올레인산 (oleic acid)	65~85%	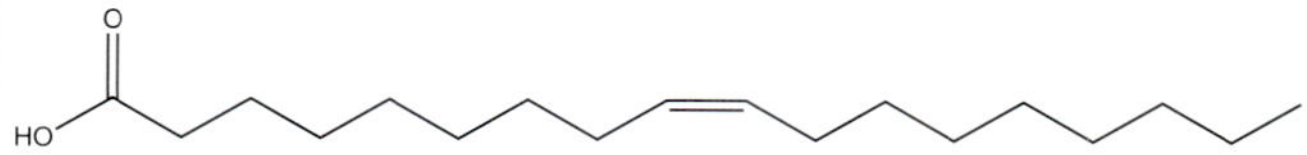
팔미트산 (palmitic acid)	7~16%	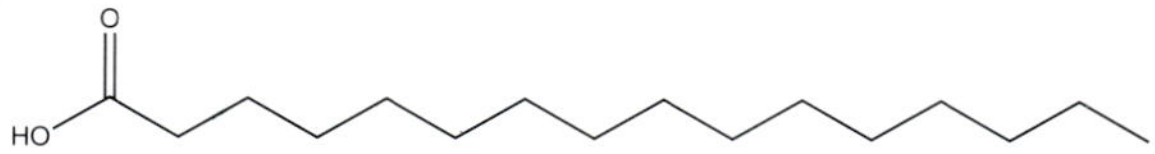
리놀렌산 (linolenic acid)	4~15%	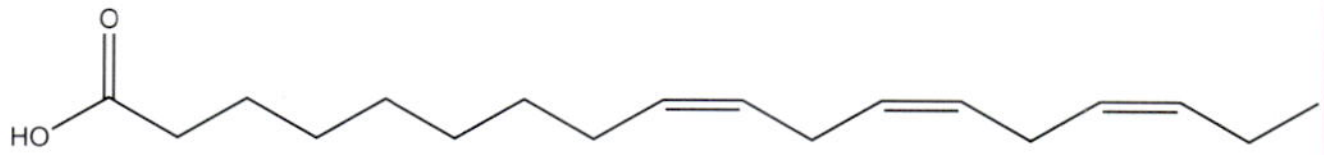
비중 : 0.910~0.916	검화가(비누화값) : 184~196	요오드가 : 79~88

2. 동백 오일(Camellia Oil)

동백유는 차나무과(theaceae)인 동백나무(*Camellia Japonica* L.)의 종자에서 추출한 것으로 불건성유(요오드 값 100 이하)이며, 응고점이 낮아(−15℃) 추운 겨울철에도 액상으로 존재한다. 지방유로서 주요 구성 성분은 올레인산(oleic acid) 82~88%, 팔미트산(palmitic acid) 및 스테아린산(stearic acid) 8~15%, 리놀렌산(linoleic acid) 3~4% 정도 포함되어 있다.

동백유는 보습효과가 매우 뛰어나며, 올리브오일과 유사한 올레인산이 많이 함유되어 있어서 올리브유와 비슷한 용도로 크림, 유액 등에 사용되고 있으며, 특히 두발용으로 많이 사용되고 있다.

그림 4-3 동백꽃(*Camellia Japonica* L.)

표 4-2 동백 오일의 주요 지방산과 물성정보

지방산	함량	화학구조
올레인산 (oleic acid)	82~88%	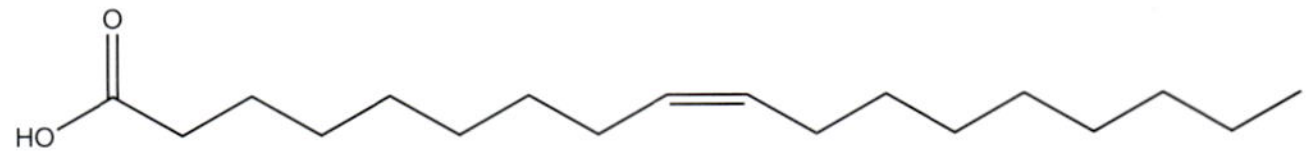
팔미트산 (palmitic acid) 및 스테아린산 (stearic acid)	8~15%	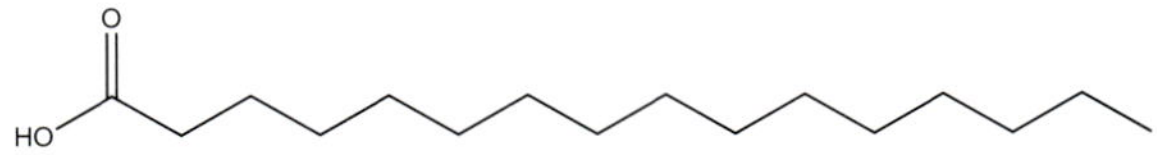 및 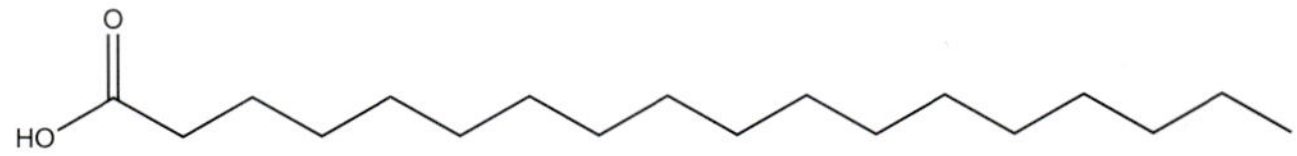
리놀렌산 (linolenic acid)	3~4%	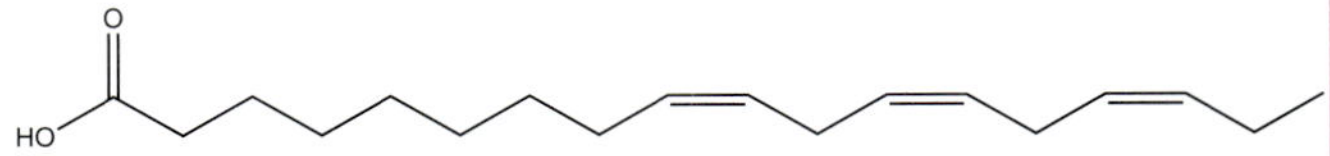
비중 : 0.910~0.916	검화가(비누화값) : 188~194	요오드가 : 80~85

3. 피마자 오일(Castor Oil)

피마자(아주까리; *Ricinus communis* L.)의 종자에서 얻어지는 무색 또는 담황색의 점도가 있는 지방유이며, 약간 특이한 냄새와 맛을 가지고 있다. 구성 지방산으로는 포화지방산인 스테아린산(stearic acid)이 2~3%, 리시놀레인산(ricinoleic acid) 80~85%, 올레인산 3~9%, 리놀산 2~3%를 함유하고 있는 것이 보통이다.

피마자유(castor oil)는 그 주성분이 친수성의 수산기(hydroxy기)를 가지고 있는 리시놀레인산의 글리세라이드이기에 물리적, 화학적 성질이 다른 유지와 비교하여 크게 다르다. 바로 친수성이 다른 유지보다 강하고 점성이 있으면서, 에탄올에 용해된다는 점이다. 이러한 특성이 립스틱에서의 높은 점도를 이용한 안료의 분산제로 사용하여 반제품인 착색제(colorant)를 만들고, 염료의 용해제로 사용되기도 한다.

예전부터 포마드와 같은 정발제에 사용되었고, 알코올에 용해성을 이용하여 헤어로션의 트리트먼트제로 사용한다. 단점으로는 특이한 냄새가 나고, 높은 점도로 인해 사용감이 좋지 않다. 특히, 문제가 되는 냄새는 고도로 정제된 탈취 피마자유를 사용하고 있으나, 제조 후 다시 냄새가 되돌아오기 쉽다.

다른 주요 용도로 피마자유를 사용할 때엔, 수소를 첨가한 후 친수성인 폴리에틸렌 글라이콜(polyethylene glycol)을 부가 중합하여 친수성을 더욱 증대시킨 계면활성제(PEG−40 hydrogenated castor oil 혹은 PEG−60 hydrogenated castor oil 등)에 사용한다. 이러한 계면활성제는 스킨류 제조의 가용화제로 사용된다.

피마자유에 수소를 첨가한 것을 경화 피마자유(hydrogenated castor oil)이라고 한다. 일반적으로 케스터 왁스(castor wax)라고 하며 융점 80℃ 이상의 고체로 그 지방산의 주성분은 12−Hydroxy Stearic Acid이다.

경화 피마자유의 용도는 12−Hydroxy Stearic Acid의 용도와 비슷하여 비극성 용매에서 높은 온도까지 가온하였다가 냉각하였을 때 얻을 수 있는 겔화능을 이용하여 유성 컨실러 등의 주요기제로 사용되기도 하며, 굳어서 부서지기 쉬운 성질이 있기 때문에 카르나우바 왁스와 칸델릴라 왁스의 대용품으로 사용되기도 한다. 경화 피마자유는 수소첨가의 가감에 따라 융점이 높은 Wax상에서부터 융점이 낮은 Paste상까지의 제품을 얻을 수 있다. 화장품의 종류 중에서 립스틱과 포마드가 피마자유를 중요 성분으로 사용한다.

그림 4−4 피마자(*Ricinus communis* L.)의 종자

표 4-3 피마자 오일의 주요 지방산과 물성정보

지방산	함량	화학구조
리시놀레인산 (ricinoleic acid)	80~85%	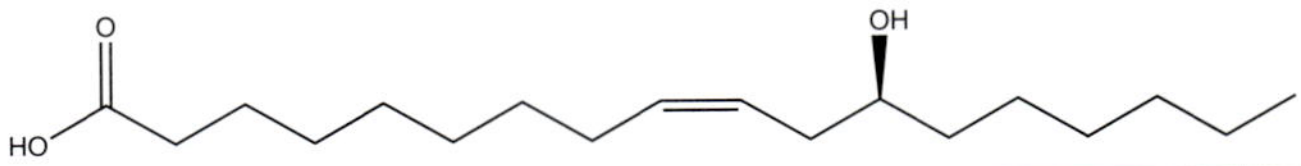
올레인산 (oleic acid)	3~9%	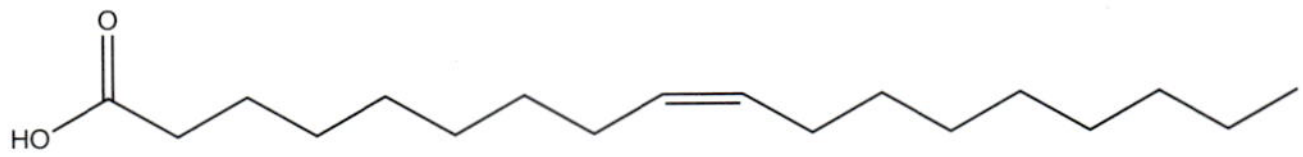
스테아린산 (stearic acid)	2~3%	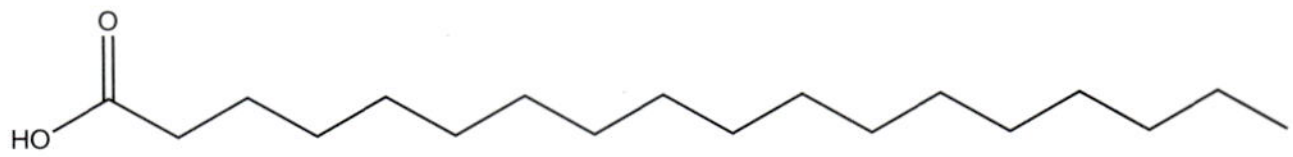
리놀렌산 (linolenic acid)	2~3%	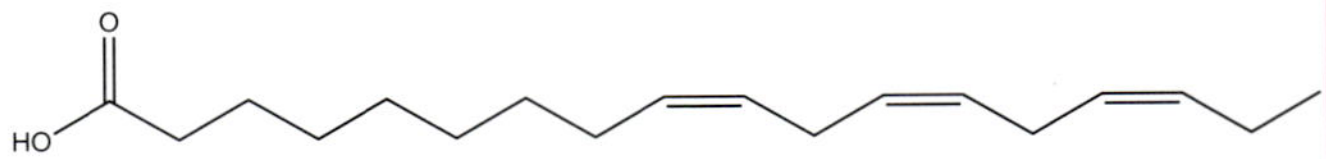
비중 : 0.945~0.965	검화가(비누화값) : 176~187	요오드가 : 81~90

4. 아보카도 오일(Avocado Oil)

아보카도유는 아메리카의 캘리포니아주 혹은 플로리다주에서 자라는 아보카도 나무(*Persea Americana*)의 과실에서 냉동 압착하여 추출한 지방유이다. 구성 지방산은 불포화지방산이 많으며, 올레인산(oleic acid)이 63~77%, 리놀렌산(linoleic acid)이 6~11%, 그 외 포화지방산을 6.9~25% 포함하고 있다. 포화지방산 중의 대부분은 팔미트산으로 구성되어 있으며, 미리스틴산(myristic acid)과 스테아린산(stearic acid)은 대단히 소량 포함하고 있다.

특히, 피부친화성과 퍼짐성이 좋아 피부에 탄력과 건성노화피부에 효과가 있고, 살균효과와 민감한 피부에 진정효과가 있다. 반면 쉽게 산화되기 때문에 공기 중에 오랫동안 노출시키면 좋지 않다. 비타민 A, D, B_2, E, 아미노산, Lecithin, Phytosterol 및 Carotinoid 등이 함유되어 있다.

저온상태에서는 내용물이 응결되며, 0℃에서는 고체가 된다. 정제되지 않은 오일은 녹색을 띄며, 정제된 오일은 연노랑색이고, 아보카도유는 시토스테린의 함유로 피부로의 침투성이 향상된다고 알려져 있다.

아보카도유는 크림, 마사지오일 등의 기제에 사용되고 있으며, 피부에 침투성이 없는 여러 종류의 활성물질의 매개체의 역할도 담당한다.

그림 4-5 아보카도(*Persea Americana*)의 과실

표 4-4 아보카도 오일의 주요 지방산과 물성정보

지방산	함량	화학구조
올레인산 (oleic acid)	63~77%	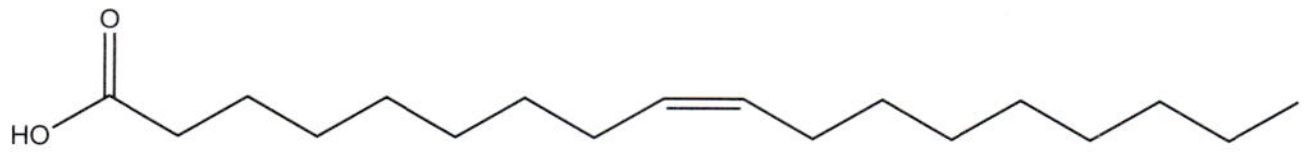
리놀렌산 (linolenic acid)	6~11%	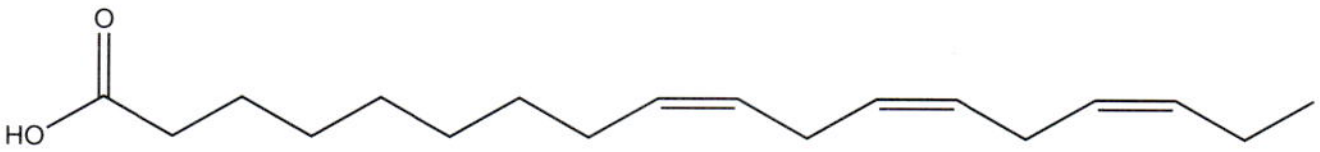
스테아린산 (stearic acid)	매우 소량	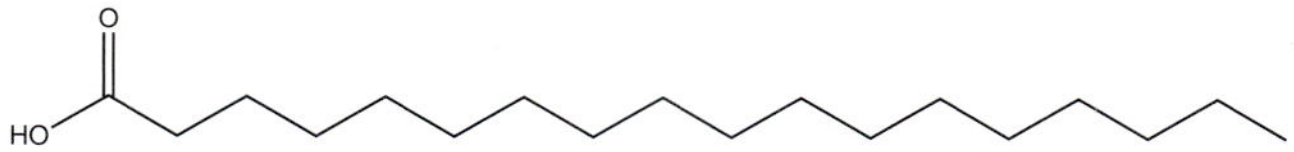
미리스틴산 (myristic acid)	매우 소량	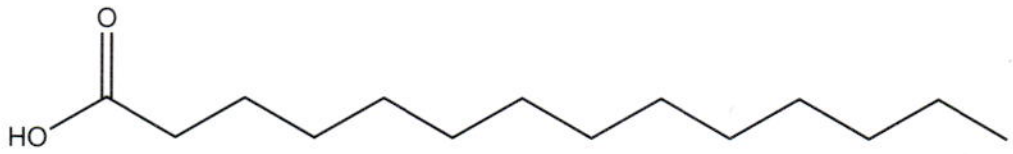
비중 : 0.9133~0.9159	검화가(비누화값) : 129~197	요오드가 : 65~95

5. 아몬드 오일(Almond Oil)

아몬드유는 장미과(Rosaceae)의 감편도(*Prunus amygdalus* Batsch) 와 그 변종의 핵인에서 얻는 지방유로서 아몬드(*Prunus amygdalis*)의 씨에서 추출하며, 스윗 아몬드 오일(sweet almond oil)과 비터 아몬드 오일(bitter almond oil; amygdalin 성분 함유)이 있다.

화장품에는 스윗 아몬드 오일이 사용되며, 이 오일은 아몬드에서 유래된 Triglyceride(비타민 A, B_2, B_6, E, 올레인산 및 리놀산으로 구성)이다. 구성 지방산은 올레인산이 80~83%, 미리스틴산·팔미트산이 4~5% 정도이다.

올리브유와는 비교하여 약간 불포화도가 높고, 응고점은 상당히 낮은 특성을 가지고 있으나, 용도는 올리브유와 비슷하게 쓰여지고 있다. 각종 크림, 로션, 에몰리엔트제 및 마사지 오일 등에 사용되며, 건성·노화 및 민감성 피부와 어린이용 화장품에 널리 사용된다.

그림 4-6 아몬드(*Prunus amygdalus* Batsch)의 꽃과 종자

표 4-5 아몬드 오일의 주요 지방산과 물성정보

지방산	함량	화학구조
올레인산 (oleic acid)	80~83%	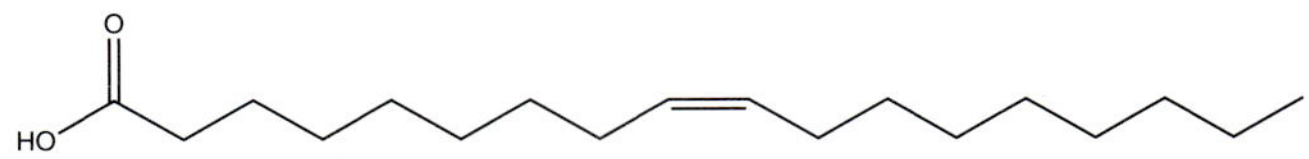
미리스틴산 (myristic acid)	4~5%	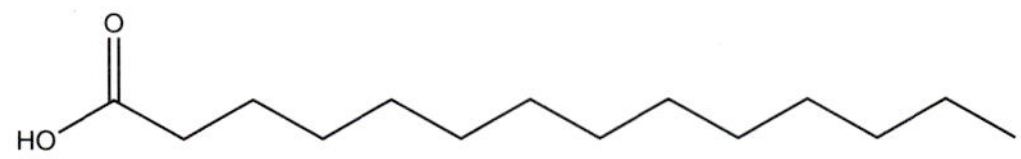
팔미트산 (palmitic acid)	4~5%	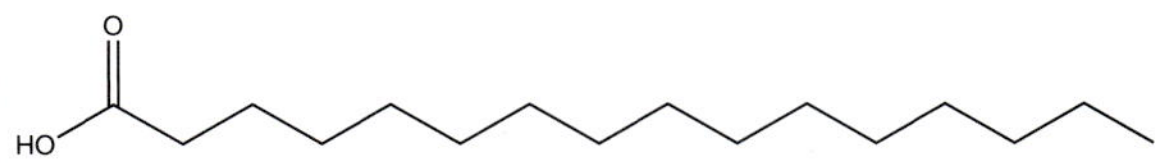

6. 마카다미아 넛 오일(Macadamia Nut Oil)

호주가 원산지이며, 상록수인 마카다미아 넛(*Macadamia ternifolio*)의 열매에서 추출한 것으로 지방산 조성이 인체의 피지와 유사하기 때문에 피부친화성이 좋으며, 감촉이 우수하여 에몰리엔트제로 사용한다.

구성 지방산으로는 올레인산(oleic acid)이 50~65% 주성분이며, 팔미톨레인산(palmitoleic acid)이 20~27% 함유되어 있다. 크림, 유액 및 입술연지 등에 사용한다. 이 오일은 바른 후, 바로 피부에 흡수되기 때문에 바니싱 오일(vanising oil) 이라 한다.

그림 4-7 마카다미아(*Macadamia ternifolio*)의 열매

표 4-6 마카다미아 넛 오일의 주요 지방산과 물성정보

지방산	함량	화학구조
올레인산 (oleic acid)	50~65%	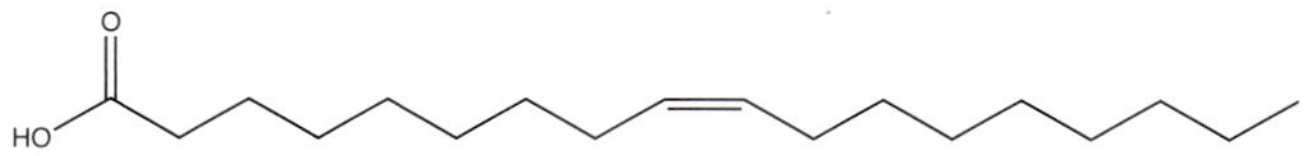
팔미톨레인산 (palmitoleic acid)	20~27%	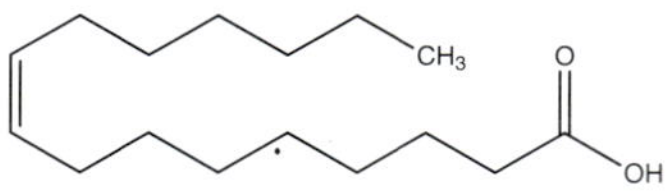

7. 밀배아 오일(Wheat Germ Oil)

밀배아(소맥배아)유는 벼과(Gramineae)인 밀(*Triticum aestivum* L.)의 배아에서 채취된 지방유로서 그 지방산의 조성은 리놀렌산 약 45%, 올레인산 약 30% 정도의 불포화지방산이 주를 이루고 있다.

또한 토코페롤(Vitamin E)의 함유량이 240mg/100g으로 높기 때문에 산화 안정성이 높고, 비타민 E 효과를 기대하여 화장품에서는 에몰리언트 크림에 사용된다.

그림 4-8 밀(*Triticum aestivum* L.)

표 4-7 밀배아 오일의 주요 지방산과 물성정보

지방산	함량	화학구조
리놀렌산 (linolenic acid)	45%	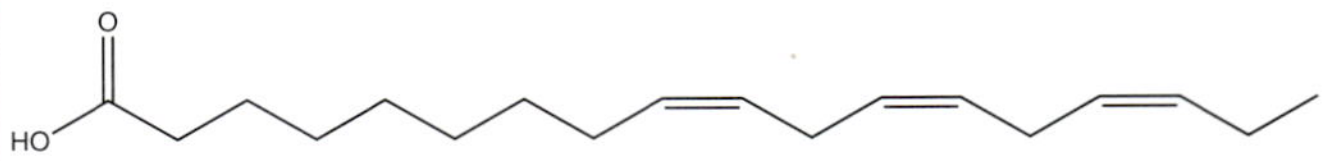
올레인산 (oleic acid)	30%	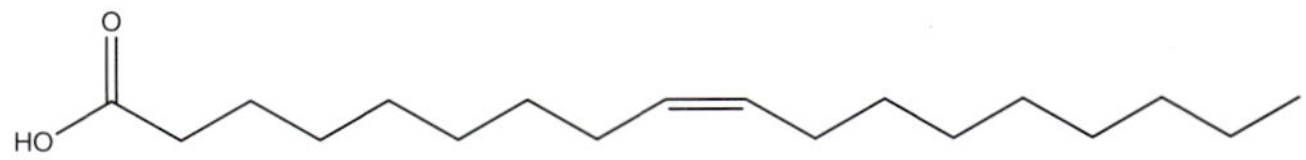
비중 : 0.93~0.95	검화가(비누화값) : 179~190	요오드가 : 125~130

8. 그레이프씨드 오일(Grape Seed Oil)

포도씨 오일은 포도과(Vitaceae)의 포도(*Vitis vinifera* L.)의 종자를 압착하여 얻는 지방유로 주요 구성 지방산은 리놀렌산으로 68~78%이다. 식물유 중에서 토코페롤은 29~75mg/100g으로 높고, 피토스테롤(phytosterol)은 290~580mg/100g의 함량으로 높은 것이 특징이다.

산화 안정성이 우수하며, 화장품에서의 용도로는 물과의 친화성이 좋고, 사용감이 부드러워 크림, 유액 등의 에몰리언트 효과를 위한 기제로 사용된다. 또한 선탠오일의 기제로 사용되고 헤어제품의 트리트먼트제나 메이크업제품에 사용된다.

그림 4-9 포도(*Vitis vinifera* L.)

표 4-8 그레이프씨드 오일의 주요 지방산과 물성정보

지방산	함량	화학구조
리놀렌산 (linolenic acid)	68%~ 78%	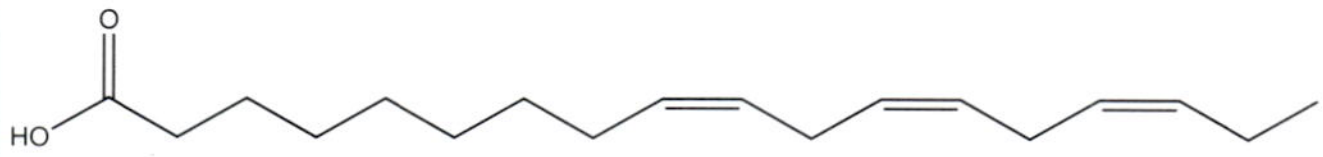
비중 : 0.917~0.925	검화가(비누화값) : 187~203	요오드가 : 135~150

9. 로즈힙 오일(Rose Hips Oil)

로즈힙 오일은 남미나 유럽에서 생육하는 장미과(Rosaceae)의 Dog Rose(*Rosa canina*)의 종자를 압착하여 얻어지는 지방유이다. 화장품에 사용되고 있는 다른 식물유와 비교하여 리놀산 및 리놀렌산의 함량이 약 80% 정도로 많다.

피부의 습윤성, 염증의 억제, 세포조직의 부활에 기여하고, 노화예방을 위한 화장품에 자주 사용되는 식물유이다.

그림 4-10 로즈힙(*Rosa canina*)의 열매

표 4-9 로즈힙 오일의 주요 지방산과 물성정보

지방산	함량	화학구조
리놀렌산 (linolenic acid) 및 리놀산 (linoleic acid)	80%	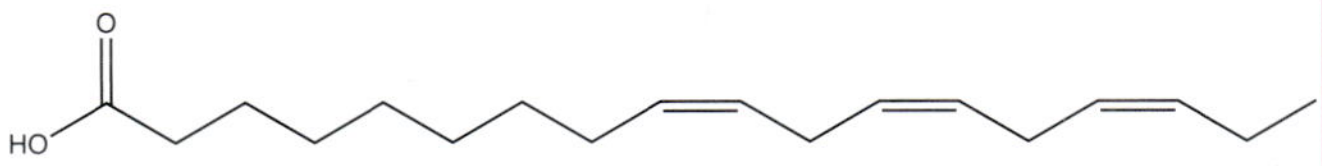 및 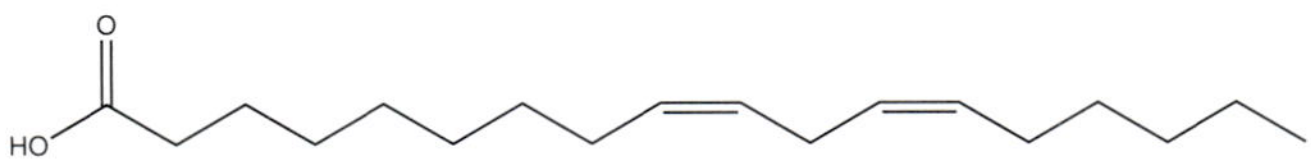
비중 : 0.918~0.928	검화가(비누화값) : 185~195	요오드가 : 170~190

2. 동물성 오일(Animal Fat)

동물성 오일에는 밍크 오일, 바다거북 오일, 난황 오일 등이 있으며, 이러한 동물성 오일은 식물성 오일에 비해 생리 활성은 우수하지만 색상이나 냄새가 좋지 않고, 쉽게 산화되어 변질된다. 화장품의 원료로서 불쾌한 냄새가 난다면 재료로 널리 사용되기 어렵다. 따라서 냄새가 심한 유지인 피마자유, 야자유, 카카오유, 터틀유(turtle oil), 밍크유 등의 경우에는 경화유가 많이 사용된다.

1. 난황 오일(Egg Oil)

달걀 노른자에서 용매 추출하여 얻는 오일로 인지질을 28~32% 정도 함유하는 점이 특징이다. 난황유의 일반적인 특성으로는 광물성, 식물성 유지에 용해되고, 물에는 불용이나 물에 강하게 진동을 주면 용해되어 분산되고 유탁액을 형성한다.

난황유의 지방산은 올레인산 40~82%, 고체지방산도 다소 포함하고 있고, 다른 유지와는 다르게 콜레스테롤과 레시틴이 상당량 함유되어 있다. 또한, 대량의 레시틴을 함유하는 것 이외에도 비타민 A, B, C, D, E 등이 함유되어 있어 고급 영양크림에 많이 이용되었다.

난황유는 W/O type의 에멀젼을 형성하는 경향이 높은 장점이 있지만, 현재는 안정성의 문제로 거의 사용하지 않는다.

2. 밍크 오일 (Mink Oil)

밍크 오일은 밍크의 피하지방조직에서 얻어진 지방유를 정제한 것으로 주요 구성 지방산은 불포화지방산으로 올레인산 37.1%, 리놀산 12.3%, 헥사디센산 22.2%, 옥타티도라엔산 2.3%와 포화지방산으로 팔미트산 12.2%, 스테아린산 9.1%, 미리스틴산 4.8% 정도를 포함하고 있다.

밍크 오일은 퍼짐성과 에몰리언트 효과가 우수하다. 피부면에 도포하였을 경우 번지르르한 유분감이 적어 베이비오일, Bath Oil, 선탠오일 등의 오일류와 각종 유액류의 제조에도 사용된다. 두발제품에서는 모발의 유연효과와 광택효과를 부여한다.

비중 : 0.912	검화가(비누화값) : 202.7	요오드가 : 79.4

3. 거북 오일(Turtle Oil)

바다거북의 피하지방조직에서 채취된 기름으로서 정제유도 불쾌한 냄새를 가지는 경우가 많으므로 수소첨가를 가하여 사용한다.

터틀유는 피부에 침투성이 우수하고, 비타민 A, D, F 등을 포함하고 있어 주름개선에 좋은 노화예방크림, 마사지크림 등에 사용된다.

비중 : 0.914~0.915	검화가(비누화값) : 191~120	요오드가 : 68~170

3. 광물성 오일(Mineral Oil)

광물성 오일에는 유동 파라핀(liquid paraffin), 바셀린(vaseline) 등이 있으며, 많은 수의 탄소원자를 포함한 긴 측쇄상의 구조를 가진 고급 탄화수소이다.

광물성 오일은 원유에서 추출한 고급 탄화수소로 무색투명하고, 냄새가 없으며, 산패나 변질의 문제가 적다. 하지만 유성감이 강하고 피부의 호흡을 방해할 수 있어 보통 식물성 오일이나 다른 오일과 혼합하여 사용한다.

1. 유동 파라핀(Liquid Paraffin)

유동 파라핀은 비교적 탄소수가 적은 C_{15}~C_{30}의 포화탄화수소의 혼합물로 상온에서 액상이다. 유동 파라핀은 석유·원유를 250~300℃에서 분별 및 증류하여 고형 파라핀을 제거한 오일이며, 화장품에 넓게 다량으로 사용되고 있다.

상온에서 액상으로 존재하는 유동 파라핀은 피부 표면에서 수분의 증발을 억제하고 사용감을 부드럽게 하여 크림이나 유액 제품에 주로 사용된다. 특히 피부로의 침투성이 거의 없어 피부 표면에서 메이크업제품을 제거하는데 유용한 점을 이용하여 클렌징크림의 유상원료로도 사용된다. 또한, 불활성이라 잘 변질되지 않고, 다른 오일에 비해 상대적으로 안정한 유화를 형성하며 가격이 저렴하기 때문에 많이 사용되는 원료 중 하나이다.

2. 바세린(Vaseline)

원유의 진공증류 잔유를 용제·탈납 할 때 얻어지는 연고상의 물질로 정제한 반고체상의 탄화수소 화합물인 페트롤라툼(petrolatum) 이라고도 하며, 융점은 38~60℃로 낮은 편이다. 주성분은 C_{24}~C_{34}의 탄화수소로 고형 파라핀과 유동 파라핀의 중간 성상인 콜로이드 상태의 혼합물이다.

피부에 오일막을 형성하여 수분 증발을 막아 수분을 유지할 수 있도록 해주며, 접착력이 뛰어나 각종 크림, 립스틱, 모발 화장품 등의 유성 성분으로 사용된다.

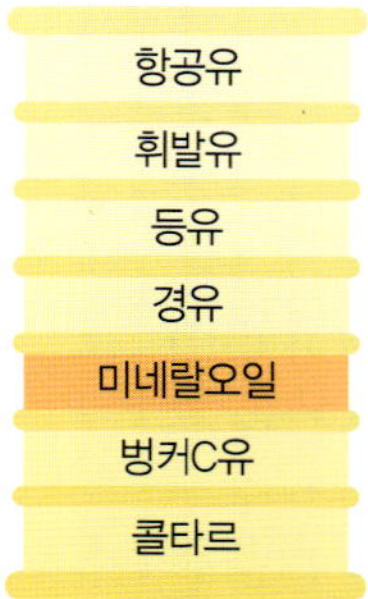

그림 4-11 석유 정제 단계

4. 실리콘 오일(Silicone Oil)

천연 오일에 비해 사용성과 천연 안정성이 좋고, 피부 호흡을 방해하지 않는다. 또한 화학적 안정성과, 내수성 및 윤활성이 우수하여 사용이 늘어나고 있다.

실록산 결합(−Si−O−Si−)을 갖는 유기규소 화합물의 총칭으로 화학적으로 무색·투명하고, 냄새가 없으며, 끈적임이 없고, 윤활성과 광택이 좋다. 또한, 내수성과 피부·모발표면에 퍼짐성이 우수하다.

최근에는 점도는 낮으면서 피막 형성능력과 휘발성이 우수한 실리콘이 개발되어 유화 화장품의 안정성을 높이고, 화장의 지속성을 오랫동안 유지시킨다. 색조 화장품의 내수성과 모발 제품 또한 자연스러운 광택을 주는데 도움을 준다.

대표적인 것으로 디메틸 폴리실록산(dimethyl polysiloxane), 메틸페닐 폴리실록산(methylphenyl polysiloxane), 사이클로메치콘(cyclomethicone) 등이 있다.

1. 디메틸 폴리실록산(Dimethyl Polysiloxane)

실리콘 오일 중 가장 오래전부터 사용된 것으로, 모든 유성기가 메틸기인 디메틸 폴리실록산은 무색·투명한 유성성분이며, 발수성이 높아 피부에서 땀과 수분에 의해 화장품이 뜨는 것을 방지한다. 또한, 유분의 끈적임을 억제하여 가벼운 사용감을 부여하고, 다른 성분이 피부나 모발 상에 퍼지는 것을 돕기 때문에 유분을 배합하는 모든 제품에 사용한다.

기초 및 메이크업 화장품에 부드러운 감촉을 주기 위해 사용되고, 샴푸 등 두발 화장품에서 모발에 윤기를 주기 위하여 사용된다. 소수성이 크고 매끄러운 감촉으로 크림 등에 사용되며, 기포 제거성이 우수하기 때문에 유화 제품의 소포제로도 사용된다.

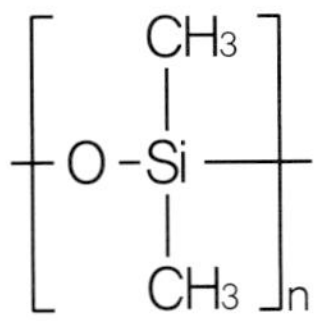

그림 4-12 디메틸 폴리실록산(Dimethyl Polysiloxane)

2. 메틸페닐 폴리실록산(Methylphenyl Polysiloxane)

에탄올에 용해되므로 향, 알코올 등과 사용성이 좋다. 특히, 현탁 스킨의 제조에서 알코올에 향, 토코페롤 아세테이트, 에스테르 타입의 오일 등을 가용화제와 함께 용해하여 미세한 입자로 분산시켜 안정된 형태의 현탁 스킨을 제조한다.

메틸폴리실록산의 메틸기의 일부를 페닐기로 치환한 구조를 하고 있어 에탄올에 녹는 성질이 있으며, 다른 성분과 사용성이 좋아 대부분의 제품에 배합된다.

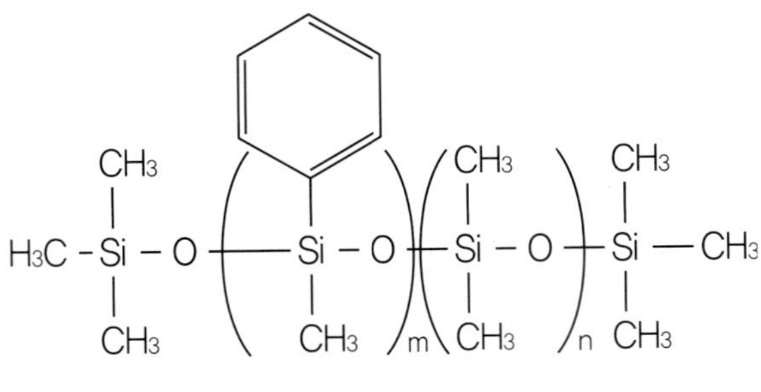

그림 4-13 메틸페닐 폴리실록산(Methylphenyl Polysiloxane)

3. 사이클로메치콘(Cyclomethicone)

가볍고 매끄러운 사용감과 휘발성을 가진 오일로 끈적임이 전혀 없으므로 기초 및 메이크업 화장품에 널리 이용되고 있다.

사이클로메치콘 오일을 주재료로 한 파운데이션은 친유성 타입으로 내수성이 우수할 뿐만 아니라, 끈적임이 거의 없는 장점이 있어 최근 대부분의 제품은 이러한 타입으로 만들어지고 있다.

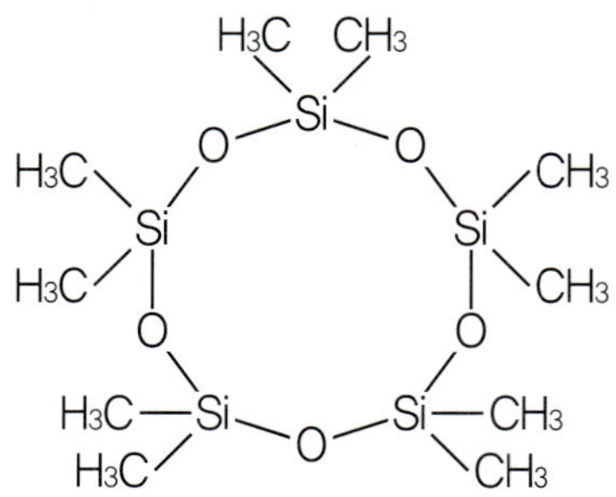

그림 4-14 사이클로메치콘(Cyclomethicone)

5. 왁스류(Wax)

왁스류는 화학 구조상 고급 지방산과 1가의 고급 알코올의 에스테르 화합물이다. 주성분이 에스테르이고, 이 외에 유리 지방산, 고급알코올, 탄화수소, 수지류 등이 포함되어 있다. 동식물로부터 얻는 왁스를 구성하는 지방산이나 고급알코올은 C_{20}~C_{30}이 비교적 많이 함유되어 있다.

식물성 왁스는 잎, 줄기에서 추출하며 카르나우바 왁스(carnauba wax), 칸데릴라 왁스(candelilla wax) 등이 있고, 동물성 왁스에는 벌집에서 추출한 밀랍, 양털에서 추출한 라놀린이 있다.

왁스류는 보통 70~80℃에서 녹으며, 고형화제로서 제품의 안전성이나 기능성을 향상시키고, 액체의 융점을 높여 피부에의 마찰과 유연 효과를 개선시킨다. 기초화장품이나 메이크업화장품 등에 널리 이용되며, 특히 립스틱을 고형화하고, 광택을 부여하며, 기초화장품이나 메이크업 화장품에 사용감을 향상시킨다.

1. 식물성 왁스

(1) 카나우바 왁스(Carnauba Wax)

브라질산 카나우바 야자나무의 잎과 꼭지로부터 추출한 것으로 주성분은 Myricyl Cerotate 이며, 융점이 80~86℃ 정도로 높은 편이고, 단단하고 부서지기 쉬운 왁스이다. 또한, C_{20}~C_{32}의 지방산과 C_{28}~C_{34}의 고급알코올의 에스테르화물($CH_3-(CH_2)_{24}-C-O-(CH_2)_{29}-CH_3$)이고, 특히 히드록시산 에스테르가 많다.

주로 입술연지 등 스틱상 제품의 광택부여와 내온성 향상 등을 위해 사용한다.

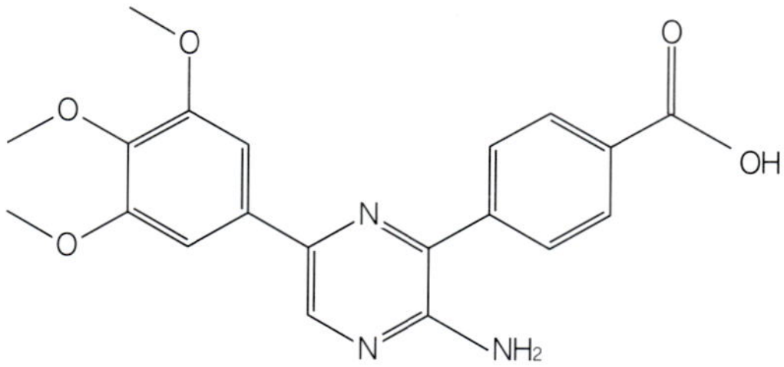

그림 4-15 카나우바 왁스(Carnauba Wax)

(2) 칸데릴라 왁스(Candelilla Wax)

멕시코 북서부와 미국 텍사스 남부와 같이 온도차가 심하고 건조한 지대에서 자생하는 칸데릴라 식물의 줄기에서 얻은 왁스를 정제한 것이다.

또한, C_{16}~C_{34}의 지방산 에스테르가 약 30%, 헵토리아콘단($C_{31}H_{64}$) 등의 탄화수소가 약 45%, 미리실알코올 등의 유리알코올과 수지분 등이 약 25%로 구성되어 있으며, 융점은 68~72℃이다. 카나우바 왁스와 함께 입술연지 등의 막대형 제품에 광택과 내온성 향상 등을 위해 사용한다.

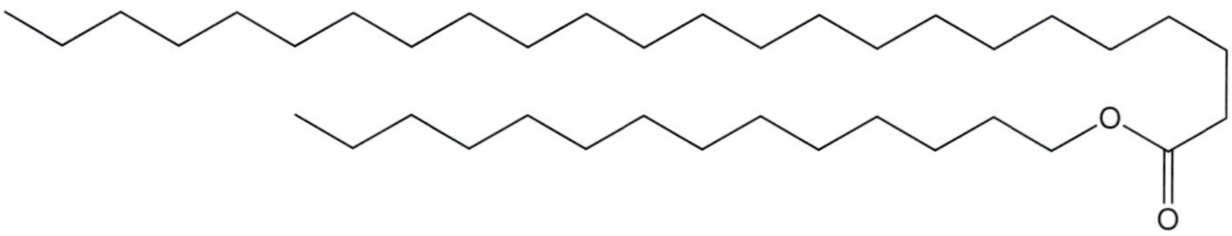

그림 4-16 칸데릴라 왁스(Candelilla Wax)

2. 동물성 왁스

(1) 비즈왁스(Bees Wax)

꿀벌의 벌집에서 꿀을 채취한 후 벌집을 열탕에 넣어 분리한 왁스이다. 비즈왁스(밀납)는 붕사와 반응시켜 콜드크림의 제조에 천연 유화제로 사용되었으며, 현재도 일부 친유성 제품의 보조 유화제로 사용되고 있다.

크림의 사용감 증대나 립스틱의 경도 조절용으로 이용되고 있는 동물성 왁스 중 가장 많이 사용되고 있는 원료이다.

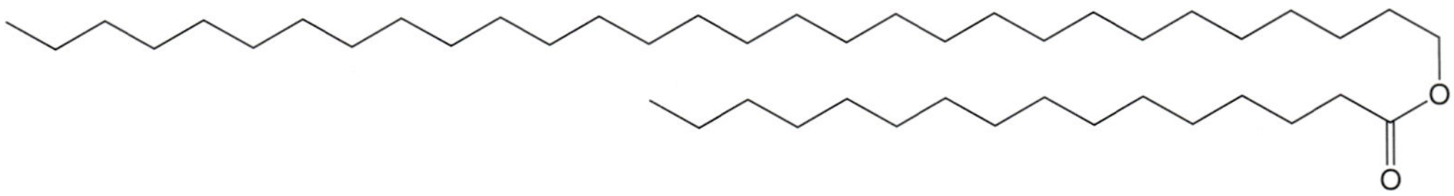

그림 4-17 비즈왁스(Bees Wax)

(2) 라놀린(Lanolin)

라놀린은 양의 털에서 추출한 물질로서 연고와 비슷한 제형이다. 라놀린은 지방족 및 지방족고리의 알코올 및 스테롤과 고분자 지방산 에스터와의 복잡한 에스터화 혼합물이다.

라놀린은 물리·화학적인 특성이 사람의 피지와 유사하여 그 기능적인 면, 계면과 화학적인 면에 의해 화장품에 널리 사용된다. 또한, 물성적으로 물을 함유하는 성질이 우수하여 가장 많이 사용되는 보습제중의 하나이며, 보통 크림이나 입술연지, 모발화장품 등에 이용되고, 일부 제품에 사용성의 목적으로 쓰이고 있다.

그러나 접촉성 피부염과 알레르기를 유발할 수 있고, 사용감이 다소 무거우며, 색상이나 냄새 등의 단점과 최근 동물성 원료 기피로 인한 문제점으로 인해 사용량이 감소하고 있다.

6. 고급 지방산(Higher Fatty Acid)

고급 지방산은 유지를 가수분해 후 얻은 물질을 정제하여 사용한다. 지방산(fatty acid)은 모든 유지류의 주요 성분으로 유지중의 92~95%를 차지하고 있는 성분이다. 유지류에는 지방산이 유리된 상태로 다소 존재하기도 하는데 이를 유리지방산(free fatty acid)이라 한다.

화장품 원료로 이용되고 있는 대부분의 지방산은 글리세린과 혼합지방산의 트리글리세라이드 형태인 유지류를 가수분해한 후 분별·결정한다.

지방산은 동물성 유지의 주성분이며, 일반적으로 R−COOH 등으로 표시되는 화합물로 천연물의 유지와 밀납 등에 에스터류로 함유되어 있다. 고급 지방산은 탄소 6개 이상인 친유기와 카르복실기(−COOH)를 가지고 있는 지방산을 의미한다.

탄소와 탄소 사이에 이중결합 없이 단일결합으로만 이루어진 것을 포화(saturated)라 하고, 이중결합이 존재하는 것을 불포화(unsaturated)라 하여 포화지방산, 불포화지방산으로 분류한다.

고급 지방산은 화장품의 유상원료로서 다른 유상원료와 혼합하여 사용하고, 알칼리인 수산화나트륨(NaOH), 수산화칼륨(KOH), 트리에탄올아민과 같은 알킬올아민 등과 병용 시, 비누가 형성되어 유화제로 이용한다.

1. 라우릭애씨드(Lauric Acid)

야자유, 팜유를 비누화 분해해서 얻은 혼합 지방산을 분리하여 얻는다. 라우릭애씨드를 수산화나트륨이나 트리에탄올아민 등의 알칼리와 중화하여 얻어지는 비누는 수용성이 크고 거품이 풍부하게 생기므로 화장비누, 클렌징 폼 등의 세안제에 사용된다.

2. 미리스틱애씨드(Myristic Acid)

팜유를 분해하여 얻은 혼합 지방산을 분리하여 얻는다. 세안제를 제외하면 화장품에 직접 이용되는 경우는 적다.

미리스틱애씨드 비누는 라우릭애씨드 비누에 비하여 거품량은 적으나 거품이 조밀하며 기포성도 비교적 우수한 편이므로 클렌징 폼 등에 라우릭애씨드와 적절한 비율로 혼합하여 사용된다.

3. 팔미틱애씨드(Palmitic Acid)

팜유나 우지 등을 비누화하여 고압하에서 가수분해하여 얻는다. 스테아릭애씨드와 함께 알칼리로 비누화하여 보조 유화제로 사용하거나 크림류의 사용감을 개선할 목적으로 사용된다.

4. 스테아릭애씨드(Stearic Acid)

우지나 팜유를 가수 분해하여 얻는다. 고급 지방산 중 화장품에 가장 널리 사용되는 원료이며, 알칼리로 중화하여 보조 유화제로 쓰거나, 또는 안료의 분산력이 우수하므로 안료의 분산제로 사용되고 있다.

표 4-10 지방산의 ICID 명명규칙

포화-불포화 구분	탄소 사슬길이	ICID 명명규칙	화학식
포화지방산 (Saturated Fatty Acid)	C6	Caproic Acid	$CH_3(CH_2)_4COOH$
	C7	Heptanoic Acid	$CH_3(CH_2)_5COOH$
	C8	Caprylic Acid	$CH_3(CH_2)_6COOH$
	C9	Pelargonic Acid	$CH_3(CH_2)_7COOH$
	C10	Capric Acid	$CH_3(CH_2)_8COOH$
	C11	Undecanoic Acid	$CH_3(CH_2)_9COOH$
	C12	Lauric Acid	$CH_3(CH_2)_{10}COOH$
	C13	Tridecanoic Acid	$CH_3(CH_2)_{11}COOH$
	C14	Myristic Acid	$CH_3(CH_2)_{12}COOH$
	C15	Pentadecanoic Acid	$CH_3(CH_2)_{13}COOH$
	C16	Palmitic Acid	$CH_3(CH_2)_{14}COOH$
	C17	Margaric Acid	$CH_3(CH_2)_{15}COOH$

포화-불포화 구분	탄소 사슬길이	ICID 명명규칙	화학식
	C18	Stearic Acid	$CH_3(CH_2)_{16}COOH$
	C20	Arachidic Acid	$CH_3(CH_2)_{18}COOH$
	C22	Behenic Acid	$CH_3(CH_2)_{20}COOH$
불포화 지방산 (Unsaturated Fatty Acid)	C11	Undecylenic Acid	$CH_2=CH(CH_2)_8COOH$
	C16	Palmitoleic Acid	$CH_3(CH_2)_5CH=CH(CH_2)_7COOH$
	C18	Oleic Acid	$CH_3(CH_2)_7CH=CH(CH_2)_7COOH$
	C18	Linoleic Acid	$CH_3(CH_2)_4CH=CHCH_2CH=CH(CH_2)_7COOH$
	C18	Linolenic Acid	$CH_3CH_2CH=CHCH_2CH=CHCH_2CH$ $=CH(CH_2)_7COOH$
	C20	Arachidonic Acid	$CH_3(CH_2)_4(CH=CHCH_2)_4CH_2CH_2COOH$
	C22	Erucic Acid	$CH_3(CH_2)_7CH=CH(CH_2)_{11}COOH$

7. 고급 알코올(Fatty Alcohol)

탄소 원자 수가 6 이상인 알코올을 고급 알코올이라고 한다.

1. 세틸알코올(Cetyl Alcohol, Cetanol)

백색을 띠는 고급 알코올로 세탄올이라고도 한다. 크림류 등의 유화 제품에 경도를 주거나 유화의 안정화를 위하여 사용한다.

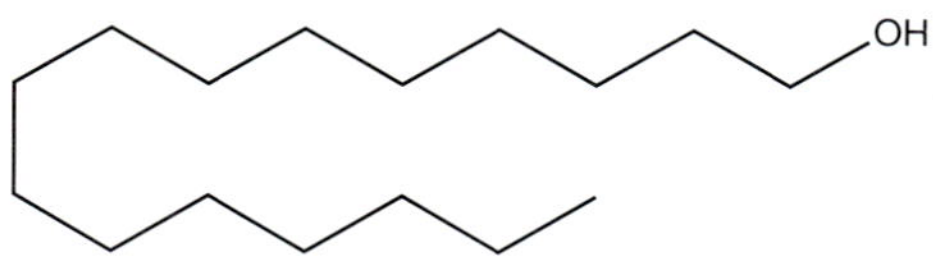

그림 4-18 세틸알코올(Cetyl Alcohol)

2. 스테아릴알코올(Stearyl Alcohol)

대부분 유화 제품에 세틸알코올과 혼합 사용되며, 사용 목적은 세틸알코올과 동일하게 유화 안정화를 위해 사용된다.

그 밖에 립스틱 등의 스틱 제품에 일부 이용되기도 한다.

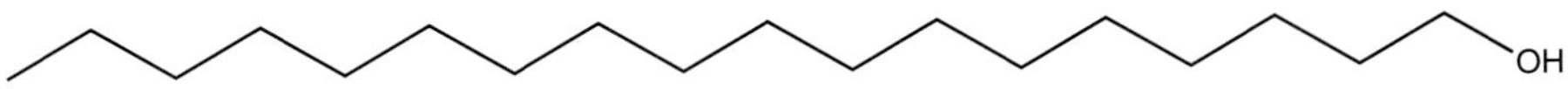

그림 4-19 스테아릴알코올(Stearyl Alcohol)

3. 이소스테아릴알코올(Isostearyl Alcohol)

스테아릴알코올의 액체로, 열 안정성과 산화 안정성이 우수하므로 알코올로보다는 유성 원료로 사용된다. 그리고 다른 오일과 상용성이 좋으며, 에탄올에 용해되고, 유화 제품에 보조 유화제로 사용할 수 있는 장점도 있다.

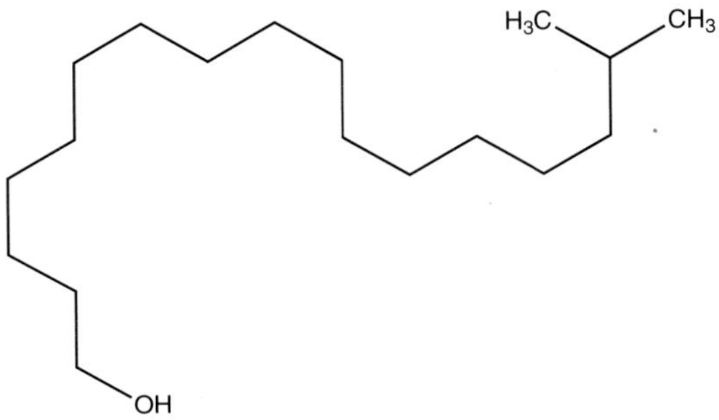

그림 4-20 이소스테아릴알코올(Isostearyl Alcohol)

4. 세토스테아릴알코올(Cetostearyl Alcohol)

화장품에서 가장 많이 사용되는 고급 알코올이며 세틸알코올과 스테아릴알코올이 약 1 : 1의 비율로 섞인 혼합물이다.

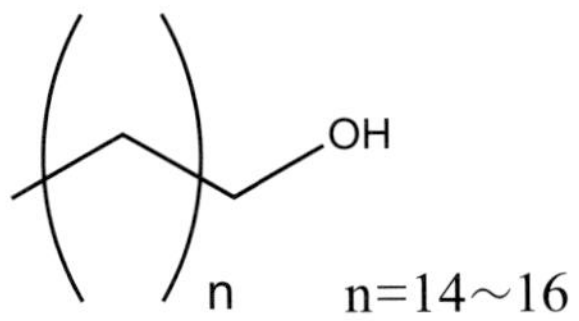

그림 4-21 세토스테아릴알코올(Cetostearyl Alcohol)

8. 에스테르류(Esters)

에스테르는 산과 알코올을 탈수하여 얻는다. 카르복실산(R－COOH)과 알코올(R－OH)이 탈수반응에 의해 생성된 물질로 R－COOH 중 H원자를 －R'(알킬기)로 치환한 화합물이다. 즉, R－COOR'로 표현한다.

에스테르는 유분감을 적게 하고, 피부를 보호하며, 점성이 낮다. 잘 섞이지 않는 유성원료들을 혼합시키거나, 광물성유·유지 등의 유상을 수상에 혼합시킬 때 사용한다. 에스테르류들은 구조와 분자량 등에 따라 성상이 다르다.

1. 미리스틴산 이소프로필(Isopropyl Myristate)

고급지방산인 미리스틴산에 저급알코올인 이소프로판올이 황산촉매 등의 존재하에서 에스테르화 한 후 증류와 탈취 등에 의해 정제한 무색·투명한 액체이다. 이것은 유상 및 수상에 사용하는 성분간의 혼화제와 색소 등의 용해제로서 크림과 유액, 메이크업제품 및 모발제품 등에 사용된다.

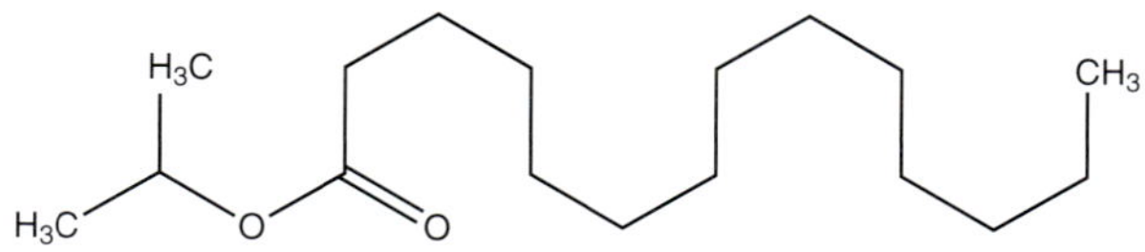

그림 4－22 미리스틴산 이소프로필(Isopropyl Myristate)

2. 미리스틴산2－옥틸도데실(2－Octyldodecyl Myristate)

융점이 낮으며, 가수분해에 대하여 안정하다. 피부 표면에서 수분의 증발을 억제하며, 사용감을 향상시키는 목적으로 사용된다.

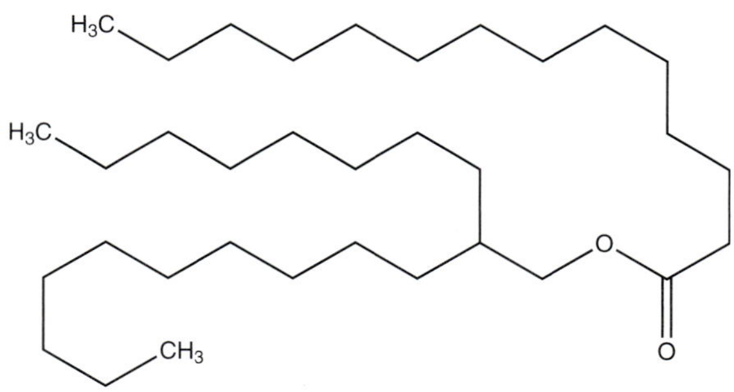

그림 4－23 미리스틴산2－옥틸도데실(2－Octyldodecyl Myristate)

3. 2-에틸헥산산 세틸(Cetyl 2-Ethyl Hexanoate)

세탄올과 2-에틸헥산산의 에스테르이며, 점도가 낮다. 가수분해 및 산화에 대하여 안정하고, 사용감이 좋다. 크림과 유액 등에 사용된다.

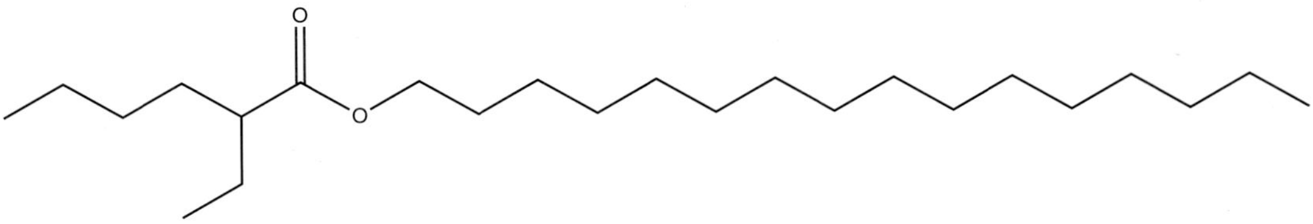

그림 4-24 2-에틸헥산산 세틸(Cetyl 2-Ethyl Hexanoate)

4. 사과산 디이소스테아릴(Di-Isostearyl Malate)

이소스테아릴 알코올과 사과산의 디에스테르이며, 점도가 높은 투명한 액체이다. 가수분해와 산화에 대하여 안정하고, 점도가 높지만 상대적으로 끈적임이 적다. 안료의 분산과 피마자유와 유동파라핀 같은 극성유와 비극성유 사이의 혼화제로 우수하다. 입술연지와 같은 스틱형태의 제품, 파운데이션 및 크림 등에 사용된다.

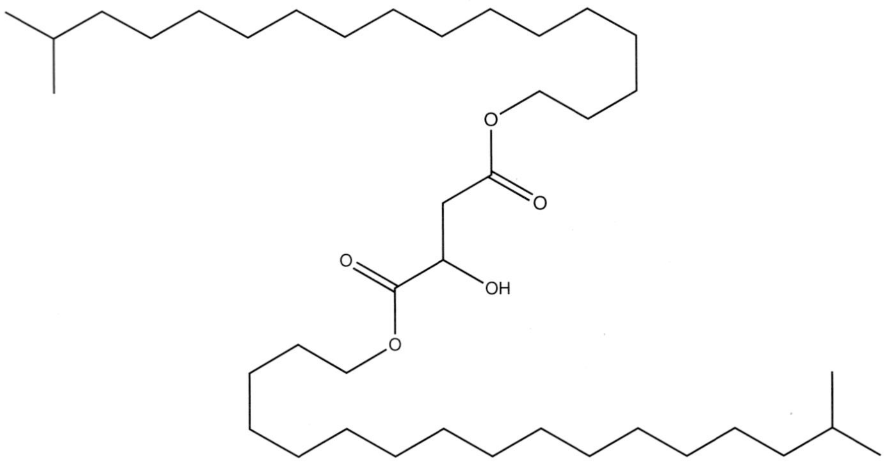

그림 4-25 사과산 디이소스테아릴(Di-Isostearyl Malate)

Chapter 5
계면활성제

5. 계면활성제

1. 계면활성제의 정의(Definition of Surfactant)

계면활성제는 표면(surface) 활성(active) 물질(substance 혹은 agent)을 조합해서 만든 단어로 영어로는 surfactant라 한다. 계면(interface)이란 기체와 액체, 액체와 액체, 액체와 고체가 서로 맞닿은 경계면을 말하며, 계면활성제는 이런 계면에 작용하여 그 계면의 고유한 물성을 변화시킨다. 즉, 계면장력을 현저히 약하게 만들어 계면의 성질을 바꾸어 주는 물질인 것이다. 이런 성질 때문에 비누나 세제 등에 많이 활용된다.

계면활성제의 분자는 물에 녹기 쉬운 친수성 분자와 기름에 녹기 쉬운 소수성 분자를 동시에 가지고 있어 계면의 성질을 바꾸는 것이 가능하고, 이 역할을 이용하여 세제용 외에도 식품과, 화장품의 유화제, 보습제로도 사용되고 있다.

계면활성제는 화학 구조상으로 한 분자 내에 친수기(hydrophilic group)와 친유기(hydrophobic group)를 함께 가지고 있는 구조적인 특징을 가진 물질의 총칭으로 양친매성 구조이다〈그림 5-1〉. 분자 내에 친수성기와 친유성기를 동시에 가지고 있어 서로 잘 섞이지 않는 물질들의 계면에 흡착하여 계면의 자유에너지를 낮추어 유화, 가용화 분산, 세정, 대전방지의 기능을 갖는다.

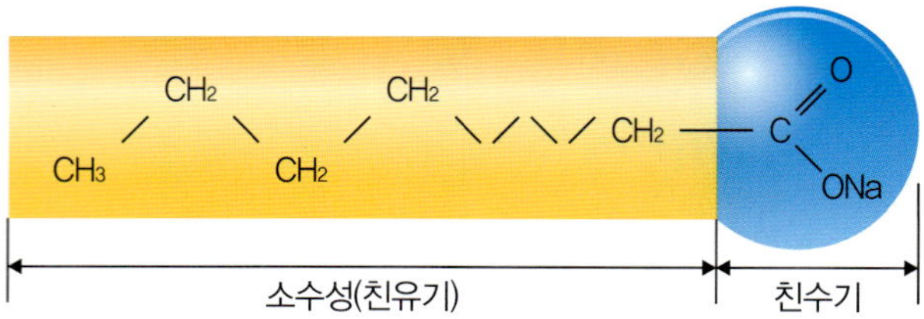

그림 5-1 계면활성제의 구조

2. 계면활성제의 특성(Characteristic of Surfactant)

1. 미셀(Micelle)

물에 잘 녹지 않는 소수성기와 잘 녹는 친수성기가 계면활성제에 의해 고르게 섞여 계면활성제끼리 물 안에서 뭉친 구조가 만들어진다. 이때 계면활성제 분자의 배열이 변하면서 물을 싫어하는 소수성 꼬리 부분은 꼬리 부분끼리 모여 물과 직접 닿지 않으려는 모양을 이루면서 구를 형성한다. 다시 말해, 계면활성제 분자의 친수성기는 물과, 소수성기는 공기와 접촉을 하는 배열을 한다.

이처럼 소수성기가 물에 닿지 않으려고 모이면 계면활성제 분자가 둥글게 되어 꼬리는 안쪽으로, 머리는 바깥쪽으로 위치한 구형 모양을 이루게 되는데, 이러한 구조를 미셀(micelle)이라고 부른다〈그림 5−2〉.

계면활성제가 기름과 같은 비극성 용매 내에 섞이게 되면 반대의 경향을 보이는 것을 역미셀(reverse micelle)이라 한다. 이러한 미셀의 형성은 계면활성제가 어느 정도 자기들끼리 모일 수 있는 농도가 되어야 하므로, 미셀을 형성하기 시작하는 임계미셀농도(critical micelle concentration: CMC)를 가진다.

임계미셀농도(CMC)는 계면활성제 용액의 물리적 성질이 급격하게 변한 미셀 형성에 의한 것으로 온도, pH, 다른 이온이나 극성 물질의 영향 등의 외부 자극에도 영향을 받아 형성된다.

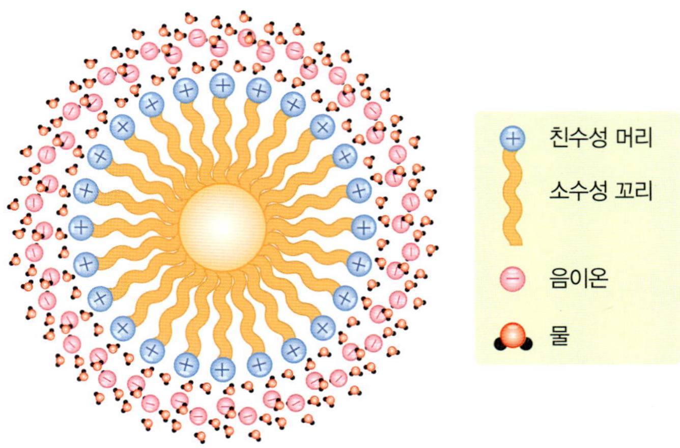

그림 5−2 양성계면활성제의 미셀 형태

2. HLB(Hydrophlic Lipophile Balance)

계면활성제의 친수성과 친유성의 비율을 수치화하여 상대적 세기를 나타낸 정도이다. HLB 값이 높을수록 친수성에 가까워 수상에서 우선적으로 용해되고, HLB 값이 낮을수록 친유성에 가까워 유상에서 우선적으로 용해된다. 따라서 이러한 특성을 이용한 HLB에 따라 계면활성제의 용도가 구분된다〈표 5-1〉.

그러나 HLB가 계면활성제를 선택할 때 유용한 기준은 되지만 모든 계면활성제에 적용되는 기준은 아니다. 방향제시에 기준이 될 수 있는 것일 뿐, 무조건적으로 적용하는 것은 피해야 한다.

표 5-1 HLB의 용도 및 범위

용도	HLB 값의 범위	용도	HLB 값의 범위
소포제	1~3	O/W 유화제	8~18
W/O 유화제	4~6	세정제	13~15
습윤·침투	7~9	가용화제	15~18

3. 계면활성제의 작용

① 침투와 흡착

계면활성제는 습윤을 통해 기질과 오염물의 계면의 장력을 저하시킴과 동시에 오염물을 팽윤시켜 기질의 표면에서 떨어질 수 있도록 부착력을 느슨하게 만든다.

② 유화와 분산

오염물질이 계면활성제 분자에 흡착되어 기질에서 떨어지게 하면서 오염물질을 친유기성기가 둘러싸고 큰 입자에서 미세한 입자로 더 작게 분산되어 유화상태로 만든다.

③ 재부착 방지

떨어져 나간 오염물이 다시 부착되지 않게 오염물 입자를 안정하게 하는 작용이다.

④ 기포

기포를 생성하여 기질끼리의 접촉을 막아 마찰을 없애주는 작용으로 면적을 확대해서 기질과 액의 접촉하는 기회를 높여 오염물을 제거하도록 한다.

⑤ 제거(헹굼)

기질에서 오염물과 세제 모두를 제거하는 과정으로 충분히 헹구지 않으면 계속된 계면활성제의 작용으로 기질에 부작용이 일어날 수 있다.

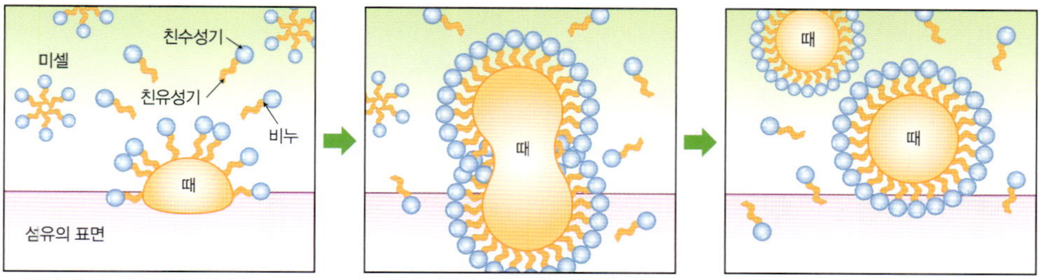

· 물에 녹은 비누의 친유성기가 때에 부착된다.

〈침투 · 흡착〉

· 비눗물이 옷감 내부로 침투하여 비누의 친유성기가 때를 둘러싼다.

〈유화 · 분산〉

· 비누로 둘러싸인 때가 옷감에서 떨어져 나와 물에 씻겨 나간다.

〈제거〉

그림 5-3 계면활성제의 작용 과정

3. 계면활성제의 종류(The Type of Surfactant)

계면활성제는 화학구조, 합성방법, 성능, 용도 및 주요 원료 등 다양한 방법으로 분류가 가능하지만, 대표 분류법은 물에 용해되어 이온화하는 여부에 따른 분류법으로 계면활성제가 수용액에서 계면활성을 나타내는 부분의 성질(친수성기의 이온 해리 성질)에 따라 크게 4가지로 분류된다.

물에 계면활성제가 용해되어 친수기 부위가 (−)이온으로 해리되는 것을 음이온 계면활성제, (+)이온으로 해리되는 것을 양이온 계면활성제, 물의 수소이온 농도(pH)에 따라 산성에서 (+)이온 또는 알칼리성에서 (−)이온으로 해리되는 것을 양쪽성 계면활성제, (+)이온과 (−)이온으로 해리되지 않는 것을 비이온 계면활성제로 분류한다.

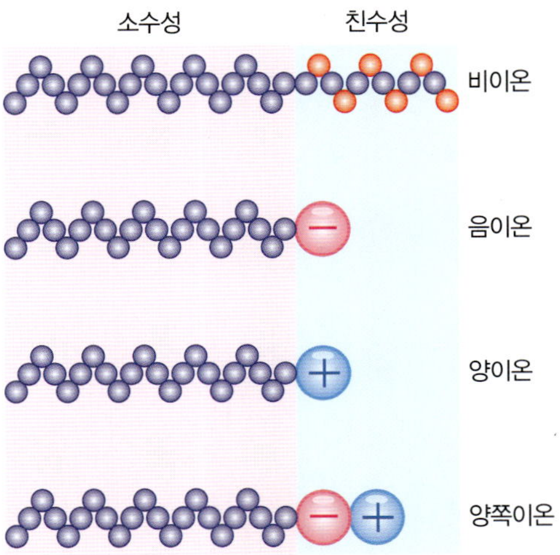

그림 5-4 계면활성제의 종류

표 5-2 계면활성제의 종류와 특징

분류	종류	특징 및 사용
비이온	• 세틸알코올 • 스테아릴알코올	• 세정, 피부자극이 적음 • 가용화제, 크림의 유화제, 클렌징크림 등의 세정제
음이온	• 소듐라우릴설페이트 • 소듐라우레스설페이트 • 암모늄라우릴설페이트	• 세정력, 기포 형성력이 우수 • 비누, 샴푸, 클렌징 폼
양이온	• 폴리쿼터늄-10 • 폴리쿼터늄-18 • 세트리모늄클로라이드	• 살균, 유화작용, 정전기 • 린스, 헤어트리트먼트
양쪽 이온	• 코카미도프로필베타인 • 디소듐코코암포디아세테이트 • 하이드로제네이티드레시틴	• 살균, 소독, 세정작용, 피부자극이 적음 • 저자극성 샴푸, 어린이 샴푸

1. 음이온 계면활성제(Anionic Surfactants)

음이온 계면활성제는 물에 녹아 친수기가 (−)이온화되어 이 부분이 계면 활성을 나타내기 때문에 (+)이온의 때는 끌어당기고, (−)이온의 때(오염물)는 서로 밀어내는 성질로 오염물을 떨어뜨리는 뛰어난 세정력이 있다.

세정작용과 기포형성 작용이 뛰어난 음이온 계면활성제는 비누, 샴푸 및 클렌징 폼 등에 많이 사용되며, 가격도 저렴하다. 세정력은 물의 종류(경수, 연수)에 따라 달라지기 때문에 경수(센물)에서는 거품생성이나 세척효과 모두 좋지 않다.

일반적으로 음이온 계면활성제의 친수기 부분에는 카르복시기, 인산기, 황산기 등이 나트륨, 칼륨, 아민, 암모늄 등으로 중화된 형태에서 사용된다. 친유기는 알킬길, 이소알킬기 등과 함께 에스터, 아마이드, 에테르 결합이 포함된다.

이들 중 내경수성, 내가수분해성 및 내염석성 등의 안전성이 가장 낮은 것은 카르복실산염(비누)이고, 황산에스테르염, 설폰산염 순으로 안전성이 높다.

화장품에 사용되는 음이온 계면활성제 중 가장 대표적인 성분은 소듐라우릴설페이트(sodium lauryl sulpate, SLS)로 가장 오랫동안 다방면으로 사용되어 온 계면활성제이다. 이 성분과 에틸렌옥사이드(C_2H_4O)의 결합으로 만들어진 성분은 소듐라우레스설페이트(sodium laureth sulpate, SLES)로, SLS, SLES 모두 뛰어난 세정력과 저렴한 원가로 일반 세정제에 많이 사용되어 온 대표적 계면활성제이지만 최근 연구에서 피부건조, 알러지 유발, 탈모 등의 문제가 제기되었다.

그러나 세정력의 효과가 매우 뛰어나기 때문에 클렌징제나 샴푸 등의 화장품에서 꾸준히 많이 사용되고 있다. 이 성분들을 함유한 제품으로 세정 시 물로 충분히 헹궈 잔여물이 남지 않도록 해야 한다.

Check-Point

경수(硬水)

칼슘이온과 마그네슘이온을 중탄산염[$Ca(HCO_3)_2$, $Mg(HCO_3)_2$], 염화물($CaCl_2$, $MgCl_2$), 유산염($CaSO_4$, $MgSO_4$) 등의 형태로 많이 포함한 물을 의미하며, 센물(hard water)이라고도 표현한다.

물에 함유된 2가의 칼슘(Ca^{2+})과 마그네슘(Mg^{2+})의 양을 탄산칼슘($CaCO_3$)으로 환산해서 1mg/L를 1경도라고 한다. 경도가 0~50이면 연수, 50~100이면 보통연수, 100~150이면 약연수, 150~250이면 보통경수, 250이상이면 경수라고 한다.

특히 석회암지대의 지하수 등이 경도가 높으며, 경도가 높은 물은 관에 스케일이 많이 부착되어 관의 수명을 줄이게 된다. 또한, 세탁이나 목욕 시 비누와 경수가 만나면 칼슘염, 마그네슘염의 침전이 생기고 거품생성이 좋지 않아 세척효과가 줄어든다.

연수(軟水)

칼슘이나 마그네슘 등의 염류를 다량 함유하는 천연의 물. 빗물처럼 염류가 적은 물을 말한다. 센물(경수)과 대비되는 개념으로 단물(soft water)이라고도 한다. 천연수 중의 칼슘·마그네슘은 주로 황산염과 탄산수소염 형태로 되어있어 미네랄(칼슘 및 마그네슘 이온)의 함량이 낮은 물이다. 60ppm 미만의 탄산칼슘을 포함하는 물을 연수로 구분하는데(미국 지질조사국 기준), 빗물 및 증류수가 대표적인 연수라고 할 수 있으며, 샘물이나 지하수는 대체적으로 센물에 속한다.

염석(Salting Out, 鹽析)

어떤 물질 A의 수용액 중에 다른 물질 B(염)를 용해시켰을 때, A가 석출하는 현상이다. 예로, A가 비누이고 B가 식염인 경우, A가 단백질이고 B가 황산암모늄인 경우 등이 있다. 염의 수화가 이 현상의 원인이 되고 있으며, 이와 반대 현상은 염용(塩溶)이라 한다.

① 고급지방산 비누(Soap)

RCOOM[R : $C_{7\sim21}$, M : Na, K, N(CH_2 CH_2 OH)$_3$]

비누의 제조는 우지, 야자유 및 팜유를 대표로 하는 동식물 유지를 알칼리 수용액과 함께 가열하여 비누화로 얻을 수 있는 것과, 고급 지방산과 알칼리와의 반응에 의한 중화 비누가 존재한다. 세정력과 기포력이 좋기 때문에 세안용 비누, 클렌저, 클렌징크림 및 쉐이빙크림 등에 이용된다.

② 알킬에스테르황산염(Alkylester Sulfate)

$ROSO_3M$ [M : Na 등]

지방족 알코올을 염화황산이나 무수황산, 발연황산 등과 같이 황산화 알칼리로 중화해서 얻는다. 연수나 경수에서도 거품이 잘 생성되면서 세정력도 좋고, 안정하며, 가격이 저렴한 편으로 양이 풍부하다. 샴푸나 치약 등에 사용한다.

③ 폴리옥시에틸렌알킬에테르황산염(Polyoxyethlene Alkylether Sulfate)

$RO(CH_2CH_2O)n\ SO_3M$, [R : $C_{12\sim14}$]

지방족 알코올에 산화에틸렌을 부가 중합한 다음 황산화하여 알칼리로 중화해서 얻는다. 물에 용해성, 세정력, 기포력 모두 우수하며, 알킬에스테르황산염 보

다 친수성으로 저온에서도 투명성이 좋고, 자극성은 낮다. 또한, 수소원자 1개가 부족한 지방족 탄화수소인 알킬(alkyl) 사슬과 산소를 포함한 에틸렌이 여러 개 중합되어 있는 폴리옥시에틸렌(polyoxyethylene) 사슬의 길이를 변화시켜 기포력과 자극성, 친수성을 적당히 조정할 수 있다. 샴푸의 원료로 가장 많이 사용되는 원료이다.

④ 아실 N-메틸타우린산염(Acyl N-Methyl Taurate)

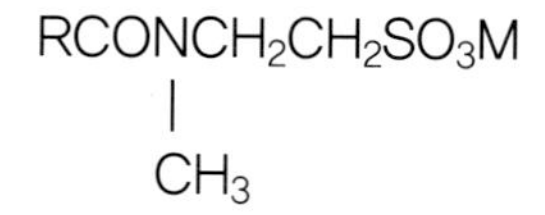

아실클로라이드와 메틸타우린산염을 알칼리 존재하에 탈 염산 반응 또는 지방산과 메틸타우린염과의 탈수 반응을 통해 얻는다. 높은 안정성과 기포력, 내산성 및 내경수성이 있어 샴푸 및 클렌징크림 등에 이용한다.

⑤ 알킬에테르인산염(Alkylether Phosphate)

지방족 알코올 또는 그 폴리옥시에틸렌 유도체의 끝부분을 인산에스테르화하고 알칼리로 중화하여 얻는다. 모노에테르(monoether)염, 디에테르(diether)염, 트리에테르(triether)염이 있다. 모노에테르염은 물에 용해되지만, 트리에테르는 물에 약간밖에 녹지 않아서 사용제품에 따라 선택되며, 클렌징크림과 샴푸 등에 이용된다.

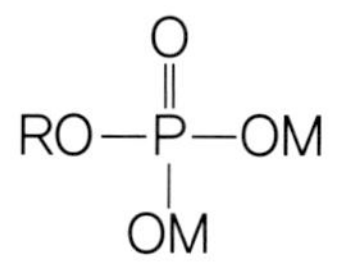	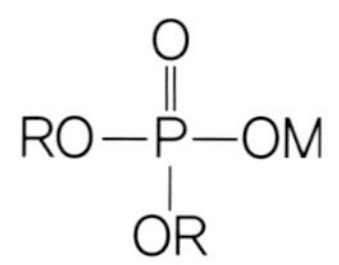	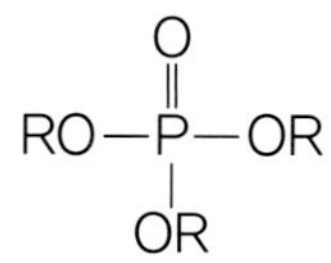
Monoether염	Diether염	Triether염

⑥ N-아실아미노산염(N-Acylamino Acid Salt)

아미노산은 아미노기(NH_2)와 카르복시기(COOH)를 함께 갖고 있기 때문에 친유성 물질을 도입하여 계면활성제를 얻는 것이 가능하다. 대표적인 것은 지방산의 반응으로 얻는 N-아실아미노산염(N-acylamino acid salt)이다.

N-아실글루타메이트(N-acylglutamate)는 분자 내에 2개의 카르복시기가 있기 때문에 모노염(mono-salt)에서 디염(di-salt)에 이르기까지 임의의 비율로 중화할 수 있다. 이들 N-아실아미노산(N-acylamino acid)은 클렌징크림과 샴푸, 치약 등에 쓰인다.

N-Acylsacosinate	$RCON(CH_3)CH_2.COOM$
N-Acyl-N-Methyl-β-Alaninate	$RCON(CH_3)CH_2CH_2COOM$
N-Acylglutamate	$RCONHCH(COOM)CH_2CH_2COOM$

2. 양이온 계면활성제(Cationic Surfactants)

양이온성 계면활성제는 물에 녹을 때 음이온 계면활성제와는 반대로 친수기 부분이 양이온으로 해리되어 이 부분이 계면활성을 띄기 때문에 역성비누 또는 양성비누라고 한다.

이 계면활성제는 유화, 가용화, 세정, 살균, 소독작용 등이 크다. 특히, 모발에 흡착해서 유연효과와 대전방지 효과를 보이기 때문에 화장품에서는 헤어린스와 헤어트리트먼트 제품 등에 이용한다.

① 염화알킬트리메틸암모늄(Alkyltrimethyl Ammonium Chloride)

$$[RN^+(CH_3)_3]Cl^- \ [R: C_{16\sim22}]$$

알킬아민(alkylamine)과 메틸클로라이드(methylchroride)를 알칼리 촉매를 이용하여 가압 아래에서 반응시켜 알킬디메틸아민(alkyldimethylamine)을 거쳐 제4급 암모늄염을 얻는다.

② 염화디알킬디메틸암모늄(Dialkyl Dimethyl Ammonium Chloride)

$$[R.R.N^+(CH_3)_2]Cl^- (R: C_{16\sim22})$$

섬유에 대한 유연효과와 대전방지 효과가 있어 헤어컨디셔너제로 사용하고, 살균력과 독성이 약하여 피부 자극성도 적다.

③ 염화벤잘코늄(Benzalkonium Chloride)

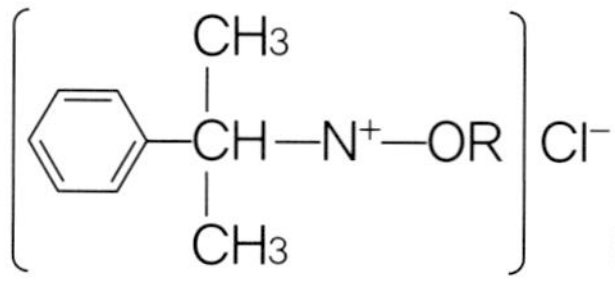

(R: $C_{12\sim14}$)

염화벤잘코늄은 역성비누로 살균력이 좋아 샴푸, 헤어토닉 및 헤어컨디셔너에 사용한다.

3. 비이온 계면활성제(Nonionic Surfactants)

비이온 계면활성제는 이온을 띠는 계면활성제나 양쪽성 계면활성제와는 다르게 이온으로 해리되지 않는 수산기(—OH)를 갖는다. 그리고 친수성은 비교적 작지만 에테르결합(—O—), 산 아미드결합(—CONH—), 에스테르결합(—COOR) 등을 갖고 있는 계면활성제이다.

일반적으로 친수기인 폴리옥시에틸렌 사슬 혹은 수산기를 갖는 화합물로 구분되며, 폴리옥시에틸렌 사슬의 길이와 수산기의 수에 따라 물에 약간 용해되는 것부터 잘 녹는 것까지 다양한 합성이 가능하다. 즉, 비이온 계면활성제의 친유기와 친수기 정도(HLB balance)의 차이에 따라 용해도, 유화력, 가용화력, 습윤력 및 침투력 등의 성질이 달라진다.

또한, 비이온 계면활성제는 물에 용해돼도 이온화되지는 않지만 세정력과 습윤력이 좋고, 피부에 자극이 적은 특징을 갖는다. 특히, 유화작용이 뛰어나서 화장수의 가용화제나 크림의 유화제, 클렌징크림의 세정제 등 다양한 용도로 사용된다.

① 폴리옥시에틸렌 타입(Polyoxyethylene Type)

$RO(CH_2CH_2O)nH$	[R: $C_{12\sim24}$]
$RCOO(CH_2CH_2O)nH$	[R: $C_{12\sim18}$]

친유기에 알칼리 촉매를 이용해서 대기압이나 가압을 통해 에틸렌옥사이드를 부가중합시킨 원료이다. 친유기에는 고급지방족알코올과 고급지방산, 고급에스테르, 솔비탄, 알킬페놀 및 알카놀아미드 등이 있다.

또한, 폴리옥시에틸렌 타입은 에틸렌옥사이드를 부가 중합시켜 얻는 물질이기 때문에 단일 성분이 아닌, 중합도 분포를 지닌다.

계면활성제의 물에 대한 용해성은 구름점 측정을 통해 알 수 있으며, 친유기가 동일할 경우 폴리옥시에틸렌 사슬이 길수록 구름점이 높고 친수성이 강하다. 이 계면 활성제도 유화와 가용화가 뛰어나 크림이나 유액 등의 유화제, 향수나 화장수 등의 가용제로 사용된다.

Check-Point

구름점(Cloud Point)

Polyethylene Glycol 사슬을 친수기로 하는 비이온성 계면활성제는 친수기의 주위에 용매인 물이 수소결합하여 물에 용해하고 있지만, 온도가 높아지면 수소결합이 절단되기 위해서 수용성이 현저히 감소하여 계면활성제는 석출한다. 이 온도를 구름점이라고 한다. 따라서 유화제의 경우 구름점 이하에서는 지용성이 되기 때문에 W/O형의 에멀전이 생기는 것으로 된다.

② 다가알코올에스테르 타입(Polyhydric Alcohol Ester Type)

글리세롤(glycerol)을 포함한 각종 다가알코올의 수산기(−OH) 일부를 지방산 에스테르화 하고, 남은 수산기를 친수기로 하는 계면활성제이다.

사용되는 다가 알코올은 수산기가 3개인 글리세린, 트리메티롤프로판, 4개인 펜타에리스리톨, 솔비탄, 6개인 솔비톨, 8개인 자당과 수산기가 9개 이상인 폴리글리세린, 라피노스 등이 있다. 또한, 모노에스테르로부터 수개의 에스테르 결합을 갖는 화합물까지 합성도 가능하여 모노−글리세라이드, 솔비탄고급지방산 에스테르, 자당고급지방산 에스테르 등이 이에 속한다.

대부분의 다가알코올에스테르 타입은 유화력과 가용화력이 뛰어나서 물에 유화 분산할 정도로 친수성이고 모노글리세라이드는 친수성 계면활성제와 조합하여 화장품으로 사용된다.

③ 에틸렌옥사이드프로필렌옥사이드 블록 공중합체 (Ethyleneoxide Propyleneoxide Block Polymers)

$$HO(CH_2CH_2O)_m\,(\underset{\displaystyle CH_3}{C}HCH_2O)_n\,(CH_2CH_2O)_mH$$

(m+n+m = 20∼80, n=15∼50)

친유기가 폴리프로필렌글리콜, 친수기가 폴리에틸렌글리콜인 것으로 구조식 중 m과 n을 자유롭게 변형하여 다양한 HLB 값을 갖는 계면활성제를 얻을 수 있다. 다른 계면활성제와 비교하여 분자량이 크며 피부에 자극이 적어 널리 사용되는 계면활성제이다.

4. 양쪽성 계면활성제(Amphoteric Surfactants)

양쪽성 계면활성제는 분자 내에 양이온성 원자단과 음이온성 원자단을 1개 또는 그 이상 함께 갖고 있는 것을 말한다. 일반적으로 알칼리성에서는 (−)이온, 산성에서는 (+)이온으로 해리된다. 이것은 피부자극성과 독성이 비교적 적고, 세정작용이 있어서 저자극 샴푸나 유아용 샴푸에 주로 사용된다. 또한, 세정력 외에 거품의 안정화와 기포 촉진 효과가 있어 에어로졸 제품에도 이용된다.

① 알킬디메틸아미노초산베타인(Alkyl Dimethylaminoacetic Acid Betaine)

$$RN^+(CH_3)_2CH_2COO^-\ (R:\ C_{12\sim18})$$

이 물질은 카르본산염 형태의 (−)이온 부와 제4급 암모늄형의 (+)이온 부가 조합되어 있는 형태로, 물에 용해성이 좋고, 넓은 pH 영역에서 안정하다. 모발에 유연효과나 대전방지 효과, 습윤효과가 좋아서 샴푸와 헤어컨디셔너 등에 이용한다.

② 알킬아미드프로필디메틸아미노초산베타인(Alkyl Amidopropyl Dimethylaminoacetic Acid Betaine)

$$RCONH(CH_2)_3N^+(CH_3)_2CH_2COO^-$$

알킬디메틸아미노초산베타인과 유사한 특성으로 샴푸와 헤어컨디셔너 등에 이용된다.

③ 2-알킬-N-카르복시메틸-N-하이드록시이미다졸리늄베타인
(2-Alkyl-N-Carboxymethyl-N-Hydroxyethylimidazolinium Betaine)

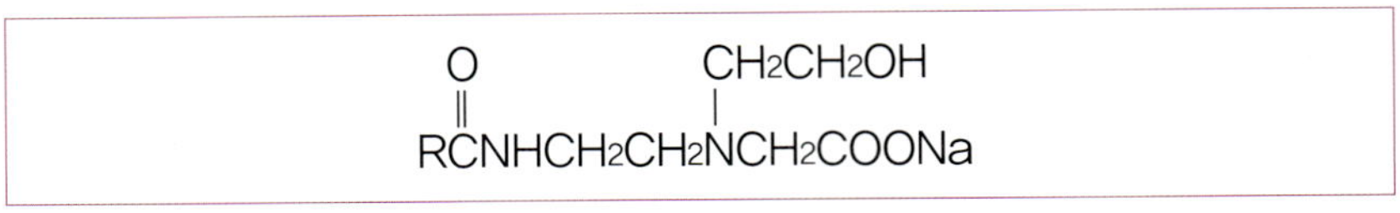

계면활성제 중에서도 독성이나 피부 자극성(특히 눈꺼풀)이 적으며, 모발의 윤기를 증가시키면서 동시에 유연효과가 있다. 경수(센물)에서도 효과가 우수하여 두발용 제품이나 크림, 유액 등에 사용된다.

5. 기타 계면활성제

(1) 고분자 계면활성제

고분자 계면활성제는 약 1000 이상의 분자량이 큰 계면활성제이다. 기존의 계면활성제는 친유기로서 탄소의 수가 10~18개 정도에 분자량은 300 정도인 것이 많고, 에틸렌 옥사이드, 프로필렌 옥사이드 블록 공중합체는 보통 1000 이하가 많다.

폴리비닐알코올의 경우 섬유나 필름의 자원이 되기도 하지만 유화나 응집작용도 있기 때문에 고분자 계면활성제라고 할 수 있으며, 이와 유사한 특성의 물질에는 알긴산나트륨, 전분유도체 등이 있다.

(2) 천연계면활성제

천연계면활성제로 인산에스테르의 음이온 계면활성제와 제4급 암모늄염의 양이온 활성제를 공유하는 레시틴이 있다. 피부 지질성분과 유사하여 화장품에서 계면활성력을 가진 보습제로도 널리 활용되고 있다. 레시틴은 자연계에서 생체막의 구성성분으로 널리 분포되어 있으며, 생체유지에 중요한 역할로 동식물계에서 유기용매로 추출, 분리해서 제조되고 있다.

천연레시틴은 포스파티딜 콜린, 포스파티딜 이노시톨, 포스파티딜 에탄올아민 등 각종 인지질 혼합물로써 이 혼합물들을 총칭하여 레시틴이라고 부르며, 세포막의 구성 성분이기 때문에 생체 내의 적합성이 매우 뛰어나다는 점에서 다른 화장품 원료에는 없는 유용성이 있다.

또한, 동일분자 중, 2가닥의 장쇄 알킬기와 물에 대한 친화성이 높은 극성기를 가진 양친매성 구조를 가지고 있기 때문에 계면활성 작용이 있다. 레시틴은 화장품에서 다양하고 유용한 특성을 갖고 있으며, 유용성이 뛰어나다고 인식되지만 천연레시틴은 보존 안정성이 요구되는 화장품 원료로 사용하기에는 다소 한계가 있다.

레시틴 외 다른 천연계면활성제로 오래 전부터 알려져 온 라놀린, 콜레스테롤, 사포닌 등을 들 수 있다.

4. 계면활성제의 응용(Applied Surfactant)

1. 유화(Emulsion)

섞이지 않는 두 가지 이상의 액체를 외부에서 인위적으로 에너지를 가하여 균일하게 분산되어 있는 상태를 유화라고 한다. 유화 입자의 크기는 가시광선의 파장보다 커서 빛을 통과시키지 못하고 산란시켜 유화 제품은 불투명하고 뿌옇게 보인다.

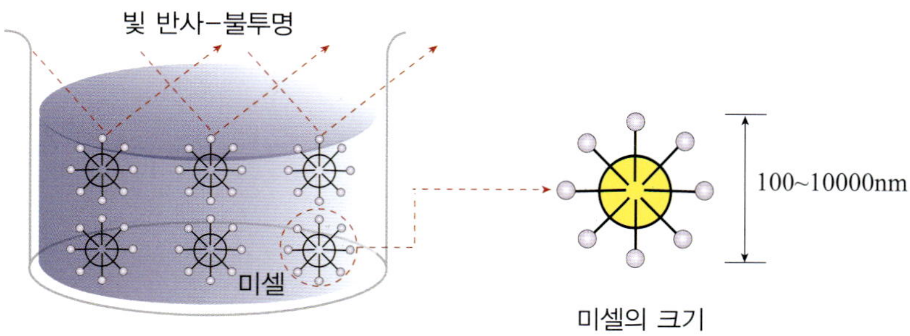

그림 5-5 유화의 원리

① 유화의 형태

에멀전화의 되어있는 형태에서 물을 연속상으로 하고, 오일이 분산되어 있는 수중유형과 오일을 연속상으로 하고 물이 분산되어 있는 유중수형이 있다〈그림 5-5〉. 유화의 형태에 따라 에멀젼 타입이 결정되며, 에멀젼은 입자의 크기 정도에 따라 마크로에멀젼(macroemulsion), 나노에멀젼(nanoemulsion), 마이크로에멀젼(microemulsion)으로 나뉜다〈표 5-3〉.

표 5-3 에멀젼 입자의 종류

형태	입자크기	내용	안정화
마크로에멀젼 (macroemulsion)	1.5~100㎛	다량의 오일 함유한 백색 에멀젼 불투명(가장 일반적 형태)	열역학적으로 불안정
나노에멀젼 (nanomulsion)	10~100㎛	푸른 빛 도는 반투명 외관 (미니에멀젼이라고도 함)	열역학적으로 불안정
마이크로에멀젼 (microemulsion)	3~50㎛	투명 또는 반투명 형태 (매우 안정한 형태)	열역학적으로 안정

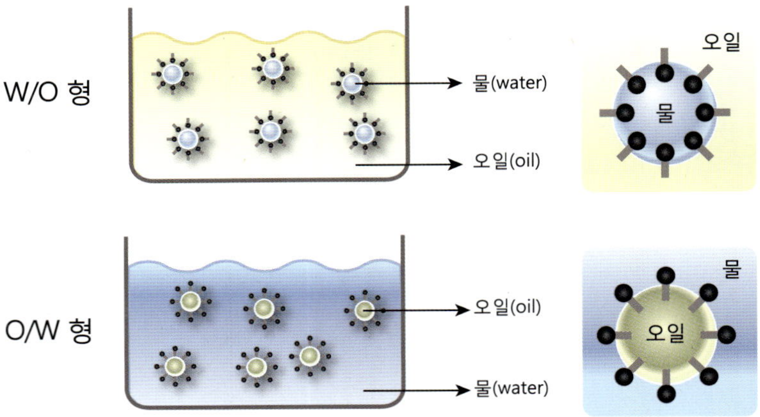

그림 5-6 유화 형태

표 5-4 유화의 형태 및 특징

분류	특징	이름
O/W	• 물에 오일이 섞여 있는 형태 • 높은 수분을 지닌 우윳빛의 액체 • 유동성을 낮추기 위해 증점제 사용 • 에센스, 로션	수중유형
W/O	• 오일에 물이 섞여 있는 형태 • O/W형 보다 유분이 많음 • 피부 수분 방지에 효과적, 끈적한 형태 • 크림, 클렌징크림, 자외선 차단제	유중수형
O/W/O	• 오일에 O/W형을 다시 유화시킨 형태	다상에멀젼
W/O/W	• 물에 W/O형을 다시 유화시킨 형태 • O/W형에 비해 보습 효과 우수	다상에멀젼

② 에멀젼의 안정성

열역학적으로 불안정해서 시간이 흐름에 따라 분산되었던 입자가 크리밍(creaming), 응집(flocculation), 합일(coalescence) 이라는 과정을 통해 분리되게 된다. 크리밍은 분산된 입자가 연속상과의 비중차이로 인해 상층, 하층으로 가라앉는 것을 말한다. 크리밍의 속도를 늦추기 위해서 분산 입자크기와 분산상과 연속상의 밀도차이를 작게하고 연속상의 점도를 높인다. 응집은 분산입자가 전기적 성질에 의해 모여 있는 것을 말한다. 합일은 응집된 분자입자가 융합되어 입자가 커지는 것을 말한다. 즉, 수상과 유상이 완전히 분리되는 상분리가 일어난다.

2. 가용화(Solubilization)

가용화(solubilization)란 물에 대한 용해도가 아주 작은 물질을 가용화제(계면활성제, surfactant)가 물에 용해될 때 일정농도 이상에서 생성되는 미셀(micelle)을 이용하여 용해도 이상으로 용해시키는 기술을 말한다. 즉, 물에 녹지 않는 소량의 유성 성분을 투명한 상태로 용해시키는 것이다. 투명하게 보이는 이유는 물에 유성 성분이 용해될 때, 생성되는 미셀의 크기가 가시광선의 파장인 400~800nm보다 작아서 빛을 그대로 투과시키기 때문이다.

가용화는 미셀 형성 한계농도인 CMC(임계미셀농도) 이상에서 나타나기 때문에, 미셀을 형성하지 않는 저농도에서 볼 수 없다.

이를 이용하여 만든 제품은 투명한 형상을 갖는 스킨로션, 에센스, 향수 등과 같이 수용액에 유성성분을 용해시키는 경우이며 투명 립스틱처럼 유성 성분을 베이스로 하여 수용성 성분을 함유시키는 경우도 있다.

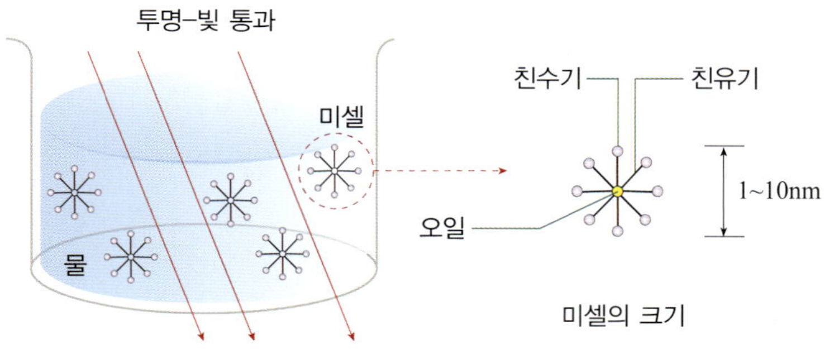

그림 5-7 가용화의 원리

3. 분산(Dispersion)

분산(dispersion)이란 넓은 의미로 어떤 물질이 다른 물질에 미립자로 분포해 있는 현상을 말한다. 즉, 고체, 액체, 기체 등 하나의 상에 다른 상이 미세하게 퍼져있는 것을 말한다. 분산은 액체-액체, 액체-고체, 기체-고체, 기체-액체 등 다양한 형태가 있기 때문에 화장품은 모두 분산의 형태로 만들어진다고 할 수 있다〈그림 5-8〉.

화장품에 사용되는 고체-고체 분산계는 고체입자 안에 고체입자를 균일하게 혼합시키는 아이섀도우, 파우더 등을 예로들 수 있으며, 고체-액체 분산계는 액체 안에 고체가 퍼져있는 현상인 파운데이션, 메이크업 베이스, 마스카라, 아이라이서, 네일 에나멜, 립스틱 등을 예로들 수 있다.

화장품은 분산의 형태 및 분포의 상태에 따라 상품의 가치가 달라질 수 있기 때문에 제조 시 많은 고려가 필요하다.

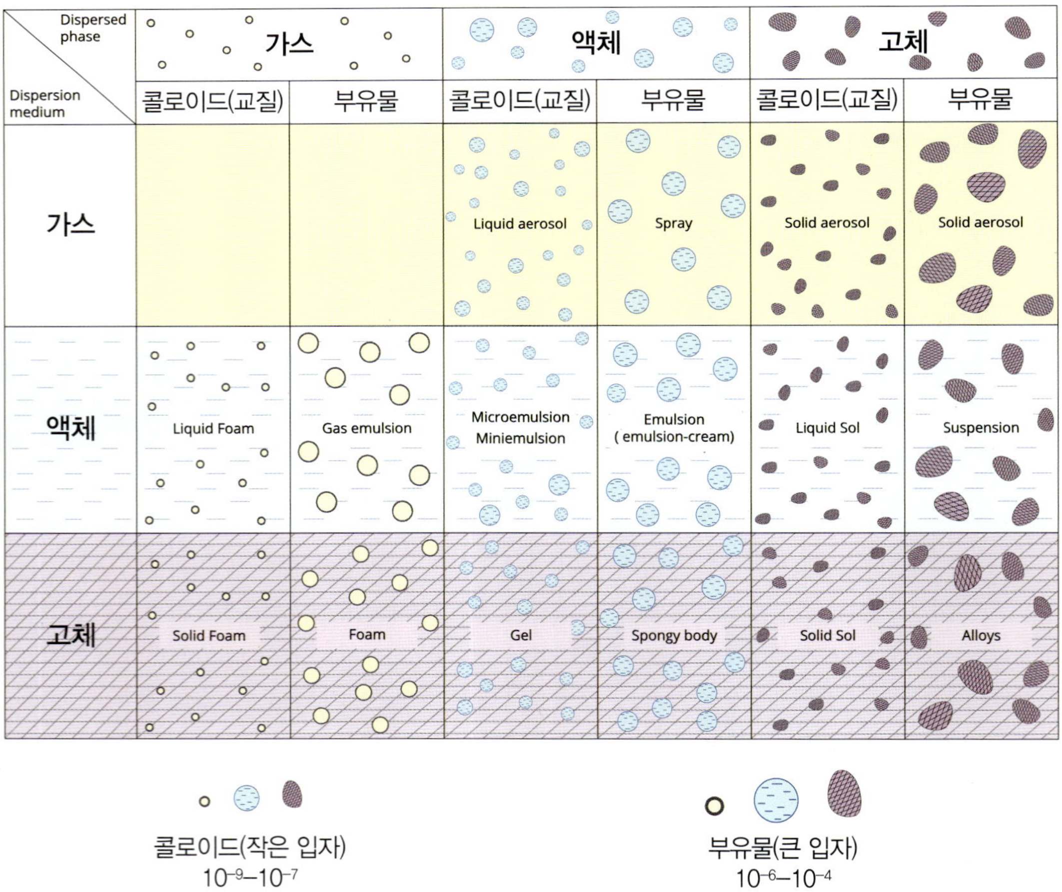

그림 5-8 기체, 액체 및 고체의 분산형태

Chapter 6

고분자 화합물

6. 고분자 화합물

1. 고분자 화합물의 정의(Definition of High Molecular Compound)

일반적으로 고분자 화합물의 정의는 분자량이 높은 물질이라는 단순한 정의보다 저분자량의 특정단위가 공유결합으로 연결되어 있는 물질이 고분자(polymer)이다.

여기에 기본 단위가 되는 물질을 단량체(monomer)라 하고 이 단량체들이 모여서 연속된 특정단위가 되어 분자량의 큰 고분자가 된다. 단량체가 여러개 모여서 화합반응을 통해 고분자가 되는 것을 중합(polymerization)이라 하고, 중합반응도 단계적으로 단량체를 하나씩 붙여나가면서 Monomer → Dimer → Trimer가 된다.

이처럼 중합반응에는 단계중합과 라디칼이라는 반응성 큰 물질을 만들어 단번에 여러 단량체를 붙여나가는 라디칼중합이 있다.

고분자 화합물은 천연고분자와 반합성고분자 그리고 합성고분자로 분류하며, 순수하게 초기 화학물질 모노머를 붙여서 중합한 물질인지 아닌지에 따라 유기계 고분자와 무기계 고분자로 나뉜다.

화장품 원료로 사용되는 고분자 화합물은 사용 용도에 따라 분류하면 점증제, 수지분말, 피막제로 나뉘고 고분자화합물은 일부 보습제나 계면활성제에서도 사용되고 있다. 특히 유화 제품에서 적절한 고분자를 사용하면 유화 안정성을 크게 향상시킬 수 있고, 화장수에서 적절한 고분자 물질을 사용하면 특이한 사용감을 갖게 할 수 있다.

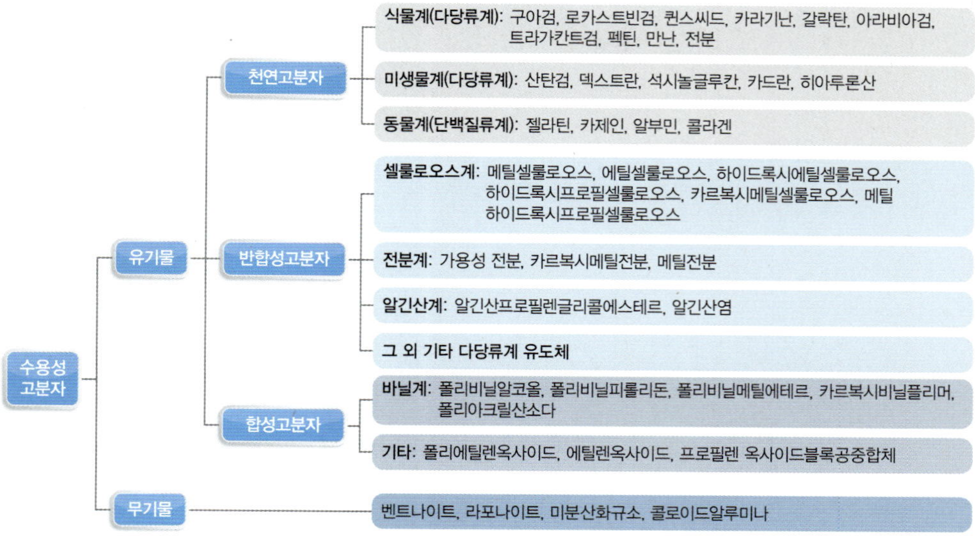

그림 6-1 수용성 고분자의 분류

2. 고분자 화합물의 종류(High Molecular Compounds)

1. 점도 증가제(Thickening Agents)

화장품 제품의 점도를 조절하는 목적과 제품의 안정성을 유지하는 목적으로 사용된다. 유액과 리퀴드 파운데이션에서의 점증제는 계의 안정성을 유지하기 위해 사용되며, 유화 입자와 분말이 분리되는 것을 방지한다.

화장품에서 점증제로 주로 사용되는 것은 대개 수용성 고분자 물질이다. 점도의 변화와 미생물 오염 등의 품질 안정성으로 인해 천연고분자에서 반합성고분자와 합성고분자로 변해 왔다. 최근에는 합성고분자의 비율이 점점 증가하고 있다.

① 퀸스시드검(Quince Seed Gum)

유럽과 아시아 남부에서 마멜로(marmelo) 나무의 종자에서 얻어지는 천연검이다. 구조는 L-아라비노스, D-크시로스, 글루코스, 갈락토스, 우론산 등에서 이루어지는 산성 다당류이다.

이 점액을 추출하려면 마멜로 종자를 20배의 물(약 60℃)에 담가 때때로 교반 후 여과하여 종자를 다시 탱크에 넣고 전과 같은 방법을 반복한 다음, 양쪽을 혼합하면 적당한 점도의 점액을 얻을 수 있다. 이 점액질은 독특한 감촉이지만 끈적거리지 않고 산뜻한 느낌을 준다. 미생물에 오염되기 쉽기 때문에 살균하거나 방부제를 사용할 필요가 있다.

② 잔탄검(Xanthan Gum)

잔탄검은 포도당이나 옥수수 시럽에서 추출되고, 바이오사카라이드검-1은 솔비톨에서 추출된다. 잔탄검은 옥수수, 밀 등에 포함되어 있는 포도당을 크산토모나스속균인 크산토모나스 캄페스트리스(xanthomona scampestris)를 사용하여 발효시켜 얻어지는 미생물 유래의 천연검으로 D-글루코스, D-만노스, D-글루코론산 등의 산성 다당이다.

잔탄검 및 바이오사카라이드검-1은 평균 분자량이 1,000,000 이상인 매우 큰 분자이다. 잔탄검은 교반을 통해 물에 쉽게 용해되어 저농도에서 고점도 용액을 생성한다. 잔탄검과 바이오사카라이드검-1은 온도 의존성이 적고, 넓은 pH 영역에서 안정하여 화장품에 널리 사용되는 성분으로 목욕 제품, 메이크업, 스킨케어 및 헤어케어 제품, 치약 등 다양한 화장품 및 퍼스널케어 제품에 사용된다.

③ 카르복시메틸 셀룰로오스 나트륨(Sodium Carboxymethyl Cellulose)

셀룰로오스의 수산기를 부분적으로 OCH_2COONa기로 치환해서 물에 용해하여 얻어지는 반합성고분자이다. 보조 콜로이드성, 유화안정성을 갖는 투명한 점증 용액이 얻어지기 때문에 크림, 유액, 샴푸 등에 사용된다.

④ 카르복시비닐 폴리머(Carboxyvinyl Polymer)

주로 아크릴산이 중합한 것으로 카르복실기를 갖는 합성고분자이다. 알칼리 중화(NaOH, KOH, triethanolamine 등)에 의해 수용액을 현저히 점증시킨다.

품질의 변동이 적으며 경시 및 온도에서의 점도 변화가 적고, 미생물에 의한 오염이 천연검보다 어렵고, 점증효과와 사용 감촉이 우수해서 점증제로 가장 많이 사용되고 있다.

2. 필름 형성제(Film Formers)

피막 형성을 갖는 원료가 그 특성을 나타내는 각종의 제품에 배합되고 있다. 피막제 고분자는 용해성에 의해 물이나 알코올에 용해하는 것, 수계 에멀젼인 것, 비수용성인 것으로 구분된다.

팩은 폴리비닐알코올 수용액의 물이 증발한 때에 피막형성을 이용하고, 헤어 스프레이나 헤어세트제는 물이나 알코올에 용해하는 고분자를 사용하여 그 피막으로 모발을 고정시킨다. 샴푸나 린스에 이용되는 고분자는 피막형성이 다소 약하지만 사용감촉을 좋게 할 목적으로 양이온성 고분자를 배합한다. 아이라이너나 마스카라에는 수계 고분자 에멀젼이 배합되는 것이 있고, 그 형성되는 내수성 피막에 의해 땀이나 눈물로부터 화장이 지워지는 것을 막아준다.

물에 용해되지 않는 비수용성 피막제 고분자로서 네일 에나멜에 니트로셀룰로오스가 초산부틸이나 초산에틸로 녹여 사용되고, 모발 코팅제에는 고분자 실리콘이 휘발성 유분에 용해하여 모발 보호 효과를 담당하며, 선오일이나 액체 파운데이션에는 효과의 지속과 화장을 향상시킬 목적으로 실리콘 레진이 사용되고 있다.

필름 형성제는 고분자의 필름 막을 화장품에 이용하기 위하여 사용되는 것으로, 제품의 종류에 따라 여러 가지 다른 형태의 필름 형성제가 이용될 수 있다. 이러한 필름 형성제 외에 점증제도 다량 사용하면 모두 필름을 형성하는 성질이 있으므로 필름 형성제로 사용이 가능하다.

일부 제품에서는 필름 형성제와 점증제를 혼합하여 제품의 사용성과 필름의 성질을 바꾸는 목적으로도 사용한다. 특히 폴리비닐알코올(polyvinyl alcohol)은 폴리비닐아세테이트를 검화하여 제조하고 주로 필오프(peel−off) 타입의 팩 제조에 사용된다.

① 폴리비닐알코올(Polyvinyl Alcohol)

폴리초산비닐을 비누화하여 제조하며, 비누화도나 중합도에 의해 점도와 피막강도가 다르기 때문에 사용이 구분되나 용해성과 용액 안정성 측면에서 검화도가 약 90%인 검화물을 주로 많이 사용한다. 폴리비닐알코올의 피막형성능을 이용하여 팩(pack)에 사용하고, 보호콜로이드를 이용하여 에멀젼의 안정화에 적용하는 수용성 고분자 피막제이다.

② 폴리비닐 피롤리돈 (Polyvinyl Pyrrolidone)

N-비닐 피롤리돈을 과산화수소(H_2O_2)의 촉매로 중합하여 제조한다. 이 물질은 물에 잘 녹고, 점성 용액을 형성하며, 물 외에 알코올, 글리세린 및 초산에틸 등에도 녹는다.

피막형성능과 모발에 밀착하는 성질을 이용하여 두발제품에 사용하고, 기포 안정화나 모발에 광택을 부여하기 위해 샴푸에도 배합되는 수용성 고분자 피막제이다.

③ 니트로셀룰로스(Nitro Cellulose)

셀룰로오스의 히드록시기를 질산에스테르로 변화시킨 화합물이며, 비수용성으로 초산에스테르와 케톤 등의 용제나 다른 수지와 함께 잘 녹는다. 이 화합물은 단단한 피막을 형성하기 때문에 이 성능을 이용하여 네일 에나멜의 피막제로 적용시킨다.

제품의 용도는 질소 함유율에 따라 달라지며, 질소 함유율이 큰 것은 폭발성이 크고, 또 질소 함유량이 비교적 작은 것은 셀룰로이드(celluloid)와 래커(lacquer), 도료(paint and varnish) 등에 사용된다.

④ 고분자 실리콘(Silicone Gum)

분자량이 30~60만 정도인 직쇄상 디메틸폴리실록산이며, 부드러운 고무상의 성상을 갖는다. 고분자 실리콘은 이소파라핀이나 저분자량 실리콘유의 휘발성 유분에 의해 용해되고, 갈라진 모발의 코팅을 위해 모발 제품에 배합된다. 또한 휘발성 유분이 휘발한 후에는 모발 가닥 가닥에 고무상의 얇은 피막으로 코팅되어 갈라진 모발을 회복시킴과 동시에 갈라짐을 방지하는 목적으로 사용된다.

표 6-1 고분자 화합물의 종류와 기능

종류	영문명	기능
산탄검	Xanthan Gum	다당류, 수용성 고분자, 내산성, 내염성, 보습, 사용감 개선
메틸셀룰로오스	Methyl Cellulose	화장수 사용감 조절, 샴푸 점성 조절
카르복시메틸 셀룰로오스염	Carboxy Methyl Cellulose	화장수, 에센스, 에멀젼의 유화안정성 향상

종류	영문명	기능
카르복시비닐 폴리머	Carboxy Vinyl Polymer / Carbomer	점증제, 겔화제, 분산제, 안정화제
라포나이트	Laponite	무기물질, 투명젤
알긴산나트륨	Sodium Alginate	해양 갈조류에서 추출한 탄수화물
결정 셀룰로스	Microcrystalline Cellulose	미세결정성 셀룰로스 분말, 현탁제, 점도조절제, 결합제
폴리비닐알코올	Polyvinyl Alcohol	필오프 팩, 크림 로션 유화안정제, 메이크업분산 안정제
폴리비닐피롤리돈	Polyvinyl Pyrrolidone	두발제품 피막형성제, 분산제, 현탁제, 점증제
니트로셀룰로오스	Nitrocellulose	네일 에나멜의 피막제
폴리아미드수지	Polyamide Resin	오일증점제, 유지의 겔화, 투명스틱상제품
양이온성 폴리머	Polyquaternium-10	음이온과 사용성 우수, 샴푸
아라비안검	Arabic Gum	유화안정제, 현탁제, 증점제, 고착제
구아검	Guar Gum	화장수, 크림, 치약
카라야검	Karaya Gum	증점제, 보호콜로이드, 피막형성제
카라기난	Carrageenan	유액, 샴푸, 크림, 정제, 탈모용제품
트라가칸트검	Tragacanth Gum	증점제, 고착제, 현탁제, 유화안정제, 헤어크림
로커스트빈검	Locust Bean Gum	안정제, 증점제, 결합제, 화장품크림, 점도조절제
퀸스시드검	Quince Seed Gum	점액질 젤리 형성
한천	Agar	연고, 좌약의 베이스, 방향제, 미생물살균
카제인	Casein	증점제, 안정제, 유화제, 샴푸, 린스
덱스트린	Dextrin	증점제, 부형제, 유화제, 퍼짐개량제, 립스틱, 크림
젤라틴	Gelatin	유화제, 유화안정제, 증점제, 비누, 샴푸,린스
펙틴	Pectin	유화제, 로션, 헤어드레싱

3. 고분자 화합물의 응용(Applied High Molecular Compound)

화장품에 사용되는 고분자는 상당히 다양한 용도로 사용되고 있다. 우선 쌍꺼풀액 등에서는 접착용으로 사용되고, 헤어젤, 헤어스프레이, 무스 등에서는 헤어픽서티브(hair fixative)로 사용된다. 그리고 압축분인 트윈케이크 등에서는 파우더를 압축할 때 깨지지 않도록 바인더(binder)로 사용된다.

기초화장품에서는 에멀젼의 안정화와 점도증가제 용도로 사용된다. 마스카라와 아이라인, 메니큐어의 경우, 안료를 잡아 주는 바인더와 필름형성제의 역할이 함께 사용되고, 기초화장품 중 필오프팩 같은 경우에서도 필름 형성제로 사용된다.

여기에서 PMMA라는 안료(pigment) 또한 고분자화합물을 분체화한 것이다. 이 외에도 현재 새로운 기술로 각광받고 있는 기술인 Nano Technology와 연관되어 각종 성분들의 안정화에 고분자를 사용하며, 고분자 사슬에 특정 작용기를 도입하여 고분자 자체가 특정 기능(계면활성제나 자외선차단제 등등)을 하는 원료들이 많이 개발되고 있다.

① **피막형성제** : 헤어락카, 팩류, 네일에나멜, 액상립스틱, 아이라이너, 마스카라 등
② **점도증가제** : 유액, 샴푸, 화장수 등
③ **현탁제** : 액상파운데이션, 마스카라, 아이라이너 등
④ **보호콜로이드** : 쉐이빙크림, 핸드크림 등
⑤ **결합제** : 고형분, 볼 터치, 아이섀도우, 아이브라우펜슬 등
⑥ **향료 보류제** : 조합향료

표 6-2 피막제 고분자의 용도와 원료

피막제의 용해성	제품명	대표적 원료
물, 알코올 용해성	팩	폴리비닐알코올
	헤어스프레이, 헤어 세팅젤	폴리비닐피롤리돈, 메타크릴레이트 공중합체
	샴푸, 린스	양이온성 셀룰로오스, 폴리염화디메틸메틸렌피페리듐
수계 에멀젼	아이라이너, 마스카라	폴리아크릴레이트 공중합체, 폴리비닐아세테이트
비수용성	네일 에나멜	니트로셀룰로오스
	모발 코팅제	고분자 실리콘
	선오일, 액상 파운데이션	실리콘 레진

Chapter 7
보습제

7. 보습제

1. 보습제의 정의(Definition of Moisturizer)

보습제(moisturizer)는 피부에 수분을 제공하는 성분의 총칭으로 피부를 적셔서 피부를 부드럽고 유연하게 유지하고, 거친 표면을 부드럽고 매끈하게 만들어서 건조하거나 각질이 일어나는 피부의 증상을 감소시키는 역할을 한다.

피부의 가장 바깥층인 각질층은 단순히 죽은 세포가 아니라 외부의 자극으로부터 피부를 보호하는 피부의 면역작용과 긴밀하게 연결되어 있다. 각질층은 벽돌처럼 쌓여있는 각질 세포와 벽돌이 무너지지 않도록 튼튼하게 메꾸는 시멘트 역할의 각질세포간 지질로 이루어져 있다.

각질층에 존재하는 천연보습인자(natural moisturizing factor; NMF)는 수분을 약 30% 정도 함유하고 유지하려는 습성이 있어서 극도로 건조한 날씨에도 피부가 손상되는 것을 어느 정도 방어해 준다. 천연보습인자에는 아미노산류 약 40%, PCA(pyrrolidone carboxylic acid) 12%, 젖산염 12%, 요소 7% 정도를 각각 차지하고, 그 밖의 성분으로는 요산, 글리코사민, 크레아틴, 구연산염, 나트륨, 칼륨, 칼슘, 마그네슘, 염소, 당, 유기산 등이 존재한다.

보습에는 건조한 환경과 외부자극에 의해 발생한 거칠고 각질이 일어나는 피부에 수분을 공급하는 방식, 증발하는 수분을 차단해 매끈한 피부를 유지시켜 주는 방식, 제품이 공기 중의 수분을 흡수하는 방식 등 여러 방식이 있다. 이러한 여러 방식을 통해 각질층의 수분 유지를 도와주는 성분을 보습제라 한다.

보습제에는 글리세린, 프로필렌글라이콜, 1,3-부틸렌글라이콜, 디프로필렌글라이콜, 폴리에틸렌글라이콜, 1,2-헥산다이올, 솔비톨, 젖산나트륨, 2-피롤리돈-5-카르본산나트륨, 히알루론산 나트륨, 요산, 콘드리친 황산, 콜라겐 등이 있다.

2. 보습제의 기능(Function of Moisturizer)

보습제는 종류에 따라서 습윤제(humectant), 밀폐제(occlusive agent), 유화물(emulsifier)로 나눌 수 있다. 습윤제는 자연보습인자와 유사한 기능을 수행하여 피부의 수분을 유지시켜 주는 기능이 있으나, 저온 및 건조한 환경에서는 오히려 각질층의 수분을 외부로 방출시켜 건조한 느낌을 준다.

밀폐제는 유성 물질로 피부 표면에 기름막을 형성하여 수분 손실을 방지하는 피지막과 유사한 역할을 한다. 오일 성분을 피부에 도포할 경우, 뛰어난 밀폐 효과를 줌으로써 피부의 보습을 높여 주고, 부가적으로 피부를 부드럽고 윤택하게 하는 효과도 주게 된다. 유화물은 일반적으로 상기 습윤제와 밀폐제 성분을 모두 함유하여 두 종류의 보습효과를 모두 부여하는 것이다.

현재 시중에 판매되고 있는 로션, 크림 등 대부분의 보습제가 이러한 유화물의 제품이다. 유화물은 성상이 오일인 경우와 수상인 경우로 나뉘며 각각의 장단점이 있다.

1. 보습제의 기능과 효과

① 피부 및 모발에 수분을 부여하고 건조 방지(보습효과)
② 계절에 따른 제품의 수분증발 억제와 점도·경도유지 및 동결방지
③ 염료, 향료 및 그 밖의 첨가제의 용제 또는 용매 보조제로 써 이용(제품의 품질유지)
④ 피부에 대한 사용성 향상과 유연성 부여

2. 이상적인 보습제의 조건

① 적절한 흡수능력이 있을 것
② 흡수력이 지속될 것
③ 흡수력이 환경조건(습도와 바람 등)의 변화에 쉽게 영향을 받지 않을 것
④ 흡수력이 피부나 제품의 보습에 기여 할 것
⑤ 가능한 한 휘발성이 낮을 것

⑥ 다른 성분과 공존성이 좋을 것
⑦ 응고점이 가능한 한 낮을 것
⑧ 적당한 점도와 사용감촉이 우수하고, 피부와의 친화성이 좋을 것
⑨ 안전성이 높을 것
⑩ 가능한 한 무색·무취·무미일 것

3. 보습제의 종류와 특성(The Type of Moisturizer)

(1) 글리세린(Glycerin)

글리세린의 분자식은 $C_3H_8O_3$으로 대표적인 3가 알코올이며 단맛이 있고 끈기가 있는 무색의 흡습성 액체이다. 다른 이름으로 글리세롤(glycerol)이라고도 한다.

점성이 매우 강한 특징이 있으며, 동·식물 유지에서 비누 또는 지방산을 제조할 때 부산물로서 얻어진다. 이것을 탈수와 탈취 등을 통해 정제하여 얻은 무색·무취의 액체가 글리세린이다. 글리세린은 물과 알코올에 잘 녹고 수분 흡인력이 뛰어나며, 독성이나 피부자극 및 알러지가 없다.

습도가 높은 곳에서 우수한 효과를 보이나 건조한 곳에서는 흡습할 수분이 없기 때문에 오히려 피부에 있는 수분을 빼앗아 피부를 거칠고 건조하게 만들 수 있다. 사용 농도는 20~45%를 넘지 않아야 하며, 크림, 로션, 모발보호용품 및 어린이 용품 등 거의 모든 화장품에 주로 많이 사용한다.

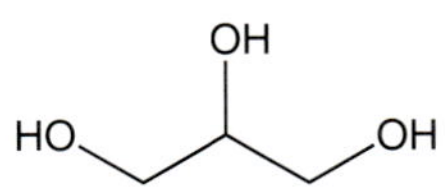

그림 7-1 글리세린의 구조

(2) 프로필렌글라이콜(Propylene Glycol)

프로필렌글라이콜($C_3H_8O_2$)은 지방족 알코올로 글리세린과 유사한 외관과 성질을 나타내며, 무색·무취의 액체이다. 글리세린에 비해 점도가 낮아 사용감촉이 우수하며, 수분을 흡수하는 성질이 있어 글리세린과 함께 보습제로 널리 사용한다.

착향제, 보습제, 피부컨디셔닝제, 피부보습제, 용제, 점도감소제의 목적으로 사용된다.

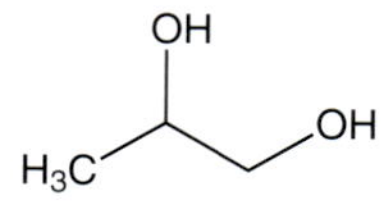

그림 7-2 프로필렌글라이콜의 구조

(3) 1,3-부틸렌글라이콜(1,3-Butylene Glycerol)

아세트알데히드(acetaldehyde)의 알돌(aldol, 알코올과 알데하이드의 양쪽 성질을 모두 가진 하이드록시알데하이드) 축합물에 수소를 첨가하여 얻은 무색·무취의 액체로 안전성이 양호하여, 크림과 유액 등에 사용한다. 글리세린이나 프로필렌글라이콜에 비해 끈적임은 적은편이지만, 피부에 자극을 주고 항 미생물 작용이 뛰어난 보존제인 파라벤(paraben)의 성질을 높여준다.

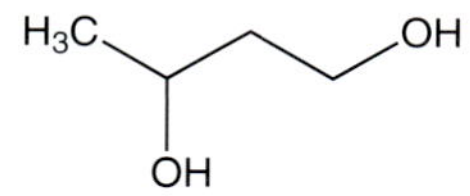

그림 7-3 1,3-부틸렌글라이콜의 구조

(4) 디프로필렌글라이콜(Dipropylene Glycol)

프로필렌글라이콜을 탈수 축합한 2량체로서 무색·무취의 액체이다. 배합 시 착향제, 점도 감소제, 용제의 목적으로 사용되며 끈적임이 적은 보습제로서 크림, 유액 등에 사용된다.

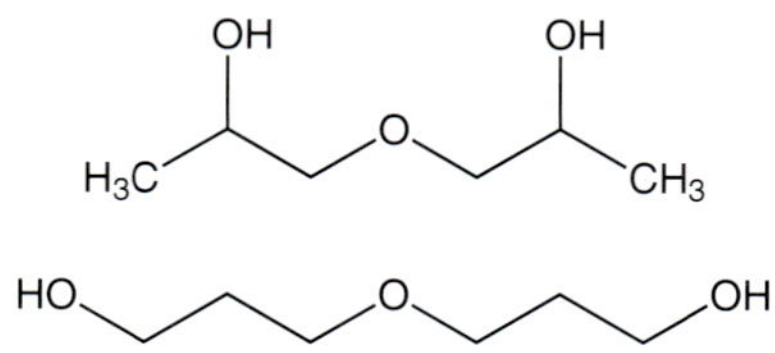

그림 7-4 디프로필렌글라이콜의 구조

(5) 폴리에틸렌글라이콜(Polyethylene Glycol; PEG)

물이나 에틸렌글라이콜에 알칼리 촉매하에서 산화에틸렌(ethylone oxide)을 부가 중합으로 얻는 일련의 화합물로 중합도가 여러 종류인 분자 혼합물이다.

이 성분은 모노머 에틸렌글라이콜로 만들어지고 일반적으로 액체이거나 고체일 경우에는 융점이 낮다.

유전학에서 폴리에틸렌글라이콜은 세포융합에 널리 사용되기 때문에 체세포 유전학에서 주로 사용하는 시약으로 의약품, 식품, 화장품 분야에서 많이 사용한다. 하지만 폴리에틸렌글라이콜 제조 시, 에톡실화의 부산물로 1,4-디옥산이 소량 생성될 수 있기 때문에 주의해야 한다.

평균 분자량이 200~600인 것은 상온에서 액체이고, 그 이상이 되면 차차 반고체로 되며, 1,000, 1,500, 4,000, 6,000으로 분자량이 증가함에 따라 응고점도 상승한다. 전반적으로 무색·무취이고, 분자량이 증가 할수록 흡수력과 보습력, 피부 자극도는 감소한다. 이 성분은 계면활성제의 역할로 폼클렌징, 유액, 크림 등 다양하게 사용된다.

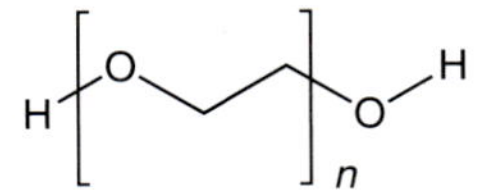

그림 7-5 폴리에틸렌글라이콜의 구조

(6) 1,2-헥산다이올(1,2-Hexanediol)

1,2-헥산다이올은 소수성과 친수성을 모두 보유하고 있는 계면활성제의 구조를 가진 용제이다. 보습의 효과가 있으며 독성과 냄새는 없다.

이 성분을 많이 사용하면 보존제의 효과를 주지만 보존력이 뛰어나진 않기 때문에 보존제로 볼 수는 없다. 하지만, 최근 일어난 파라벤 파동으로 인해 파라벤 대체로 안전하면서 보존력을 주는 목적에 많이 사용되는 성분이다.

보존력의 효과를 높이기 위해 카프릴릴글라이콜(caprylyl glycol; 1,2-octanediol)을 함께 사용하기도 한다.

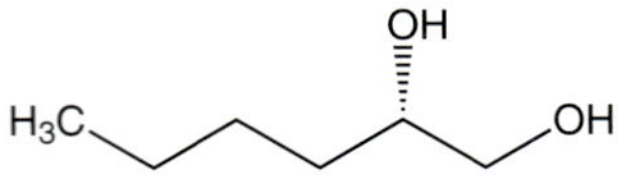

1,2-헥산다이올

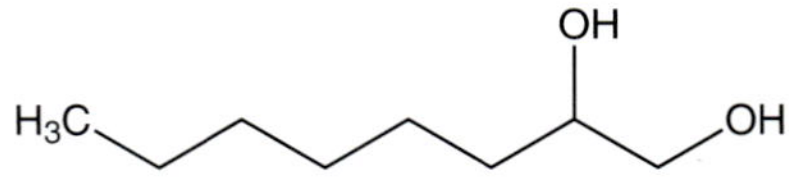

카프릴릴글라이콜

그림 7-6 1,2-헥산다이올과 카프릴릴글라이콜의 구조

(7) 솔비톨(Sorbitol)

사과, 복숭아 등의 과즙에 함유된 당 알코올로서 무색·무취의 고체로 포도당을 환원하여 만들며, D-Sorbitol 또는 D-Glucitol이라 불린다. 자연계에 광범위하게 존재하며, 특히 과실류(1~2%)와 해조류(13%)에 많이 함유되어 있다.

순수한 솔비톨은 물에 잘 용해되며, 20℃에서 포화된 수용액은 중량비로 약 70%의 순수 솔비톨과 30%의 물을 함유한다. 또한, 공기에서 수분을 흡수하는 흡습성에 의한 보습이 좋으며, 크림, 유액 및 치약 등에도 사용한다. 이밖에도 솔비톨 및 그 무수물인 지방산에스테르와 폴리옥시에칠렌 유도체는 계면활성제로 널리 사용된다.

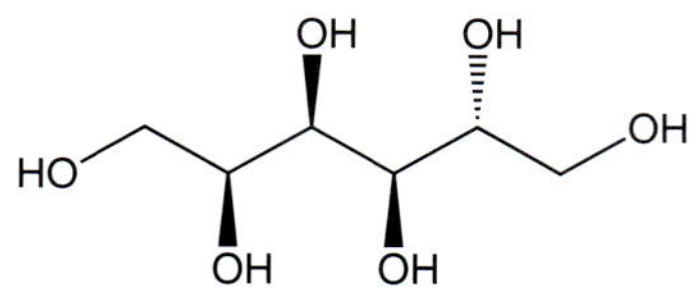

그림 7-7 솔비톨의 구조

(8) 젖산나트륨(Sodium Lactate)

피롤리돈카르본산염과 함께 NMF에 존재하는 중요한 천연계 보습성분이며, 다가알코올류에 비해 높은 보습력이 있다. 이 성분은 각질제거제, pH 완충제, 보습제의 목적으로 사용된다.

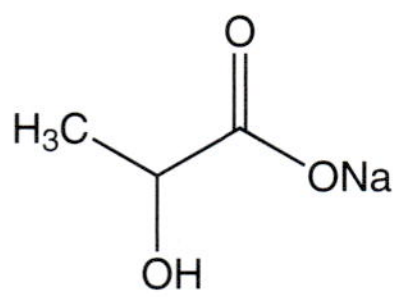

그림 7-8 젖산나트륨의 구조

(9) 2-피롤리돈-5-카르본산나트륨(Sodium 2-Pyrrolidone-5-Carboxylate)

피롤리돈카르본산(pyrrolidone carboxylate, PCA)은 피부에 존재하는 천연보습인자(NMF) 중 가장 중요한 역할을 하는 보습성분으로 다가알코올류보다 높은 보습력을 가지며, PCA-Na는 글루타민산으로부터 탈수 반응에 의해 합성된다.

흡수력이 강하기 때문에 화장품에 주로 사용되며, 이것의 1분자는 자기 무게의 1천 배에 해당하는 수분을 끌어들이는 능력이 있어 흡습과 보습효과가 뛰어나다. 〈표 7-1〉과 같이 피롤리돈카르본산나트륨은 다른 보습제인 글리세롤과 피롤리돈카르본산에 비해 훨씬 보습효과가 높은 것을 알 수 있다.

이 성분은 크림, 로션, 토너, 샤워 젤 등과 샴푸, 헤어컨디셔너 및 헤어크림 등에 사용하여 피부와 모발에 습윤성과 유연성을 준다.

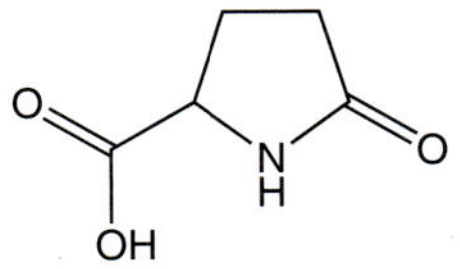

그림 7-9 2-피롤리돈-5-카르본산나트륨의 구조

표 7-1 2-피롤리돈-5-카르본산나트륨의 흡수력 비교

구분	습도	
	31%	58%
글리세롤	13	35
피롤리돈카르본산(PCA)	<1	<1
피롤리돈카르본산나트륨(PCA-Na)	20	61

(10) 히알루론산 나트륨(Sodium Hyaluronate)

피부의 표피층과 진피층에 있는 세포간질로 피부의 수분증발을 막고 대기중의 수분을 흡인하여 피부의 적절한 수분을 유지한다. 이것은 자기무게의 100~1,000배의 수분을 흡수할 수 있으며, N-아세틸글루코사민(N-acetyl-D-glucosamine)과 글루크론산(D-glucuronate)이 서로 결합한 산성점액 다당류의 일종이다.

히알루론산 나트륨은 포유동물의 결합조직에 널리 분포되어 있고, 피부의 윤활성과 유연성 부여 및 외부의 힘과 세균감염을 방지하는 것으로 알려져 있다.

또한, 이 성분은 피부가 촉촉하게 수분 유지를 해주도록 하는데 뛰어나다. 그러나 피하 결합조직에서 수분을 함유한 히알루론산이 감소하면 피부에 수분이 부족해져 주름이 생긴다. 다른 보습제에 비해 주변의 상대 습도에 대해서 영향을 잘 받지 않는다는 특징도 있다.

최근에는 히알루론산 나트륨의 유도체인 아세틸화 히알루론산 나트륨이 각질층에 대해 높은 보습·유연 효과가 있음이 확인됨에 따라 기초화장품에 많이 이용되고 있다.

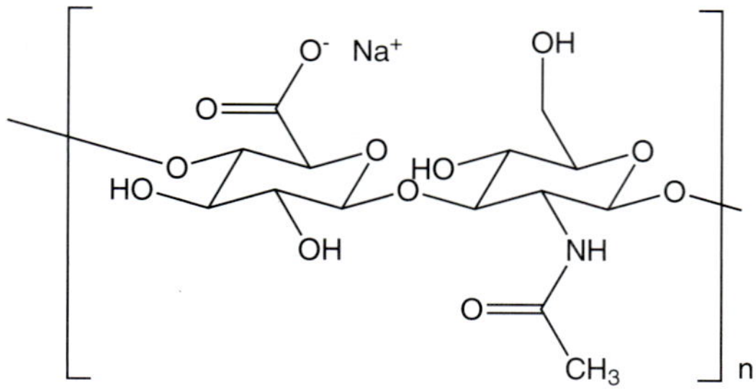

그림 7-10 히알루론산 나트륨의 구조

(11) 요소(Urea)

땀에는 요소가 약 0.4%가 함유되어 있다. 정상 피부에는 약 8μg/cm^2 정도, 건성 피부에는 약 3μg 정도 있고, 1.5μg 이하가 되면 질병으로 간주된다. 요소는 질소성분의 백색 결정체이며, 카르바미드(carbamide)라고도 한다.

약품, 비료 및 플라스틱 제조 등에 널리 사용되며, 화장품에 있어서는 수분을 흡수하는 기능이 있기 때문에 보습제로 사용되어 피부를 부드럽고 유연하게 만들고, 각질세포에 접해 있는 세포간 접착물질(intercellula cement)을 녹여 각질층 탈락을 촉진시키는 역할을 한다.

요소는 화장품의 방부제로도 사용되며, 피부 관리 제품에는 2~8% 이내의 농도로 사용한다. 그 이상의 농도를 사용하면 피부에 자극을 주기 때문에 주의해야 한다.

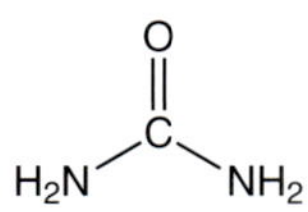

그림 7-11 요소의 구조

(12) 콘드로이친 황산(Chondroitin Sulfate)

표피와 진피 사이에 있는 점다당질(glycosaminoglycans)에서 콘도로이친 황산이 많은 양을 차지한다. 이 성분은 피부나 장기, 근육 등 생체 내에서 각 조직에 수분과 영양분을 축적하는 역할을 하지만, 노화가 진행됨에 따라 함량이 줄어들게 된다.

콘드로이친 황산은 점성을 띄는 뮤코다당류(muco polysaccharide)의 한 형태로 여러 개의 당이 결합된 형태이다.

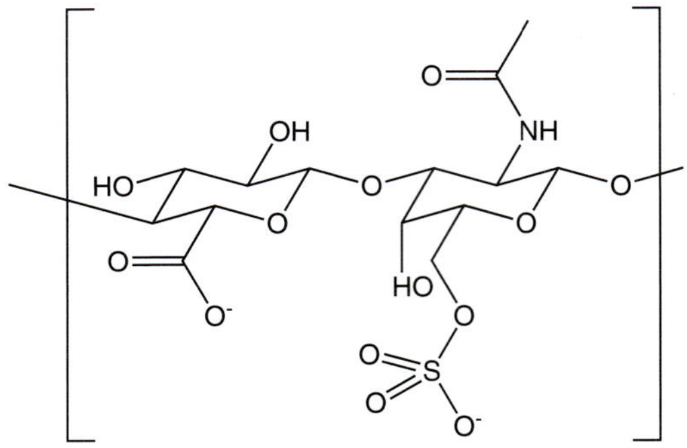

그림 7-12 콘드로이친 황산의 구조

(13) 콜라겐(Collagen)

콜라겐은(collagen) 포유동물의 체내 단백질에서 30% 이상을 차지하고 있는 섬유아세포(fibroblast)가 생산하는 섬유상 당단백질이다. 피부, 뼈, 연골, 혈관, 힘줄 등과 같은 결합조직에 많이 존재하는 성분이다.

인체 내에서 콜라겐의 합성과 분해는 끊임없이 반복되지만, 나이가 들어감에 따라 콜라겐을 생성하는 섬유아세포의 수는 줄고 균형은 붕괴되면서 콜라겐 합성보다 분해가 많아지게 된다. 이로 인해 피부는 얇아지고 탄력성과 결합력도 감소되어 피부가 처지고 주름이 생기는 등의 피부노화가 일어나게 된다.

콜라겐은 단백질로서 물에는 잘 녹지 않고 분자량이 커서 피부 깊숙이 침투하는 것이 쉽지 않은 단점이 있지만 효소를 통해 가수분해 콜라겐으로 분자량을 낮춰 화장품에 사용할 수 있도록 만들 수 있다. 가수분해된 콜라겐은 아미노산의 복합체로 다량의 친수성 그룹에 의해 뛰어난 수화능력을 보인다.

콜라겐은 젤라틴(gelatin) 등의 형태로 식용으로 이용되기도 하며, 동물성 콜라겐보다는 피쉬 콜라겐이 아미노산의 형태로 흡수가 더 잘 이뤄진다. 또한, 면역기능 향상, 피부의 신진대사 활성화, 세포의 재생작용 촉진, 보습력 유지 등 피부미용에 효과적인 도움을 주기도 한다. 콜라겐은 매우 안정적으로 향의 자극이 약하며, 우수한 수화능력으로 제품의 습도를 증가시켜 점도를 형성하고, 막을 형성하여 수분의 손실을 감소시키는 등의 이점으로 스킨컨디셔닝제, 헤어컨디셔닝제 제조에 사용된다.

Chapter 8

산화방지제

8. 산화방지제

1. 산패의 정의(Definition of Rancidity)

산패(酸敗, rancidity)란 유지와 같은 식품을 공기에 장시간 노출하거나 고온에 가열하였을 때 품질이 나빠지며 이상한 냄새가 발생하는 등 성질과 상태에 변화가 생기는 현상으로 변패의 일종이다. 산패는 물, 산, 알칼리 및 효소에 의한 '가수분해적 산패'와 산화에 의한 '산화적 산패'로 구분된다. 산패는 불포화도가 높은 기름에서 더 잘 발생한다. 또한, 불포화 결합의 화합물 중 불포화 결합이 2개 이상 있는 유지류는 장기간 보관하거나 사용하는 과정에서 공기 중에 노출 시, 화장품 성분에 존재하는 기름 성분이 공기 중에 있는 산소(O_2)와 반응하여 산화(oxidation)되기 쉬워진다.

이런 산화과정을 통하면 과산화물이 생성되어 냄새가 나거나, 품질이 저하됨과 동시에 생성된 과산화물은 피부에 자극을 주게 된다. 이러한 이유로 과산화물의 생성을 방지하기 위해 첨가하는 것이 산화방지제(antioxidant)이다.

산화방지제는 화장품의 품질 유지와 안정성 확보를 위해서 사용된다. 이를 위해 적당한 산화방지제의 종류 및 함량을 조절하고 선택해야 한다. 또한, 산화를 촉진시킬 수 있는 불순물질을 제거하여 정제된 원료를 선택하고, 적절한 제조방법과 주의가 필요하다.

(1) 가수분해형 산패(Hydrolytic Rancidity)

지방성분이 미생물의 작용을 받아 가수분해되어 생성된 지방산이 원인이 되며, 이는 일반적으로 버터와 같은 분자가 작은 지방 성분에서 일어나기 쉽다.

(2) 케톤형 산패(Ketonic Rancidity)

지방의 불포화 결합이 미생물에 의해 산화 분해되어서 생긴 알데히드(R−C−H)와 케톤(R−C−R')이 원인이 되는 경우이며, 올레인산이 많은 지방에서 일어나기 쉽다.

(3) 산화형 산패(Oxidative Rancidity)

공기 중의 산소에 의하여 지방은 자동산화(autoxidation)되어 불포화 결합이 절단되고, 그 결과로 생성된 알데히드, 케톤 및 저급 카르복실산 등이 원인이 되며, 불포화도가 높은 지방일수록 산화를 받기 쉽다. 특히 수분, 열, 빛(특히 자외선) 및 금속(Fe, Cu) 등으로 인해 더욱 산화가 촉진된다.

2. 산화방지제의 종류(Antioxidant)

산화반응의 종류로는 대기 중의 산소에 의해 라디칼 기구로 진행하는 자동산화 반응과 오존, 단일항 산소(singlet oxygen) 등에 의한 비라디칼 산화 반응으로 분류된다.

(1) 유지류에 함유되어 있는 산화방지제

① **토코페롤**(tocopherol) : α, β, γ, δ체 등으로 식물의 종자와 과실에 존재
② **세사몰**(sesamol) : 참기름에 함유
③ **고시폴**(gossypol) : 면실유에 함유(독성이 있어 화장품에 쓰이지 않음)
④ **인지질**(phospholipid) : 인지질로서 산화방지 효과와 상승작용이 있음

(2) 주요 산화방지제

① **페놀계** : B·H·T(dibutyl hydroxy touene) B·H·A(butyl hydroxy anisole)
② **퀴논계** : 하이드로퀴논(hydroquinone), 토코페롤
③ **아민계** : 솔비톨, 글리세린
④ 유기산, 알코올

⑤ 무기산, 무기염 : 인산

⑥ 황화합물

3. 산화방지제의 응용(Applied Antioxidant)

산화방지제는 단독으로 사용하는 경우보다 혼합 사용하면 높은 시너지 효과를 얻을 수 있으며, 산화방지제를 통해 화장품의 산화를 방지할 수 있어 화장품의 품질을 안정화 시킬 수 있다. 따라서 화장품의 산화를 방지하기 위해서는 적당한 산화방지제의 종류와 양을 선택하고, 불순물이 없는 품질 좋은 원료의 선택, 적절한 취급법과 제조법과 금속과 같은 산화 촉진제의 혼합을 피하기 위해 주의가 필요하다.

최근에는 산화방지제는 화장품의 산화 안정성과 함께 자외선 조사나 노화에 수반되는 피부 성분의 산화방지 측면에서 효과가 높아지고 있다.

(1) 비타민 C(Ascorbic Acid)

비타민 C는 ascorbic acid라 불리며, 신선한 과일이나 채소 등에 많고, 특히 레몬과 감귤에 많이 포함되어 있다. 비타민 C의 수용액은 공기중에 산화되기 쉽고 불안정하다. 또한, 이 물질은 인체를 구성하고 있는 세포간 결합조직을 강화하며, 유해산소(free radical)를 제거하고 항산화제와 미백제 등으로 이용된다.

(2) 비타민 E(Tocopherol)

비타민 E는 토코페롤(tocopherol)이라고도 하며, 세포막의 구성물질인 인지질과 불포화 지방산의 인접부위에서 이들의 산화를 막아준다. 유해산소(free radical) 제거 및 말초혈관을 확장하여 혈액순환을 원활하게 해주는 데 영향을 준다.

화장품에서 비타민 E는 acetate 형태로 사용되며 이는 화장품에서 비타민 E가 파괴되는 것과 예방을 해주고 체내에서는 효소에 의해 비타민 E의 재생을 가능하게 해준다. 또한, 지방이 산화되면 세포의 노화가 빨라져 비타민 E는 지방의 산화를 방지하여 세포의 노화방지 물질로 작용한다.

(3) Butyl Hydroxy Anisol(BHA)

무·백색의 결정성 분말로 열에는 매우 안정하지만 빛에 의해서는 약간의 착색을 일으키는 단점이 있다. 주로 식용유지의 산화방지에 이용되며, 보통 0.005~0.05% 정도의 농도로 사용된다. BHT나 상승제와 함께 사용하면 그 효과가 증가한다.

Chapter 9

색재

9. 색 재

화장품에 배합되는 색재는 유기합성색소(타르색소), 천연색소, 무기안료로 크게 나뉜다. 또한, 합성기술의 발전과 함께 색재는 진주광택안료와 고분자분체, 기능성 안료로 확대되어 분류된다. 유기합성색소에는 염료와 레이크(lake), 유기안료가 포함되며, 무기안료에는 체질안료, 착색안료 및 백색안료가 포함된다.

1. 유기합성색소(Organic Synthetic Coloring Agents)

1. 염료(Dye)

염료는 물이나 기름, 또는 알코올 등의 용매에 녹는 물질이다. 화장품의 기제 중 용해(녹아있는 것)된 상태로 존재하여 색을 부여할 수 있는 물질로 보통 coal tar에서 유도된다. 물에 가용성(낮은 온도에서도 잘 녹음)이면 수용성 염료(water soluble dye), 기름이나 알코올 등에 가용성이면 유용성 염료(oil soluble dye)라 한다. 분자 중에 설폰산염과 같은 친수기를 갖으면 수용성 염료이고, 친유기를 갖으면 유용성 염료이다.

(1) 아조계(Azo Dyes)

허가된 염료 대부분은 아조계 계열이다. 이 염료는 아조기(−N=N−)를 지닌 것이 특징으로, 황색 5호와 같은 설폰산나트륨염을 가진 것은 수용성 염료, 그렇지 않은 경우는 적색 505호와 같은 유용성염료이다〈그림 9−1〉. 수용성염료는 화장수나 유액, 샴푸 등의 착색에 사용되고, 유용성염료는 헤어오일, 클렌징오일 등 유성 화장품 착색에 사용된다.

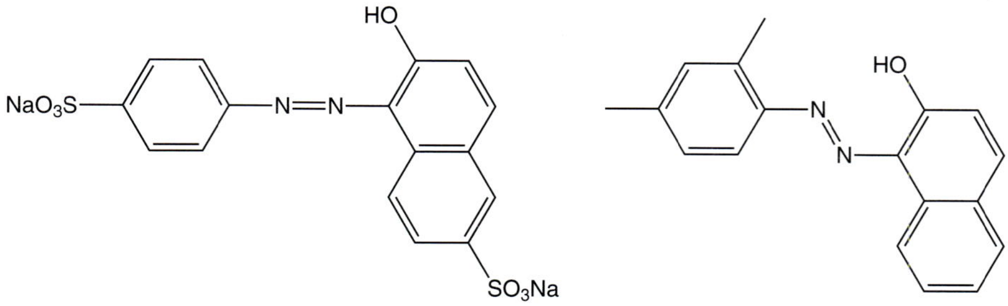

황색 5호(수용성)
Sunset Yellow FCF

적색 505호(유용성)
Oil Red XO

그림 9-1 아조계의 염료

Check-Point

발색단(發色團, Chromophore)

화합물에 색깔을 갖는 원인이 되는 원자단이다. 역사적으로는 O. N. Witt(1876년)가 색깔이 있는 유기화합물에는 $-NO_2$, $-N{=}N-$, $\rangle C{=}O$(퀴논) 등의 불포화 결합이 있는 원자단이 함유되는 것을 경험적으로 지적하고 발색단이라 명명하였다. 현대 이론에서는 발색 원인은 가시부에 흡수대가 있다는 것이며, 유기색소에서는 폴리엔과 벤젠고리 등도 공역 π전자계를 구성함으로써 발색단이 되는 것으로 알려져 있다. 전이금속 착물에서는 배위자장 흡수대가 발색의 원인인 경우가 많으므로 중심 금속과 배위 원자로 구성되는 중심부분의 구조를 발색단이라 부르는 경우가 많다.

(2) 크산텐계 (Xanthene Dyes)

크산텐계 염료는 산형과 염기형으로 분류된다. 산형은 산-알칼리에 의해 변화되는 이성질체로 퀴노이드형(적색 230호)과 락톤형(적색 223호)이 존재한다〈그림 9-2〉. 퀴노이드형은 물에 용해해서 선명한 색을 나타내지만 대부분 레이크화하여 사용한다. 락톤형은 유용성이라 피부에 물드는 성질이 있어서 주로 립스틱 같은 입술화장품의 염료로 사용된다.

염기형 염료로는 적색 213호가 있으며, 이는 높은 채도와 우수한 착색력 및 내광성을 나타내는 특징을 가지고 있어서 화장수나 샴푸 등에 사용된다.

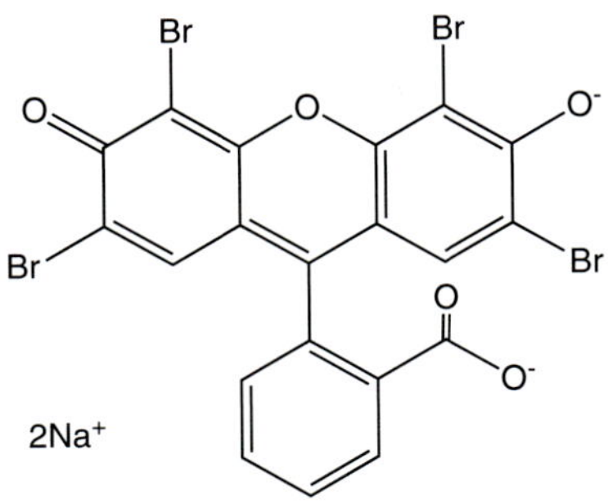

산형–퀴노이드형[적색 230호의(2)]
Eosine YSK

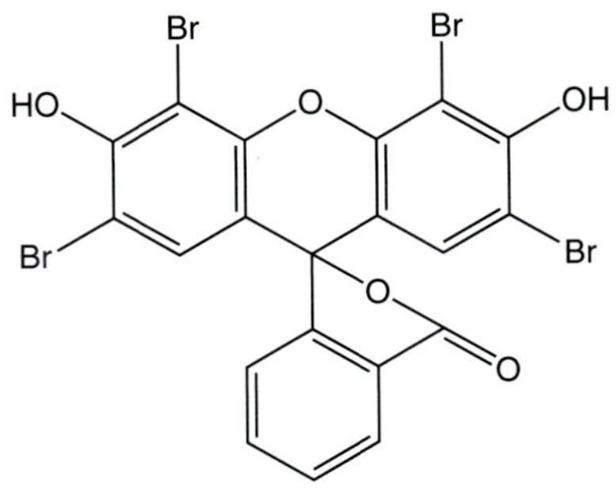

산형–락톤형(적색 223호)
Tetrabromofluorescein

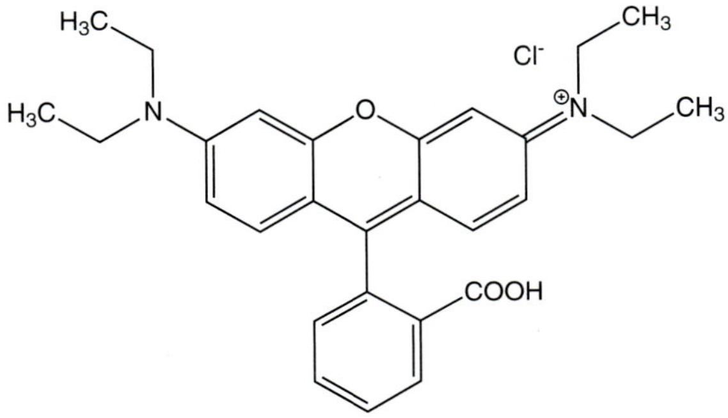

염기형(적색 213호) Rhodamine B

그림 9–2 크산텐계의 산형과 염기형 염료

(3) 퀴놀린계(Quinoline Dyes)

퀴놀린계 염료에 속하는 허가된 색소 중에는 수용성 설폰산나트륨염인 황색 203호와 유용성 황색 204호 뿐이다〈그림 9–3〉.

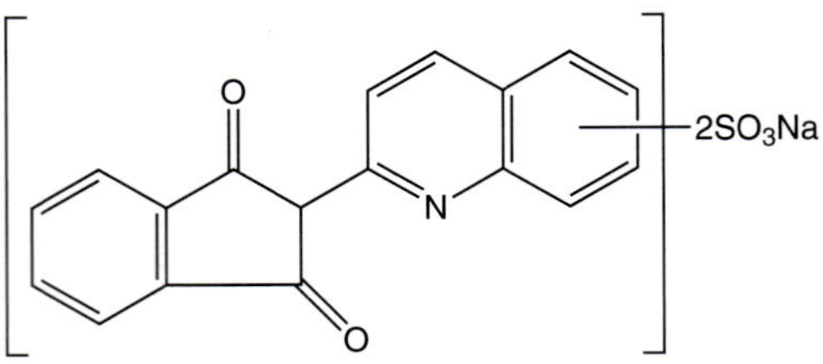

황색 203호(수용성)
Quinoline Yellow WS

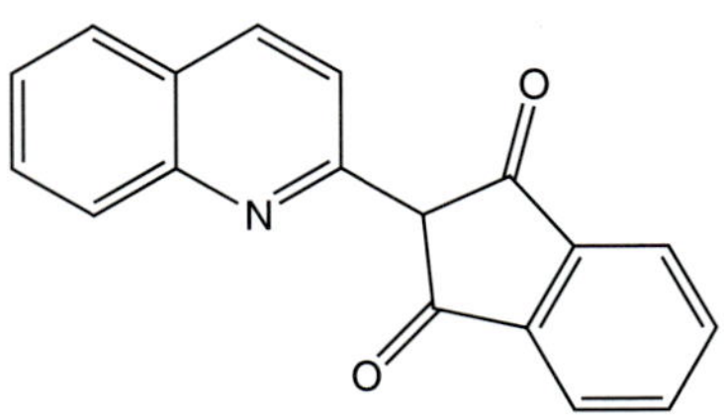

황색 204호(유용성)
Quinoline Yellow SS

그림 9–3 퀴놀린계의 염료

(4) 트리페닐메탄계 염료(Triphenylmethane Dyes)

트리페닐메탄계 염료는 수용성으로 대부분 2개 이상의 설폰산나트륨염을 가지며 수용성이 우수하다. 색상은 녹·청·자색을 나타내는 것이 많고, 화장수와 샴푸 등의 착색에 사용한다.

하지만 내광성은 떨어진다는 단점이 있어 충분한 안정성을 확인해야 한다.

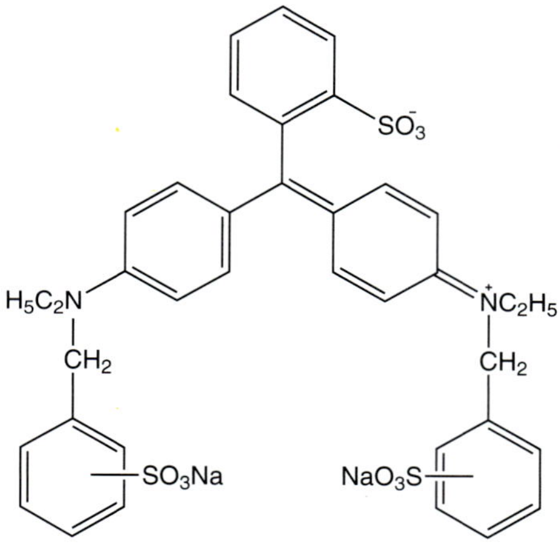

청색 1호(수용성)
Brilliant Blue FCF

그림 9-4 트리페닐메탄계의 염료

(5) 안트라퀴논계 염료(Anthraquinone Dyes)

안트라퀴논계 염료는 내광성이 우수하고 수용성과 유용성 염료로 나뉜다. 수용성 염료로 설폰산나트륨은 안트라퀴논을 모핵으로 한 화합물에 도입한 녹색 201호가 있고 화장수와 샴푸에 주로 사용된다.

유용성 염료로 설폰산나트륨이 없는 녹색 202호와 자색 201호는 두발제품 등에 이용된다〈그림 9-5〉.

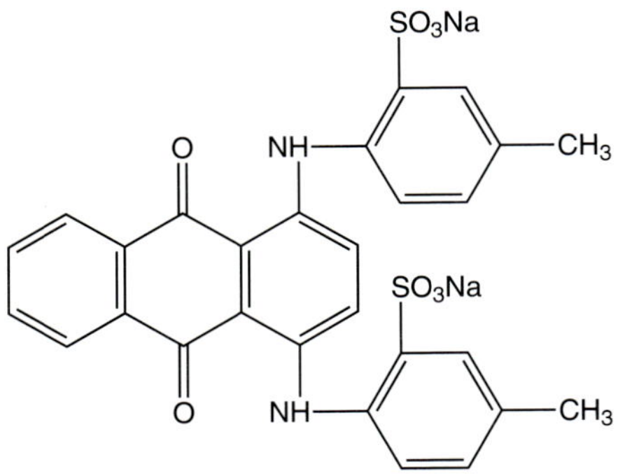

녹색 201호(Alizarine Cyanine Green F)

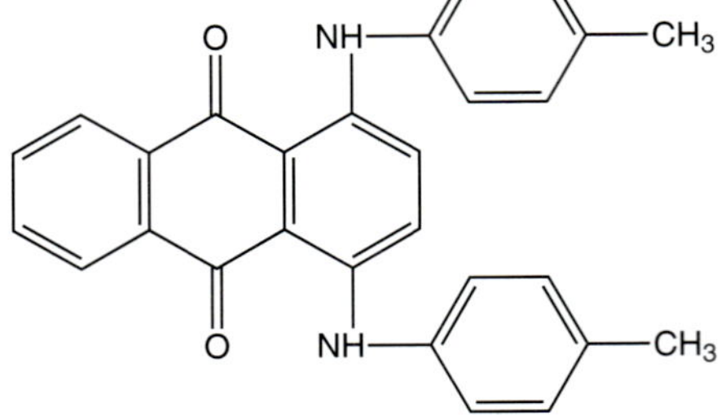

녹색 202호(Quinizarine Green SS)

그림 9-5 안트라퀴논계의 염료

(6) 기타 염료

기타 염료에는 Nitro계(황색 403호), Indigo계(청색 2호), Pyrene계(녹색 204호)와 nitroso계(녹색 401호) 등이 있다〈그림 9-6〉.

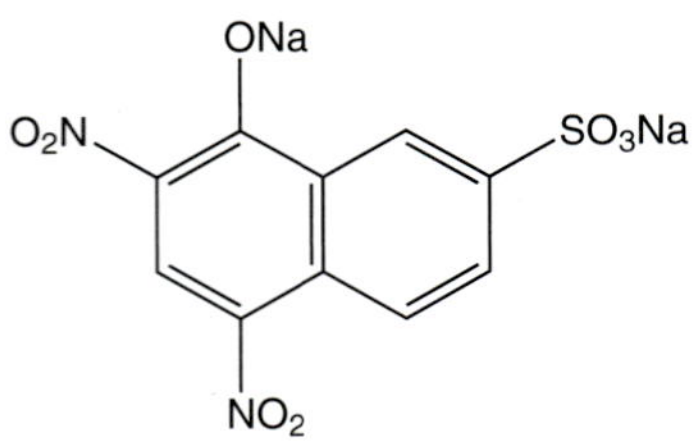

황색 403호(Naphthol Yellow S)

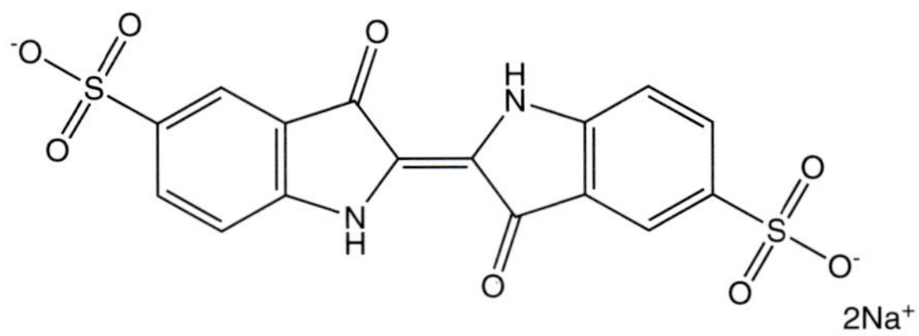

청색 2호(Indigo Carmine)

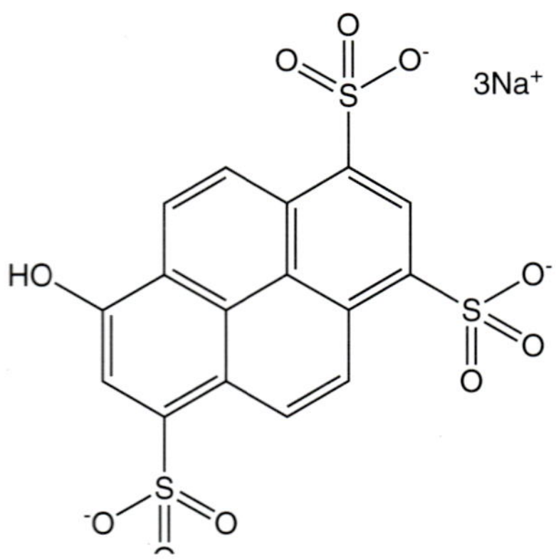

녹색 204호(Pyranine Conc)

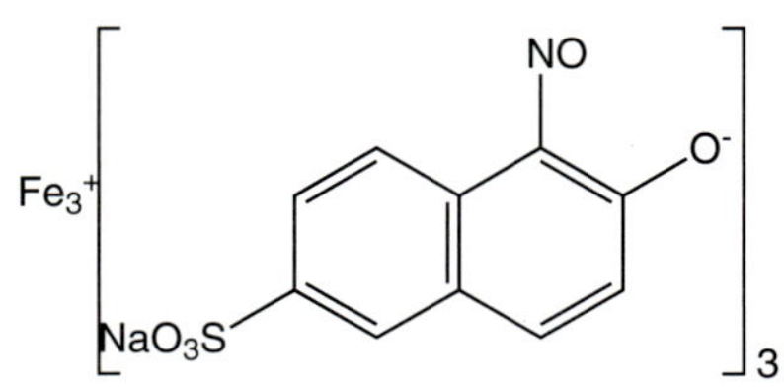

녹색 401호(Naphthol Green B)

그림 9-6 기타 계열의 염료

2. 레이크(Lake)

레이크는 물에 잘 녹지 않는 염료를 알루미늄(Al), 칼슘(Ca), 마그네슘(Mg) 및 칼륨(K) 등의 염을 이용하여 물에 불용화시킨 것이다. 레이크와 안료는 구별 없이 안료라고 총칭하기도 한다. 하지만 일반적으로 레이크는 안료에 비해 산이나 알칼리에 약해서 중성에서도 물에 약간씩 용출되어 성분이 분리되기 때문에 충분히 안정성 시험을 해야 한다.

레이크에는 2가지 종류가 있는데, 하나는 적색 201호와 같이 물에 용해되기 쉬운 염료를 칼슘 등과 같은 염을 물에 불용화 시킨것으로 레이크 안료라 부른다〈그림 9-7〉. 그 밖에도 적색 204호, 206호, 207호 및 208호 등이 있다〈그림 9-8〉.

다른 하나는 황색 5호와 적색 230호처럼 물에 쉽게 녹는 염료를 황산알루미늄 또는 황산지르코늄 등을 이용하여 물에 불용성으로 만든 후 알루미나에 흡착시킨 것으로 염료 레이크라 한다. 하지만, 레이크 안료와 염료 레이크 사용에 뚜렷한 구별은 없다.

색상의 화려함은 유기안료와 무기안료의 중간 정도이며, 립스틱이나 볼연지, 아이섀도우, 네일에나멜 등에 안료와 함께 다양하게 사용된다. 레이크가 없다면 지금과 같은 화려하고 아름다운 수많은 화장품의 색깔을 만들기 어려울 것이다.

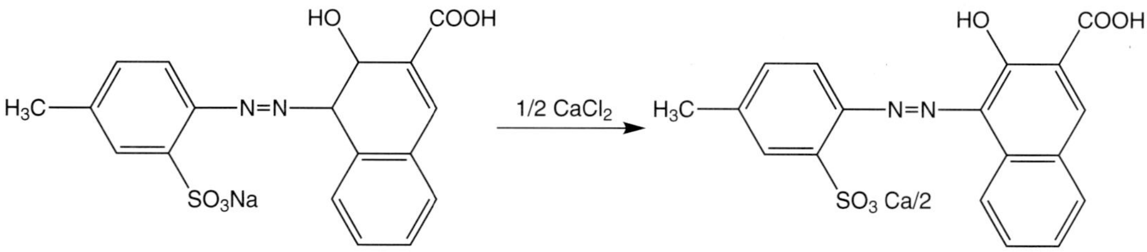

적색 201호
Lithol Rubine B

적색 202호
Lithol Rubine BCA

그림 9-7 레이크를 불용화시키는 과정

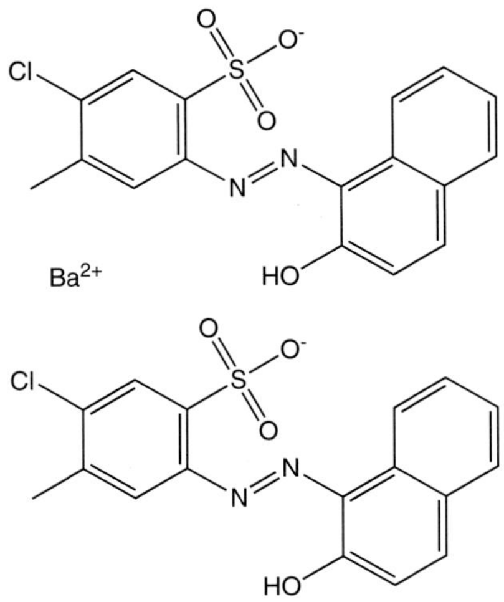

적색 204호(CI 15585:1)

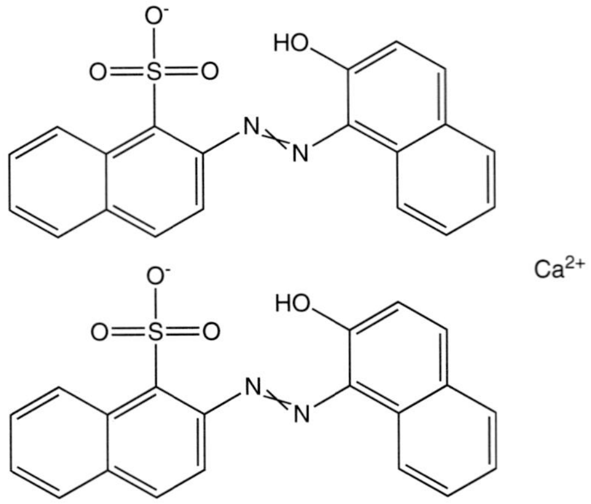

적색 206호(Lithol Red CA)

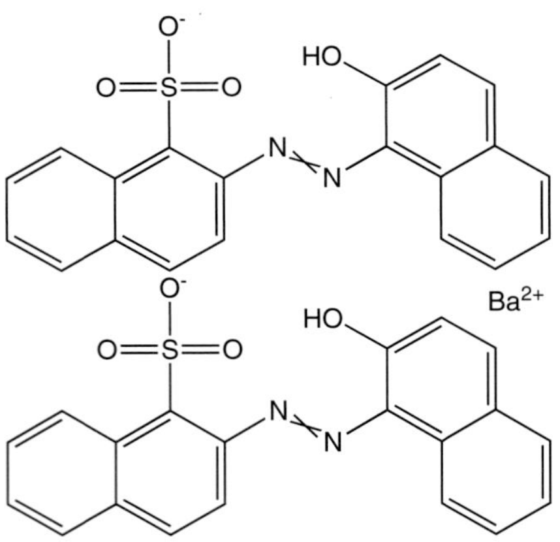

적색 207호(Lithol Red BA)

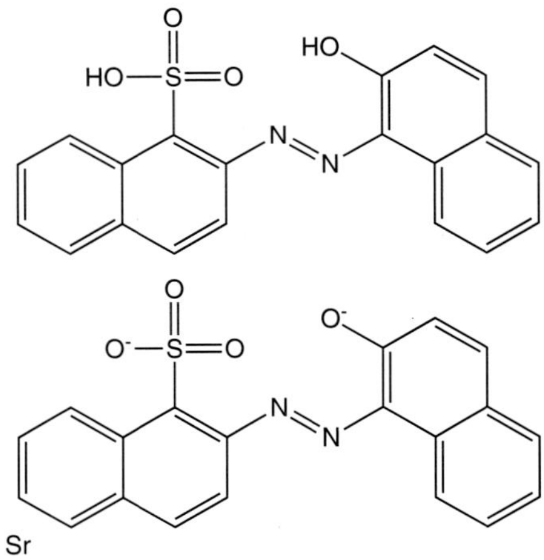

적색 208호(Lithol Red SR)

그림 9-8 레이크 안료의 종류

3. 유기안료(Organic Pigment)

유기안료는 구조 안에 가용성기 없이, 물이나 기름 등의 용제에 녹지 않는 유색 분말이다. 일반적으로 유기안료는 레이크에 비해 착색력이나 내광력이 뛰어나서 립제품, 블러셔, 아이섀도우 등의 메이크업제품에 널리 사용되고 있다. 하지만 유기안료는 색상이 화려한 반면, 빛, 산 또는 알칼리에 약한 것이 단점이다.

유기안료는 주로 석유에서 합성한 것을 이용하며, 인위적으로 합성할 수 있어서 대량생산이 가능하다. 또한, 제조 시 여러 번의 정제과정을 통해 순도 높은 색재를 완성할 수 있어서 선명한 색상 제조가 가능하다.

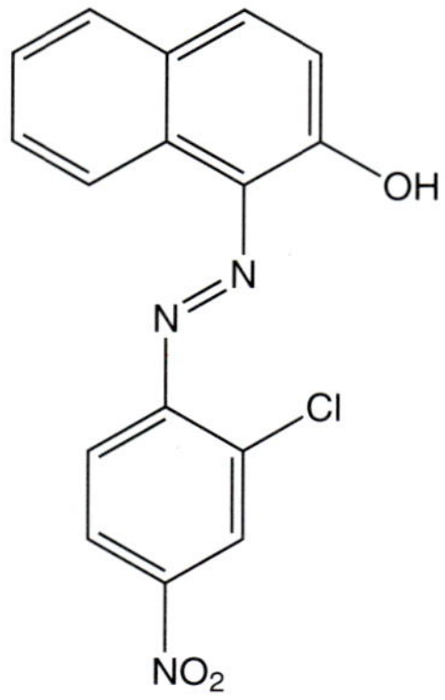

적색 228호(Permaton Red)

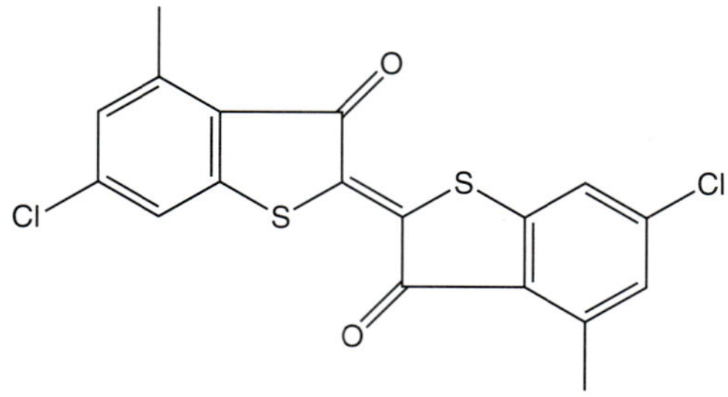

적색 226호(Helindone Pink CN)

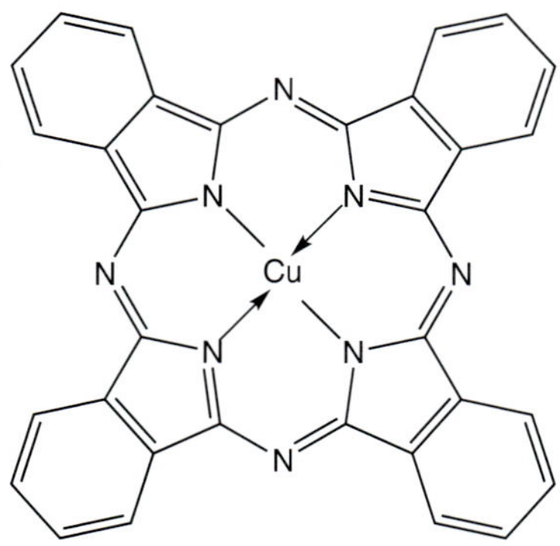

청색 404호(Phthalocyanine Blue BN)

그림 9-9 유기안료

2. 무기안료(Inorganic Pigments)

무기안료는 광물성 안료라고 부르며, 천연에서 생산되는 광물로부터 얻는다. 예로부터 적토, 황토, 녹토나 천연의 유리 등을 파쇄하여 안료로 사용해 왔다. 하지만 불순물이 다소 함유되어 색상이 화려하지 않고, 품질도 안정하지 못하여 현재는 합성을 통한 무기 화합물이 주류를 이루고 있다.

무기안료는 내광성과 내열성이 우수하고, 유기용매에 용해되지 않는 등의 장점이 있지만, 유기안료보다 선명도가 떨어진다.

화장품 배합 시 이 안료들을 조합하여 유성원료, 수성원료, 계면활성제, 향료 및 약제 등에 첨가·분산시킨다. 무기안료는 사용의 특성에 따라 크게 백색안료, 착색안료, 체질안료, 진주광택안료 및 특수기능성안료 등으로 구분된다.

표 9-1 무기안료의 사용 특성에 따른 분류

구 분	안 료
백색안료	산화아연, 이산화티탄
착색안료	벤가라, 산화철(황색·적색·흑색), 산화크롬, 군청, 감청, 카본블랙
체질안료	탈크, 카올린, 마이카, 무수규산, 탄산칼슘, 탄산마그네슘, 산화알루미늄, 황산바륨
진주광택안료	운모티탄, 옥시염화비스머스
특수기능성안료	질화붕소, 합성불소금운모, 철함유 합성불소금운모, 포토크로믹안료, 미립자 복합분체

1. 백색안료

백색안료에는 산화아연(ZnO)과 이산화티탄(TiO_2)이 주를 이루며 가장 많이 사용된다. 그 밖에 리토폰(lithopone, ZnS와 $BaSO_4$의 혼합물), 황화아연(ZnS), 산화안티몬(Sb_2O_3), 연납($2PbCO_3Pb(OH)_2$) 등이 있다.

(1) 이산화티탄(TiO_2)

가장 많이 사용되는 안료이며 굴절률이 높다. 또한, 입자경이 작아 백색도, 은폐력, 착색력 등 화학적 성질이 우수하다. 빛과 열에도 강하고, 약품에도 강한 내성을 나타내어 백색안료로 최고의 원료이다.

주로 사용되는 이산화티탄은 결정구조에 따라 루타일(rutile)형, 아나타제(anatase)형, 초미립자상으로 구분된다. 루타일 형은 순도는 94% 정도로 떨어지지만, 표면을 Al_2O_3, Sb_2O_3, ZnO 등으로 처리하면 분산성이 좋고, 광택과 내후성이 매우 양호하다는 장점이 있어서 화장품에서는 루타일형을 많이 사용한다. 아나타제형은 백아화(chalking)가 아주 심하지만 백색도는 우수하다.

그리고 초미립자상 이산화티탄은 고밀도가 작아서 분산성이 우수하고, 안료용 이산화티탄과는 다른 성질을 보인다. 1차입자의 가시광선이 파장의 1/10로 작아서 착색력과 은폐력은 적지만, 색상의 변화가 거의 없어서 제품의 특성을 개선하는 것이 가능하다.

따라서, 초미립자상의 이산화티탄을 배합하는 경우, 투명성이 좋아 자외선 차단용 선크림으로도 사용하기 매우 용이하다. 이러한 특성으로 인해 이산화티탄은 화장품에서는 중요한 원료중의 하나이다.

Check-Point

백아화(Chalking)
도막(塗膜)이 노화하여 표면이 분말상으로 벗겨지는 현상

(2) 산화아연(ZnO)

산화아연은 육방정계 결정에 속하며 침상 모양의 입자가 대부분이다. 독성은 없고 물과 알코올에 용해되지는 않지만 산과 알칼리, 암모니아수 등에는 용해된다.

가열하면 황색을 띄고, 냉각시키면 원래의 상태로 돌아오지만, 황화수소(H_2S)에 의해 황화아연(ZnS)으로 변하면 다시 색상이 변하지는 않는다.

산화아연은 자외선 방어효과가 있고, 입자경은 500nm 전후이다. 은폐력은 작지만 내광성, 내열성, 내후성이 우수하여 대부분 모든 안료와 함께 병용하여 사용하는 것이 가능하다.

2. 착색안료

착색안료 중 산화철안료(황산화철, 흑산화철, 벤가라)는 색조가 다른 철 화합물로 황·적·흑색의 착색안료이며, 군청은 청색안료에 속한다. 그 밖에도 감청, 산화크롬, 카본블랙 등이 있으며, 백색안료와 함께 커버력을 높이기도 한다.

(1) 산화철(Iron Oxide)

산화철은 천연자원으로부터 분쇄하거나 소성시켜 사용했지만 불순물이 많고,

색소 안정성에도 문제가 있어서 현재는 황산철이나 염화철을 원료로 습식 합성법을 이용하여 제조한다. 반응조건에 따라 황색, 적색, 흑색의 3종류로 제조할 수 있고, 입자의 크기도 조절할 수 있어서 입자경을 다르게 하여 만들 수 있다.

① 벤가라(Red Iron Oxide)

벤가라는 인도의 벤갈 지방에서 생산되어 붙여진 이름으로, 삼이산화철(Fe_2O_3)의 적철광(hematite)을 말한다.

② 황산화철(Yellow Iron Oxide)

황산화철은 황색의 색상을 띠며, 옥시산화철(FeO(OH)의 침철광(goethite)으로 내열성이나 내약품성, 내광성이 우수하다.

③ 흑산화철(Black Iron Oxide)

흑색을 띠는 사삼산화철(Fe_3O_4)의 자철광(magnetite)이다.

(2) 군청(Ultramarine)

군청은 선명한 색상의 청색안료로, 예전에는 천연의 생성되는 유리석(lapis lazuli)을 분쇄하여 정제하였다. 군청의 조성은 SiO_2(7~43%), Na_2O(19~25%), Al_2O_3(21~25%), S(10~13%), Na_2SO_4(0.5~1.5%) 등으로 이루어져 있으며, 분자구조는 아직 밝혀져 있지는 않다. 다만, 발색은 구조 안에서 산화수가 다른 몇 종의 황과 공존하여 그 사이의 공명에 의한 것으로 추측하고 있다.

군청은 선명한 청색으로 내광성과 내열성은 강하지만, 착색력이 다소 낮고 300℃ 이상의 온도에서는 퇴색되는 단점이 있다. 알칼리성에 강하며, pH 5 이하의 산성에서는 황화수소를 발생시키면서 퇴색하는 성질이 있어서 제조 시 유의해야 한다.

3. 체질안료

체질안료는 희석제로 색조를 조정하고, 신장성과 부착성 등 제품의 사용 감촉이나 광택을 조정하는 역할을 한다. 또한, 화장품의 제형을 유지하기 위해서도 사용된다.

체질안료 중 대표적인 탈크(talk)와 카올린(kaolin), 마이카(mica)는 점토광물로써 입자의 크기와 형태, 두께 등을 고려하여 제품 제조에 사용된다. 점토광물은 층상구조를 하고 있으며, 대부분이 규소와 알루미늄을 주체로 한 마그네슘과 철, 알칼리금속(Li, Na, K) 등을 함유한 수산화규산염 광물이다.

① 탈크(활석, Talc)

탈크는 수산화규산마그네슘($Mg_3Si_4O_{10}(OH)_2$)으로 분자량은 379.4이다. 매끄러운 감촉이 풍부하여 활석(滑石)이라고도 하며, 이 특징을 이용하여 신장성이나 윤활성을 좋게 만드는 데 사용된다. 질이 좋은 것은 백색이고, 불순물이 많은 것은 회색 또는 담록색을 보인다.

② 카올린(고령토, Kaolin)

카올린은 고대 중국에서 자기(磁器)의 원료로 이용되었고, 순도 높은 백색 점토를 채굴해온 고령(高嶺, kauling)에서 유래하여 고령토라고도 한다.

카올린은 수산화규산알루미늄($Al_2Si_2O_5(OH)_4$)으로 조성되어 분자량은 258.2이며, 결정도가 높은 것은 규칙성의 육각판상을 나타내고, 결정도가 낮은 것은 미세한 부정판상을 보인다. 또한, 카올린은 판상 입자의 두께가 얇아서 피부에 부착력이 좋으며, 흡수성과 흡유성의 성질이 있어 화장품의 원료로 많이 사용하고 있다.

③ 마이카(운모, Mica)

백운모가 대표적이며, 돌비늘이라고도 한다. 화학식은 $KAl_2(AlSi_3)O_{10}(OH)_2$로 분자량은 398.4이다.

백운모는 내화성이 강하고 전기의 부도체라서 전기의 절연물 및 내화재 등으로 사용된다. 분말은 은백색으로 광택이 있으며, 운모는 담황색이나 녹색의 육각판상을 이루는 박편상 입자로 탄성이 풍부하여 사용성이 좋고, 피부에 대한 부착성도 뛰어나다. 이런 탄성으로 인해 덩어리(cake)를 만들지 않아서 고형 백분에 중요한 안료로 사용된다.

4. 진주광택안료(Pearlescent Pigment)

진주광택안료는 17세기 말에 프랑스에서 담수어의 비늘에서 채취된 구아닌의 결정을 젤라틴 용액에 분산시킨 후 속이 빈 유리구에 주입시켜 모조 진주를 만든 것을 시초로, 현재는 청어의 비늘을 정제해서 구아닌의 결정을 페이스트 상태로 가공하여 사용하고 있다.

진주광택안료는 피착색물에 진주광택이나 홍채색, 메탈릭감을 부여하여 질감을 변화시키기 위해 사용되는 특수한 광학적 효과의 안료이다.

1656년 개발된 천연 펄 에센스는 매우 고가였기 때문에 염화제일수은, 염기성 탄산납, 인산수소납, 비소산수소납 등을 이용하여 천연의 펄 에센스와 유사한 합성진주광택이 개발되었다. 그러나 초기 합성진주광택은 수은과 납의 화합물로 제한을 받았고, 그 후 옥시염화비스머스가 개발되었지만 안정성이 나빠서 사용하기에 부적합했다.

1965년 프랑스 듀퐁사에서 획기적으로 이산화티탄 피복운모(운모티탄)를 개발하였고, 현재 이 원료는 대부분의 진주광택안료로 사용되고 있다. 이산화티탄 피복운모는 박편상 입자가 피착색물 중에서 규칙적이고 평행하게 배열되어 빛을 반사시키고 반사광이 간섭을 일으키도록 하여 진주광택을 부여한다.

인공적으로는 염기성 탄산연계의 진주광택이 개발되어 화장품 등에 많이 사용되었다. 내광성, 내열성 및 내약품성이 좋아지고 안전성도 높아져 용도가 넓어졌다. 또한, 내후성이 좋은 운모티탄이 개발되면서 자동차 등에 메탈릭감을 부여하는 안료가 개발되기도 하였다.

표 9-2 파장과 막의 두께에 따른 간섭색과 보색

가시광선 파장(nm)	400~450	450~500	500~570	570~610	610~760
막의 두께(nm)	210	265	285	330	385
간섭색	황색	등황색	적색/적자색	청색	녹색
보 색	자색	청색	녹색	등황색	적색

3. 천연색소(Natural Coloring Matter)

동물, 식물, 미생물 등 자연으로부터 유래된 색소를 천연색소라 한다. 천연색소는 합성색소보다 착색력, 내광성 및 내약품성이 떨어지는 단점과 자연에서 얻는 재료이기 때문에 한정적이고 높은 가격뿐만 아니라 원료공급 역시 일정하지 않다. 따라서 상업적으로 사용하기에 어려움이 많았으나 요즘에는 안전성과 약리 효과적인 측면에서 다시 검토되고 있다.

당근, 토마토, 홍송어, 새우, 게 등에 주로 존재하는 황-등적색은 카로티노이드(carotinoid)계 색소에 속하며, 하이비스커스(hibiscus) 색소, 포도껍질에 존재하는 황-적자색은 플라보노이드(flavonoid)계에 속한다. 연지벌레로부터 추출한 코기닐 등은 퀴논(quinone)계에 속한다.

표 9-3 천연색소의 화학구조적 분류

구분	미세구분	색소명	색깔	존재 장소
카로티노이드계		β-카로틴	황~등	당근 또는 합성
		β-아포-8-카로티날	황~등	오렌지 또는 합성
		카프산틴	등~적	파프리카
		리로핀	등~적	토마토
		비키신	황~등	잇꽃나무
		크로신	황	치자
		칸다키산틴	적	버섯
플라보노이드계	안토시아니딘	시소닌	자적	시소
		라마닌	적	순무
		니노시아닌	자적	포도
	카르곤	카르사민	적	잇꽃
		사프롤옐로우	황	
	플라보놀	루틴	황	메밀
		구엘세틴	황	흑 떡깔나무 껍질
	플라본	카카오색소	갈색	카카오콩

구분	미세구분	색소명	색깔	존재 장소
플라빈계		리보플라빈	황	효모 또는 합성
퀴논계	안드라퀴논	락카인산	등~적자	락크 폐각충
		카르민산(코치닐)	청적	연지벌레(사보텐)
		케르메스산	등~적자	연지벌레 (케르메스, 졸참나무)
		아리자린	등	서양꼭두서니
	나프토퀴논	시코린	자	자근
		아르카닌	암적색	자근과 식물의 뿌리 (아르칸나)
		니키노크롬	황	성계
포르피린계		크로로필	녹	녹색식물
		혈색소	암적~갈색	혈액
디케톤계		크르크민(다메릭)	황	우콘
베타시아니딘계		베타닌	적	비이트

(1) 베타-카로틴(β-Carotene)

베타-카로틴(β-carotene)은 당근에서 처음으로 추출됨으로써 동식물 중에 널리 존재하는 것으로 확인된 황색색소이며 식물체로부터의 추출법, 발효법, 베타-이온으로부터의 합성법 등이 있다. 구조상 시스, 트랜스의 이성체가 존재하지만, 천연의 것은 트랜스형이다.

산성측에서는 산화분해를 받기 쉬우며 금속이온의 영향을 받기 쉽다. 유액, 크림 등의 착색이나 식품에서는 버터, 마아가린 등의 착색에 이용된다.

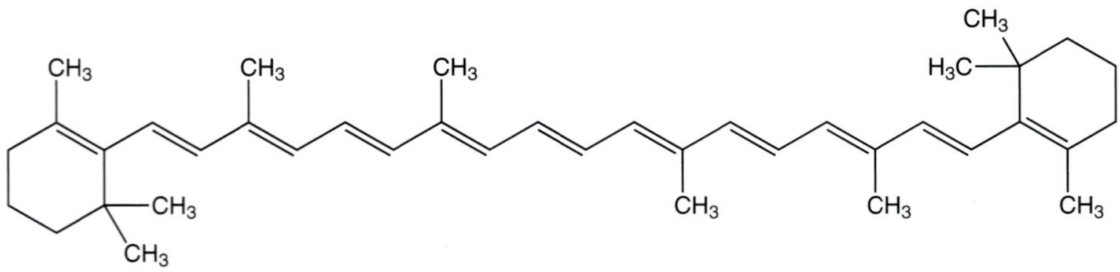

그림 9-10 베타-카로틴

(2) 카르사민(Carthamin)

카르사민(carthamin)은 홍화(*Carthamus tinctrius* L.)의 꽃잎에서 추출된 색소로 홍화는 국화과의 1년생 풀이며 인도, 중국, 일본 등이 유명하다. 동양홍으로서 옛날부터 연지류에 이용되어 왔다. 색소는 심홍색으로 립스틱과 볼연지에 이용된다. 색소는 진한 홍색으로 립스틱과 볼연지 화장품에 사용된다.

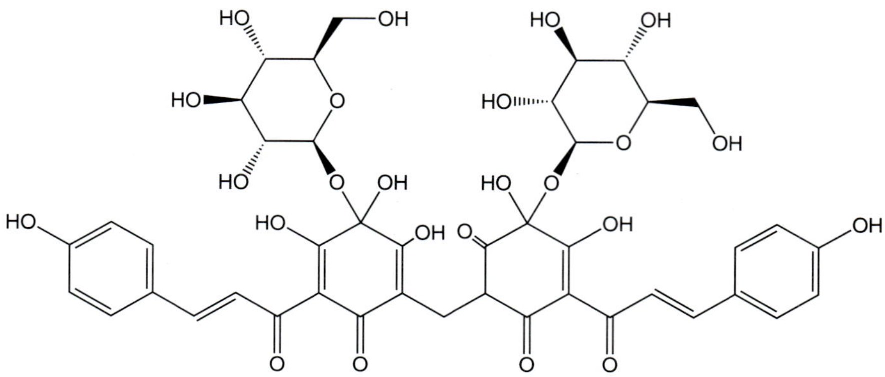

그림 9-11 카르사민

(3) 코치닐(Cochineal)

코치닐(cochineal)은 선인장에 기생하는 연지벌레(*Coccus cacti* L.)의 수컷 및 그것에서 추출하는 적색계의 염료를 말한다. 색조는 pH 5 이하에서 적등색, pH 5~6에서 적-적자색, pH 7 이상에서 적자-자색으로 pH에 의해 가역적으로 변화한다. 적색계통의 펄 안료나 립스틱 등에 이용되고 있다.

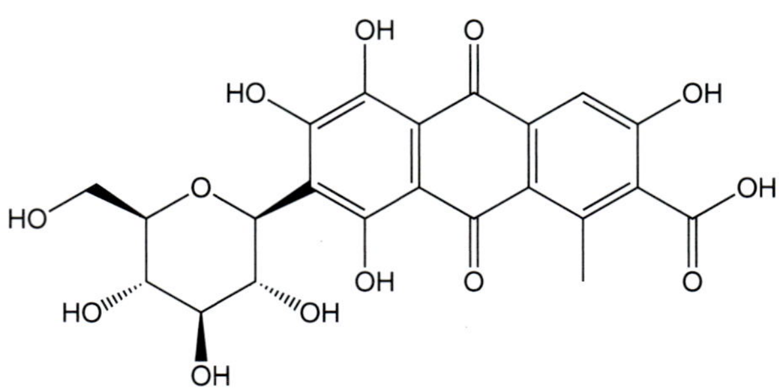

그림 9-12 코치닐

Check-Point

가역 변화(Reversible Change)

물체의 상태가 변화함에 있어서 외부에 아무런 변화도 남기지 않고 처음의 상태로 되돌아가는 변화를 말한다. 일반적으로 자연계에서 물질의 변화는 엔트로피가 증가하는 방향으로 진행된다. 즉 비가역 변화이다. 하지만 가역 변화는 변화하는 과정 중 마찰이나 저항과 같은 열 현상 등의 변화가 포함되지 않는 순역학적 변화이다.

4. 고분자 분체(Polyer Fractionation)

(1) 폴리에틸렌 파우더(Polyethylene Powder)

에틸렌의 중합에 의해 얻어지며, 제조 방법에 따라 저밀도와 중밀도, 고밀도의 것으로 나뉠 수 있다. 이들은 융점과 비중 등의 성질이 각각 다르다. 저밀도의 것은 유동파라핀에 용해하여 주로 증점제로 사용하고, 중·고밀도의 것은 미립자로서 메이크업 제품에 주로 이용되며, 스크럽제로도 사용된다. 구조식은 $(-CH_2-CH_2)n$이다.

(2) 폴리메틸메타아크릴레이트(Polymethylmethacrylate)

메타크릴산메틸의 중합체로서 구상의 것은 유화중합에 의해 얻으며, 입자의 크기는 메이크업 제품용으로 10μm 이하의 것이 이용된다. 구조는 〈그림 9-13〉과 같다.

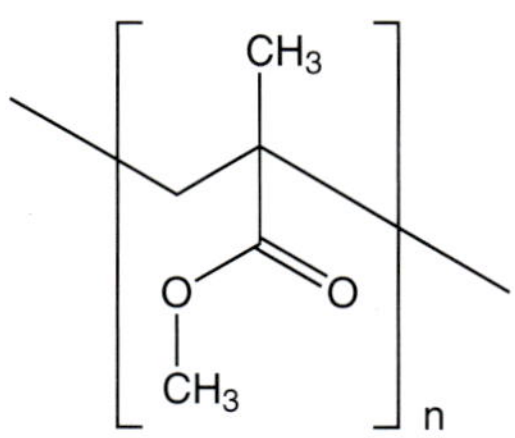

그림 9-13 폴리메틸메타아크릴레이트

(3) 폴리에틸렌테리프탈레이트 폴리메칠케타크릴레이트 라미네이트 파우더(Polyethyleneterephtalate Polymethylmethacrylate Laminated Powder)

폴리에틸렌테레프탈레이트(polyethyleneterephtalate)로 된 박막과 폴리메칠메타크릴레이트(polymethylmethacrylate)로 된 박막을 서로 중합·적층 압착하여 만든 필름을 미세하게 절단한 것이다. 투명한 홍색의 박편으로 주로 메이크업 제품과 비누제품 등에 이용되고 있다. 내용제성이 좋지 않아 용제를 사용하는 계에는 사용할 수가 없다.

(4) 나일론 파우더(Nylon Powder)

나일론 12의 원료인 ω−라우로락탐을 불활성 촉매에서 급속 **개환중합**(고리 화합물이 시약이나 열, 그 밖의 반응 조건으로 인하여 결합이 끊어져서 사슬 화합물이 되는 반응)시켜 직접 구상의 나일론 12 파우더를 얻는다. 이것의 입도 분포는 2~12μm이고, 평균 입자경은 5μm이다. 내열성과 내용제성이 우수하고 분쇄 과정에서의 충격에도 변형되지 않는다. 메이크업제품 파운데이션 종류에 배합하여 제품의 퍼짐성을 좋게 한다.

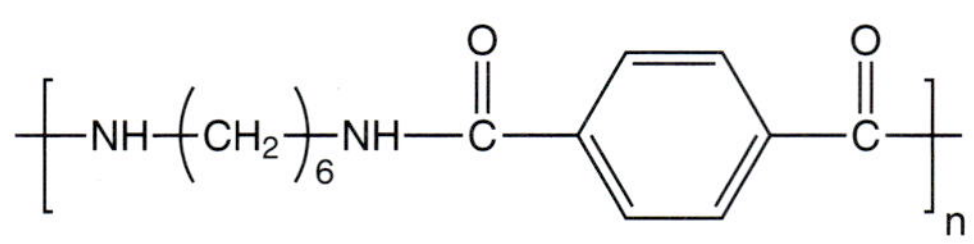

그림 9−14 나일론 파우더

5. 기능성 안료(Functional Pigments)

메이크업화장품의 품질 개선을 위해 기능성 안료의 개발이 활발히 연구되고 있으며, 그 중 일부의 특성과 기능은 다음과 같다.

(1) 합성 불소 금운모(Synthetic Mica)

합성 마이카의 제조는 무수규산, 산화알루미늄, 산화마그네슘 및 불화규소칼륨을 혼합하여 1,400~1,600℃로 융용 한 후, 1,200~1,400℃에서 결정화하여 열을 제거하고 분쇄한 다음 여러 가지 급수로 나누고 물로 정제한 후, 여과·건조·분해·파쇄(分解·破碎)하여 제조한다.

합성 마이카는 제조 조건에 따라 그것 물성이 약간씩 다르지만, 특히 여러 급으로 분쇄하는 공정이 중요하다. 따라서 이들의 공정을 관리하는 정도에 따라서 윤활성, 광택, 백색, 감촉 및 투명감 등에서 특징이 있는 화장품 원료 특히, 분말 제품의 합성 체질 안료로서 우수한 특성이 얻어진다.

(2) 질화붕소(Boron Nitride)

육방정 질화붕소(hexagonal boron nitride)는 붕산과 요소(urea)를 혼합하여 암모니아 기류 중에 반응시켜 생성된 미분체를 고온(1,600~1,900℃)에서 소성시켜 제조한다.

1,800℃ 이상의 고온에서 소성한 것은 화장품 원료로 사용되고 있는 안료보다 윤활성이 우수하며, 은폐력은 탈크나 마이카의 3~4배로 이산화티탄의 약 1/3 정도이다. 또한, 고온에서도 화학적으로 안정하여 고체윤활제나 소결체(燒結體)로서 정밀 세라믹 재료로 이용되고 있다.

육방정 질화붕소는 결정구조와 물성이 흑연과 유사하여 하얀 흑연이라 부르기도 하며, 윤활성과 은폐성을 겸비한 최고의 화장품 안료이다.

Check-Point

소성(Plasticity)

소성이란 물체에 외력을 가해도 변형하지 않고, 탄성 한계 이상으로 변형시켰을 때 외력을 제거하여도 원래대로 돌아가지 않는 성질을 말한다. 이 성질은 탄성, 점성과 같이 물질의 기본적인 변형 양식이다.

(3) 포토크로믹 안료(Photochromic Pigment)

실내에서 얼굴에 알맞게 화장한 얼굴은 실외에서 햇빛에 의해 얼굴 전체가 하얗게 떠보이는 현상이 나타나는데 이를 **백탁현상**이라 한다. 이러한 현상을 제어하기 위해 이산화티탄에 소량의 금속산화물을 첨가하여 빛이 비침에 따라 색이 가역적으로 변화되고, 빛의 강도에 따라 명도가 대응되는 이산화티탄계 안료인 포토크로믹 안료가 개발되어 백탁 느낌 없는 메이크업 화장품 제조가 가능하게 되었다.

(4) 혼성 미립자 분체(Inorganic Pigment Coated Spherical Organic Powder, Hybrid Fine Powder)

구상분체를 피부에 도포하면 매우 윤활성이 좋다. 이산화티탄과 같은 입상의 미립자 분체(입자경 약 300nm)를 피부에 도포하면 은폐력은 높으나 윤활성이 부족하여서 이 두 가지 장점을 복합한 것이 혼성 미립자 분체이다.

혼성 미립자 분체는 핵으로 된 분체의 표면에 외벽으로 되는 분체를 물리적인 압착이나 마찰 정전기에 의해 부착시킨 것이다. 이것은 윤활성과 은폐력이 높은 장점으로 최근에는 화장품에 응용하는 예가 증가하며, 신소재 물질로 주목받고 있다.

Chapter 10
보존제

10. 보존제

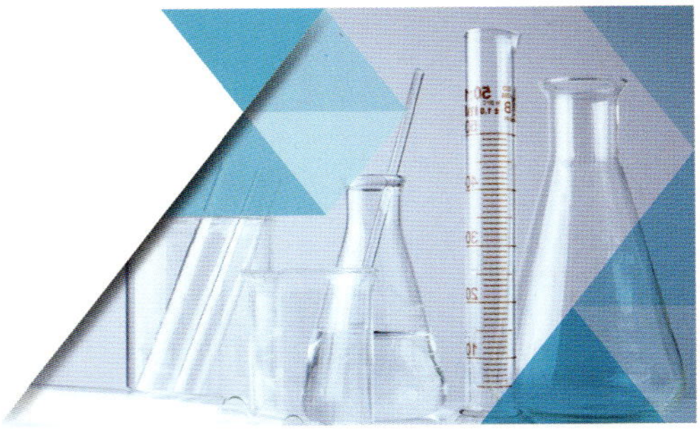

1. 보존제의 정의(Definition of Preservative)

화장품은 미생물에 의해 변질되기 쉽다. 제품을 제조할 때 미생물에 오염되는 경우보다는 제품을 사용할 때 공기에 노출되면서, 또는 손에 있던 균이 제품에 닿으면서 오염이 되는 등 다양한 방식으로 미생물에 노출되게 된다. 따라서 화장품에서 보존제는 필수불가결한 존재이다.

화장품에서의 보존제는 제품에서 미생물의 성장을 억제 또는 감소시켜주는 역할을 하는 원료와 물질을 말한다. 화장품이 보존 되는 기간과 소비자가 제품을 사용하는 동안 노출되는 세균이나 진균 같은 미생물의 오염으로 제품을 보호하여 제품의 물리적·화학적 변화로 부패되거나 변질되는 것을 막기 위해 사용된다.

미생물은 물과 영양분의 함량이 높을수록 활발히 활동하게 되고, 그로인해 제품의 변질이 쉽게 된다. 보존제는 단독보다는 2~3개를 혼용하거나 함유시킬 때 효과가 더 좋다.

사용할 수 있는 보존제의 종류는 각 나라의 규정마다 서로 차이가 있다. 국내에서는 식품의약품안전처에서 화장품에 사용 가능한 보존제의 배합한도를 지정하여 규제하고 있다.

Check-Point

유해성(有害性, Harzard) vs 위해성(危害性, Risk)

- 유해성 : 물질이 가진 고유의 성질. 사람의 건강이나 환경에 좋지않은 영향을 미치는 화학물질 고유의 성질을 의미
- 위해성 : 유해성 있는 물질에 사람과 환경이 노출될 때 실제 피해 입는 정도를 의미

모든 물질은 물질 자체에 독성을 지닐 수 있다(유해성). 해당 물질의 적정한 사용에 따라 인체에 끼치는 영향(위해성)이 결정되는 것으로 유해성이 큰 물질이라도 노출되지 않으면 위해성이 낮으며, 유해성이 작은 물질이라도 노출량이 많으면 큰 위해성을 갖는다고 볼 수 있다.

2. 보존제의 종류와 특성(The Type of Preservatives)

제품에 사용되는 성분은 각각의 특성을 지니고 있으며, 이러한 특성이 보존제의 보존 능력에 영향을 미치게 된다. 화장품 회사에서는 화장품 속의 "수분" 함유량과 제품의 pH 등을 고려해야 하며, 보존제에 따라 단백질 성분과 만나면 응고가 되거나, 계면활성제에는 보존능력을 잃는 등 작용을 하지 않게 되는 환경이 있으므로 이러한 각각의 요소를 고려하여 보존제를 선택하여야 한다.

(1) 파라옥시안식향산에스텔(Parabens)

파라옥시안식향산에스텔은 우리에게 익숙한 〈그림 10-1〉의 paraben류로 인체에 독성이 비교적 낮고, 색과 냄새가 없으며, 식품, 의약품 및 화장품 등에 널리 사용한다. 파라벤은 '파라하이드록시벤조산 에스터(ρ-hydroxybenzoate)'를 줄여 부르는 이름으로 '파라하이드록시벤조산'에 메틸알코올, 에틸알코올 등이 반응하여 형성된 다양한 물질들을 총칭하는 이름이다〈그림 10-2〉.

파라벤은 pH 3.0~9.5영역에 사용되며, 곰팡이와 효모 등에 대한 항균력이 있다. 화장품에 대한 허용치는 단일 성분 사용 시 0.4% 이하, 혼합 사용 시에는 0.8% 이하이다. 혼합해서 사용하면 단독 사용보다 방부 효과가 훨씬 뛰어나기 때문에 보통 메틸파라벤과 프로필파라벤을 2:1의 비율로 혼합해서 사용한다.

방부력과 인체 독성은 메틸파라벤 < 에틸파라벤 < 프로필파라벤 < 부틸파라벤 순으로 강하고 물에 대한 용해도는 부틸파라벤 < 프로필파라벤 < 에틸파라벤 < 메틸파라벤 순으로 뛰어나다.

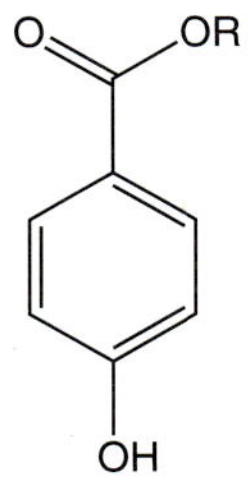

Parabens

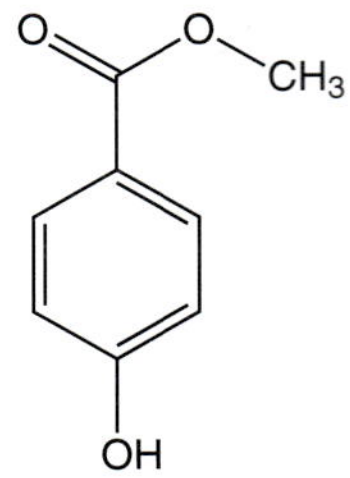

Methyl paraben

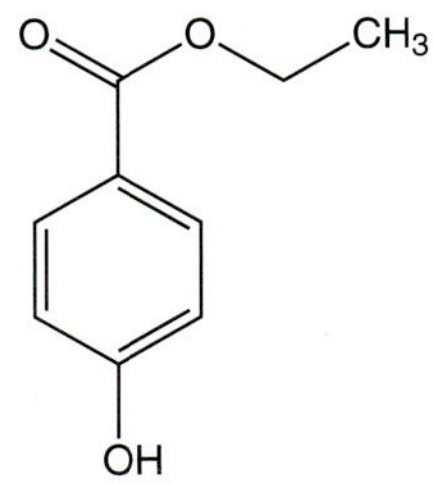

Ethyl paraben

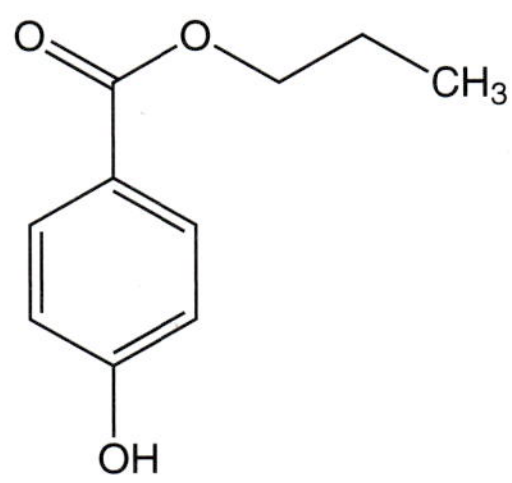

Propyl paraben

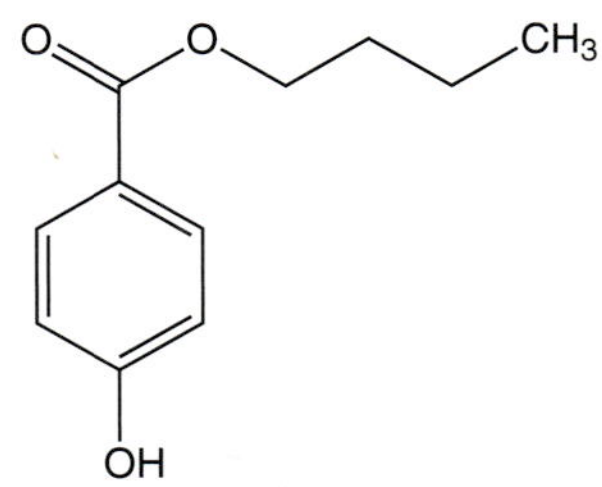

Butyl paraben

그림 10-1 Paraben류의 화학 구조

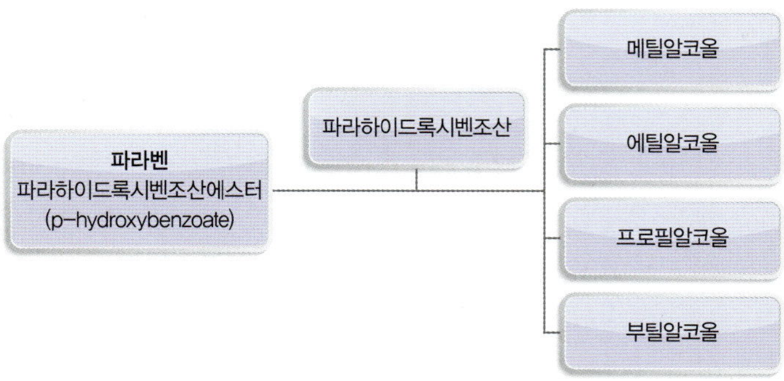

그림 10-2 파라벤(Paraben)류의 이름 형성 과정

(2) 페녹시에탄올(Phenoxyethanol)

페녹시에탄올은 파라벤 파동으로 인하여 대체성분으로 알려진 보존제이며 산업분야에서 잉크나 염색 등 다양하게 이용되는 물질이다.

투명한 액상으로 에탄올과 잘 섞이며, 파라안식향산에스텔과 함께 사용할 때 그람음성균에 대한 효과가 좋은 것으로 알려져 있다. 하지만 마취작용이 있고, 피부자극이나 알러지 등을 유발할 수 있어 논란의 여지가 있는 성분이다. 사용은 0.5~1.0% 내로 사용이 가능하다.

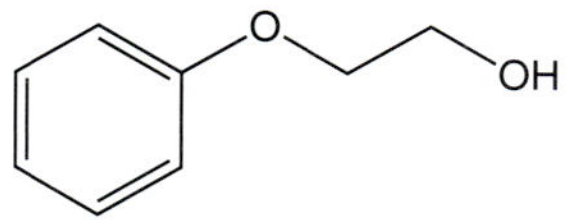

그림 10-3 페녹시에탄올의 화학 구조

(3) 살균제(Disinfectant)

살균제는 단기간에 균을 사멸·감소시키는 효과가 있다. 주로 사용되는 살균제는 여드름 원인균과 액취의 원인이 되는 피부 상제균 및 비듬발생 원인균 등을 제어하기 위해 사용되며, 화장품 제조공정 중에 오염되는 그람음성균과 약제에 대한 저항성을 나타내는 균을 제어하기 위해서도 사용된다. 화장품에 주로 사용되는 것으로는 염화벤잘코늄(benzalkonium chloride, 사용 후 씻어내는 제품에 0.1% 이하, 기타 제품에 0.05% 이하), 트리클로산(triclosan), 에탄올(ethanol) 등이 있으며, 트리클로산은 세정용 여드름 제품에 0.05~0.3% 농도로 사용이 가능하다.

(4) 1,2 헥산다이올(1,2-Hexandiol)

다른 보존제들에 비해 피부 안전성이 매우 뛰어나다. 이 성분은 다른 보존제에 비하여 가격이 높고 보습제의 성향이 강하기 때문에 보존제의 역할을 위해서는 배합 함량이 2~3% 정도 많아야 하는 단점이 있다.

자세한 내용은 Chapter 7. 보습제에 나와 있다.

표 10-1 화장품에 사용할 수 있는 보존제의 종류 및 사용한도

원료명	사용한도	비고
글루타랄(펜탄-1,5-디알)	0.1%	에어로졸(스프레이에 한함) 제품에는 사용금지
데하이드로아세틱애씨드(3-아세틸-6-메칠피란-2,4(3H)-디온) 및 그 염류	데하이드로아세틱애씨드로서 0.6%	에어로졸(스프레이에 한함) 제품에는 사용금지
4,4-디메칠-1,3-옥사졸리딘(디메칠옥사졸리딘)	0.05% (다만, 제품의 pH는 6을 넘어야 함)	
디브로모헥사미딘 및 그 염류(이세치오네이트 포함)	디브로모헥사미딘으로서 0.1%	
디아졸리디닐우레아(N-(히드록시메칠)-N-(디히드록시메칠-1,3-디옥소-2,5-이미다졸리디닐-4)-N'-(히드록시메칠)우레아)	0.5%	
디엠디엠하이단토인(1,3-비스(히드록시메칠)-5,5-디메칠이미다졸리딘-2,4-디온)	0.6%	
2, 4-디클로로벤질알코올	0.15%	
3, 4-디클로로벤질알코올	0.15%	
메칠이소치아졸리논	사용 후 씻어내는 제품에 0.0015% (단, 메칠클로로이소치아졸리논과 메칠이소치아졸리논 혼합물과 병행 사용 금지)	기타 제품에는 사용금지
메칠클로로이소치아졸리논과 메칠이소치아졸리논 혼합물(염화마그네슘과 질산마그네슘 포함)	사용 후 씻어내는 제품에 0.0015% (메칠클로로이소치아졸리논:메칠이소치아졸리논=(3:1) 혼합물로서)	기타 제품에는 사용금지
메텐아민(헥사메칠렌테트라아민)	0.15%	
무기설파이트 및 하이드로젠설파이트류	유리 SO_2로 0.2%	
벤잘코늄클로라이드, 브로마이드 및 사카리네이트	• 사용 후 씻어내는 제품에 벤잘코늄클로라이드로서 0.1% • 기타 제품에 벤잘코늄클로라이드로서 0.05%	
벤제토늄클로라이드	0.1%	점막에 사용되는 제품에는 사용금지

원료명	사용한도	비고
벤조익애씨드, 그 염류 및 에스텔류	산으로서 0.5% (다만, 벤조익애씨드 및 그 소듐염은 사용 후 씻어내는 제품에는 산으로서 2.5%)	
벤질알코올	1.0% (다만, 두발 염색용 제품류에 용제로 사용할 경우에는 10%)	
벤질헤미포름알	사용 후 씻어내는 제품에 0.15%	기타 제품에는 사용금지
보레이트류(소듐보레이트, 테트라보레이트)	밀납, 백납의 유화의 목적으로 사용 시 0.76% (이 경우, 밀납·백납 배합량의 1/2을 초과할 수 없다)	기타 목적에는 사용금지
5-브로모-5-나이트로-1,3-디옥산	사용 후 씻어내는 제품에 0.1% (다만, 아민류나 아마이드류를 함유하고 있는 제품에는 사용금지)	기타 제품에는 사용금지
2-브로모-2-나이트로프로판-1,3-디올(브로노폴)	0.1%	아민류나 아마이드류를 함유하고 있는 제품에는 사용금지
브로모클로로펜(6,6-디브로모-4,4-디클로로-2,2'-메칠렌-디페놀)	0.1%	
비페닐-2-올(o-페닐페놀) 및 그 염류	페놀로서 0.15%	
살리실릭애씨드 및 그 염류	살리실릭애씨드로서 0.5%	영유아용 제품류 또는 만 13세 이하 어린이가 사용할 수 있음을 특정하여 표시하는 제품에는 사용금지(다만, 샴푸는 제외)
세틸피리디늄클로라이드	0.08%	
소듐라우로일사코시네이트	사용 후 씻어내는 제품에 허용	기타 제품에는 사용금지
소듐아이오데이트	사용 후 씻어내는 제품에 0.1%	기타 제품에는 사용금지
소듐하이드록시메칠아미노아세테이트 (소듐하이드록시메칠글리시네이트)	0.5%	
소르빅애씨드(헥사-2,4-디에노익애씨드) 및 그 염류	소르빅애씨드로서 0.6%	

원료명	사용한도	비고
아이오도프로피닐부틸카바메이트(아이피비씨)	• 사용 후 씻어내는 제품에 0.02% • 사용 후 씻어내지 않는 제품에 0.01% • 다만, 데오드란트에 배합할 경우에는 0.0075%	• 입술에 사용되는 제품, 에어로졸(스프레이에 한함) 제품, 바디로션 및 바디크림에는 사용금지 • 영유아용 제품류 또는 만 13세 이하 어린이가 사용할 수 있음을 특정하여 표시하는 제품에는 사용금지(목욕용제품, 샤워젤류 및 샴푸류는 제외)
알킬이소퀴놀리늄브로마이드	사용 후 씻어내지 않는 제품에 0.05%	
알킬(C_{12}–C_{22})트리메칠암모늄 브로마이드 및 클로라이드(브롬화세트리모늄 포함)	두발용 제품류를 제외한 화장품에 0.1%	
에칠라우로일알지네이트 하이드로클로라이드	0.4%	입술에 사용되는 제품 및 에어로졸(스프레이에 한함) 제품에는 사용금지
엠디엠하이단토인	0.2%	
알킬디아미노에칠글라이신하이드로클로라이드용액(30%)	0.3%	
운데실레닉애씨드 및 그 염류 및 모노에탄올아마이드	사용 후 씻어내는 제품에 산으로서 0.2%	기타 제품에는 사용금지
이미다졸리디닐우레아(3,3'–비스(1–하이드록시메칠–2,5–디옥소이미다졸리딘–4–일)–1,1'메칠렌디우레아)	0.6%	
이소프로필메칠페놀(이소프로필크레졸, o–시멘–5–올)	0.1%	
징크피리치온	사용 후 씻어내는 제품에 0.5%	기타 제품에는 사용금지
쿼터늄–15(메텐아민 3–클로로알릴클로라이드)	0.2%	
클로로부탄올	0.5%	에어로졸(스프레이에 한함) 제품에는 사용금지
〈삭제〉	〈삭제〉	

원료명	사용한도	비고
클로로자이레놀	0.5%	
p-클로로-m-크레졸	0.04%	점막에 사용되는 제품에는 사용금지
클로로펜(2-벤질-4-클로로페놀)	0.05%	
클로페네신(3-(p-클로로페녹시)-프로판-1,2-디올)	0.3%	
클로헥시딘, 그 디글루코네이트, 디아세테이트 및 디하이드로클로라이드	• 점막에 사용하지 않고 씻어내는 제품에 클로헥시딘으로서 0.1%, • 기타 제품에 클로헥시딘으로서 0.05%	
클림바졸[1-(4-클로로페녹시)-1-(1H-이미다졸릴)-3, 3-디메칠-2-부타논]	두발용 제품에 0.5%	기타 제품에는 사용금지
테트라브로모-o-크레졸	0.3%	
트리클로산	사용 후 씻어내는 인체세정용 제품류, 데오도런트(스프레이 제품 제외), 페이스파우더, 피부결점을 감추기 위해 국소적으로 사용하는 파운데이션(예 : 블레미쉬컨실러)에 0.3%	기타 제품에는 사용금지
트리클로카반 (트리클로카바닐리드)	0.2% (다만, 원료 중 3,3',4,4'-테트라클로로아조벤젠 1ppm 미만, 3,3',4,4'-테트라클로로아족시벤젠 1ppm 미만 함유하여야 함)	
페녹시에탄올	1.0%	
페녹시이소프로판올(1-페녹시프로판-2-올)	사용 후 씻어내는 제품에 1.0%	기타 제품에는 사용금지
〈삭제〉	〈삭제〉	
포믹애씨드 및 소듐포메이트	포믹애씨드로서 0.5%	
폴리(1-헥사메칠렌바이구아니드)에이치씨엘	0.05%	에어로졸(스프레이에 한함) 제품에는 사용금지
프로피오닉애씨드 및 그 염류	프로피오닉애씨드로서 0.9%	
피록톤올아민(1-하이드록시-4-메칠-6(2,4,4-트리메칠펜틸)2-피리돈 및 그 모노에탄올아민염)	사용 후 씻어내는 제품에 1.0%, 기타 제품에 0.5%	

원료명	사용한도	비고
피리딘-2-올 1-옥사이드	0.5%	
p-하이드록시벤조익애씨드, 그 염류 및 에스텔류 (다만, 에스텔류 중 페닐은 제외)	• 단일성분일 경우 0.4% (산으로서) • 혼합사용의 경우 0.8% (산으로서)	
헥세티딘	사용 후 씻어내는 제품에 0.1%	기타 제품에는 사용금지
헥사미딘(1,6-디(4-아미디노페녹시)-n-헥산) 및 그 염류(이세치오네이트 및 p-하이드록시벤조에이트)	헥사미딘으로서 0.1%	

3. 화장품과 미생물(Cosmetics and Microorganism)

1. 미생물의 오염 경로

세균 및 진균은 사람의 피부와 공기 중에도 존재하며, 식품과 물에도 자연적으로 존재한다. 이러한 미생물을 활용하여 치즈, 김치 및 장류 등 발효식품을 제조하기도 하지만, 오래된 식품과 비위생적인 환경은 미생물 증식의 원인이 되어 식중독을 일으킨다.

이렇듯 화장품도 많은 영양성분을 함유하고 있어서 수분을 포함한 제품으로 제조되면 공기 중의 미생물에 오염될 수 있다. 개봉 이후에는 공기 및 온도 변화에 노출되고 소비자가 손과 화장도구를 사용하는 경우 미생물이 증식하는 2차 오염이 이루어 지기도 한다. 화장품을 오염시킬 수 있는 미생물의 종류가 매우 다양하므로 이러한 미생물의 종류를 고려해야 한다. 자연에 존재하거나 사람의 손 또는 우리 주변의 많은 제품에는 미생물이 생육할 수 있다. 미생물의 종류도 매우 다양하지만, 각각의 미생물에 따라 성질도 매우 다양하다.

보존제가 사용되지 않는다면, 화장품은 식품 및 소비자가 직접 손으로 만지는 다른 제품들과 마찬가지로 미생물에 오염될 수 있으며, 이로 인해 제품의 성능이 손실된다. 경우에 따라서는 미생물의 대사산물로 인해 독성이 생겨 안전에 영향을 주고, 소비자에게 자극을 주거나 감염 등 건강에 해로운 반응을 일으킨다.

제품이 부패와 변질하는 변화가 생기면 변색·변질과 점도 및 질감이 변하고, 곰팡이가 발생하는 등 미생물의 대사산물로 인하여 독성물질 생성과 함께 병원성 미생물 오염으로 이어진다. 이러한 제품의 오염은 소비자의 피부 및 눈과 관련된 질병을 일으킬 수 있다.

화장품의 보존 시스템에 있어서 원료 관리, 우수한 화장품을 제조하기 위한 시설 관리, 패키징 디자인은 모두 중요한 역할을 가지고 있다. 미생물은 주위 환경 및 인체 어디에나 존재하며, 제품에 혼입될 수 있다. 적절하게 보존되지 않은 화장품은 미생물의 먹이가 되어 결국에는 변질되고 사용할 수 없는 상태가 된다.

Check-Point

화장품이 미생물에 노출될 수 있는 3가지 가능성
① 원료 자체에서 미생물 혼입
② 제조 과정에서 미생물 혼입
③ 소비자가 제품을 사용하는 과정에서 미생물 혼입

2. 미생물의 생존 조건

대다수의 화장품은 물을 베이스로 하여 상온에서 보관되어서 습하고, 어둡고, 따뜻하면 제품에 물이 쉽게 들어갈 수 있는 환경에서 사용 및 보관된다. 또한, 화장품은 여러 번 반복해서 사용하므로 소비자가 취급하거나 사용하는 과정에서 미생물이 제품에 직접 혼입된다.

(1) 수분활성도

수분활성도는 미생물이 이용하는 수분의 양을 표시하는 수치로 물의 수분활성도를 기준(물의 수분활성도 1.0)으로 하여 수분활성도를 평가한다. 수분활성도가 낮을수록 미생물의 생존이 어렵다고 볼 수 있다.

(2) pH

물의 산성이나 알칼리성의 정도를 나타내는 수치인 pH는 매우 높거나 매우 낮을수록 미생물의 생존이 어렵다.

(3) 오일의 분배계수

두 개의 서로 섞이지 않은 액체 A, B에 어떤 물질이 일정한 온도와 압력하에서 용해하여 평형으로 달하였을 때 각 용액 중의 농도 CA, CB의 비(유용성 자외선 흡수제>에스테르오일>실리콘오일>탄화수소 등)를 의미하는 것이다. 분배계수가 낮은 오일을 사용하여 오일파트로 이동하는 보존제의 농도를 낮춰주는데 영향을 준다.

(4) 포장의 재질 및 형태

화장품의 포장 재질 및 포장 형태를 고려해야 한다. 화장품은 일반적으로 일회용품이 아닌 여러 번 사용하는 제품은 사용하는 중 제품에 공기 중의 미생물이 유입되거나, 사용자의 손 또는 스패츌러 등의 도구로부터 미생물이 유입되어 오염될 수 있다. 포장형태 중 뚜껑을 열어 사용하는 단지형태(open jar)의 제품은 튜브(tube) 또는 펌프(pump)식 제품보다 오염 가능성이 높다. 그리고 개별 포장이 되어 있는 마스크팩 등 1회용 포장 제품에 비해 다회용 제품은 소비자에 의한 2차 오염 가능성이 있다. 포장재의 재질에 따라 반응하는 보존제가 있을 수 있으므로 주의가 필요하다.

4. 보존제의 응용(Applied Preservative)

화장품에서 보존제는 2가지 방식으로 화장품을 보호한다. 첫째, 제조 시점에서 화장품에 존재하는 영양세포를 죽이는 방식이다. 이러한 보존제는 미생물의 세포벽을 파괴하거나 세포벽에 끼어드는 화학적 힘에 의해 작용된다.

둘째, 미생물이 번식하거나 포자가 발아하지 못하는 환경을 조성하여 미생물의 생장을 중단· 억제하는 방식으로 제품을 안전하게 보존한다.

Check-Point

보존제 팔레트와 보존 시스템

- **보존제 팔레트**(palette): 화장품에서 미생물의 성장을 억제할 수 있는 사용 가능한 보존제 성분의 범위. 보존제들은 종류에 따라 각각 다른 방식으로 작용한다. 따라서 제품이 적절한 보존력을 갖출 수 있도록 여러 종류의 보존제를 선택한다.
- **보존 시스템**(systerm): 제품의 품질과 소비자 안전을 보장하기 위한 제품의 독특한 물리적 특성, 패키징, 그리고 화장품 제형에 사용된 보존제 성분의 조합.

보존제 성분은 매우 다양하며, 각각의 보존제가 화장품을 보존하는 능력 또한 매우 다양하다. 어떤 보존제는 세균 억제에는 효과적일 수 있지만, 진균 억제에 있어서는 미비할 수 있고, 또 다른 보존제는 pH가 낮은 제형에서만 효과적이거나 넓은 pH 범주에서만 효과적일 수 있다. 즉, 보존제 성분은 각각 제형의 화학적 특성 때문에 특정 유형의 화장품에서만 효과적이기 때문에 모든 제품 제형의 요구를 충족시키기 위해서는 다양한 보존제 성분이 필요하지만 무분별하게 사용해서는 안된다.

화장품에 사용되는 보존제는 제품의 제형 및 용도 또한 고려해야 한다. 화장품은 물처럼 흐르는 액상타입의 화장수와 같은 제형부터 겔, 가루타입의 분말, 유화제형 등 다양한 물리적 형태를 갖고 있다. 또한, 사용하는 환경도 샴푸 및 린스와 같이 수분이 많은 화장실에서부터 상대적으로 건조한 실내공간에서 사용하는 경우도 있으며, 제품을 사용하는 부위도 다양하다.

분말 형태는 수분함량이 낮아 미생물 오염 위험이 상대적으로 낮고, 가스가 충진 되는 스프레이와 미스트 같은 에어로졸 형태는 일반적으로 외부로 부터 미생물이 유입되기 어려워 오염 위험이 상대적으로 낮다.

따라서 보존제를 선택할 때는 안전하고 최적의 효과를 나타내는 최소한의 보존제를 선택하여야 한다.

우리나라에서 사용이 허가된 보존제는 대략 59종이 있으며, 이에 해당하는 성분은 약 150여개이다. 이러한 다양한 보존제 중 회사에서는 제품에 함유된 성분, 제품의 포장 형태, 제품을 바를 신체 부위, 사용 장소 및 소비자의 사용 패턴 등에 따라 최적의 효과를 낼 수 있는 보존제를 선택한다.

화장품에 사용하는 보존제 중 많이 알고 있는 성분은 파라벤이다. 파라벤은 다양한 미생물에 효과적이지만 세균(bacteria)보다는 곰팡이(fungi)에 더욱 효과적으로 작용하는 것으로 알려져 있으며, 사용 후 씻어내는 제품 및 씻어내지 않는 제품 모두에 효과적으로 작용하여 많은 제품에 사용된다. 하지만, 물에 대한 용해도가 뛰어나진 않으며, 단백질, 레시틴, 비이온 계면활성제 등의 원료와 만났을 때 항균력이 감소하는 단점을 갖고 있다.

페녹시에탄올은 세균(bacteria)에 효과적이며 물에 대한 용해도가 높고, 알코올과 잘 섞이는 특성을 갖고 있다. 이처럼 서로의 단점을 보완하고 장점을 더 높일 수 있는 특성을 가진 보존제들을 혼합하여 사용할 때 보존제의 상승효과가 나타난다.

Check-Point

보존제의 상승효과

한 종류의 보존제 사용 시 미생물에 대한 활성범위가 제한적으로 나타나 보존효과가 불충분할 수 있으나, 혼합하여 사용함으로써 더욱 효과적으로 보존력에 대한 시너지 효과를 발생하는 것

보존제 혼합 사용의 장점

① 저항성 미생물의 사멸이나 억제
② 보존제 총 사용량의 감소에 따라 독성이 감소되는 효과
③ 다양한 균에 대한 항균효과 발휘
④ 저항성 균의 출현 억제 효과
⑤ 생화학적 상승효과(synergism)

Chapter 11

천연 추출물

11. 천연 추출물

화장품의 원료로 천연물을 활용한 역사는 오래되었다. 일본에서는 예전부터 쌀겨나 수세미물 등을 이용하여 피부를 가꿔왔고, 중국에서는 화장품에 약초를 이용해 왔다.

천연물이 화장품에 배합되는 목적은 크게 기제를 목적으로 한 것과 기능적인 유효성을 목적으로 한 것으로 나뉜다. 기제로는 각종의 식물유, 당류 등이 있으며, 유효성분으로는 여러 가지 다양한 물질이 이용되고 있다.

화장품에 이용되는 천연물은 생체에 대해 약리학적으로 유효성을 나타내는 생약(生藥)이 많으며, 그 실체는 여러 가지 화학물질의 혼합물이라 할 수 있다. 보통 생약은 천연물이기 때문에 1년에 1회 밖에 수집이 안 되므로, 재배 품목뿐만 아니라 야생 품목을 사용하는 일도 있다.

또한, 생육지의 기후나 토양의 환경도 다르므로 산지나 수확시기에 따라 품질의 차이가 있으며, 보존이나 품질의 향상 또는 특정 성분을 제거하거나 증가시킬 목적으로 행해지는 여러 가지 방법에 따라서도 품질의 차이가 커서 일정한 품질의 화장품으로 사용되기 위해서는 추출물의 규격 선정 등 취급에 어려운 점이 있다.

화장품 원료는 제품마다 조금씩 차이가 있지만 대개 20~30가지의 원료가 들어간다. 그러나 한약재나 천연 약초가 주원료인 화장품은 원료공급이 쉽지 않고, 대량 생산이 힘들어 제품의 가격이 비싸다는 단점이 있지만, 최근에는 이러한 단점을 보완해서 천연화장품의 연구개발과 제품화를 이루며 활발히 진행되고 있다.

1. 식물 추출물(Plant Extracts)

식물 추출물은 인위적으로 합성하여 만든 화합물과는 다르게 천연물질로서 부작용이 적고 효능도 인정되고 있다. 이를 바탕으로 현대 화장품 산업에서는 각종 식물 추출물을 함유한 화장품이 수없이 개발되고 있으며 그 부가가치 역시 매우 크다.

1. 식물 추출물의 종류 및 특성

① 감초 추출물(Licorice Extract)

감초(*Glycyrrhiz glabra*)는 쌍떡잎식물인 장미목 콩과의 여러해살이풀로 아시아 및 유럽에 분포되어 있다. 감초 뿌리에서 추출한 성분으로 맛은 달며 주성분은 glycyrrhizin으로 약 5~24% 정도의 농도로 존재한다.

독성제거, 해독, 항 알레르기, 항 염증효과 및 미백효과(자외선 A, B흡수능력)가 있으며, 보습효과가 있어 피부의 건조를 방지한다. 또한, 색소 제거제로써 감초 추출물은 코직산(kojic acid)보다 더 효과가 있으며, 비타민 C보다 약 75배 정도 더 효과적이다.

식품의약품안전처에서 미백성분으로 고시하였으며 제한은 0.05%이다.

② 고삼뿌리추출물(구:고삼추출물, *Sophora flavescens* Root Extract)

이 원료는 고삼(*Sophora flavescens*)의 뿌리에서 추출한 것으로 삼(參)과 효능이 유사해 붙여진 이름이다. 항균, 항알레르기 등의 효능이 뛰어나 여드름, 습진 등 각종 피부염의 치료제로 이용된다. 인체의 유익한 균을 활성화하여 잡균을 없애주는 역할과 탈모 억제 및 모발 성장 촉진효과가 있는 것으로 알려져 있다.

화장품에서의 배합목적은 산화방지제, 피부컨디셔닝제(기타)이다.

③ 구아검(*Cyamopsis tetragonoloba* Guar Gum)

이 원료는 구아(*Cyamopsis tetragonoloba*)의 씨앗(내배유) 가루에서 얻은 수지성 영양물질로 배합목적은 보습제, 유화안정제, 착향제, 점도증가제(수성)이다.

④ 금잔화 추출물(Calendula Extract)

금잔화(*Calendula arvensis*)는 국화과의 한해살이풀로 원산지는 남유럽으로 주로 꽃에서 추출한 것을 이용한다. 소염, 상처 치유, 세포재생, 세정, 진통 등의 효과가 있다.

⑤ 녹차 추출물(Green Tea Extract)

녹차 잎 속에서 추출한 카테킨(catechins)은 폴리페놀의 일종으로 떫은 맛 성분이다. 체내의 중성지방과 콜레스테롤을 배출하여 심장병 예방에 도움을 주고, 항안드로겐(anti-androgen) 특성이 있어서 탈모방지에도 효과가 있다.

녹차에 함유되어 있는 토코페롤과 비타민 C는 멜라닌색소의 침착을 저해하여 기미나 주근깨의 생성을 막아주며, 살균효과, 알코올 분해효과, 활성산소 제거효과 니코틴의 해독작용 및 냄새제거 작용 등 다양한 효과가 있다.

또한 풍부한 탄닌성분을 함유하여 수렴작용과 흡습작용이 뛰어나지만, 피지선과 땀샘 등의 분비력을 향상시키는 효과가 있어서 여드름이나 지루성 피부염을 악화시킬 수 있다.

⑥ 닥나무 추출물(Broussonetia Extract)

닥나무(*Broussonetia kazinoki* Siebold)의 원산지는 아시아로 약재보다는 전통한지를 만드는 재료로 많이 알려져 있다. 그러나 닥나무를 다루는 사람들의 손이 대부분 하얀 것에 착안하여 미백연구가 시작되었다고 전해진다.

닥나무 뿌리는 유용물질을 많이 함유하고, 생리 활성 효과가 뛰어나 많은 연구가 이뤄지고 있다. 식품의약품안전처에서 미백고시성분으로 지정된 성분이며 제한은 2%이다.

⑦ 담쟁이덩굴(*Hedera helix*)의 추출물

담쟁이덩굴에서 추출한 물질로 피부조직에 수분이 축적되는 것을 방지해 주는 효과로 sliming과 anti-cellulite에 사용되며, 항균, 피부진정, 항 기생충, 진통 등의 효과를 보인다. 콜라겐 생성에 도움을 주는 비타민 C의 기능을 보강하는 비타민 P와 사포닌(saponin) 함유로 거품이 생성된 에멀젼의 안정제 역할과 표면활성제로서 성분이 침투하고 지방이 유화되는 것을 돕는다.

⑧ 당귀 추출물(Angelica Root Extract)

당귀(*Ligusticum acutilobum*)의 뿌리에서 추출한 것으로 주성분은 쿠마린(cumarine)이다. 보습 및 혈행촉진과 아토피 억제 효과 등이 있다.

⑨ 당근 추출물(Carrot Extract)

당근(*Daucus carota*) 추출물은 단백질, 전분, 지용성 비타민(A, D, E, K), 수용성 비타민(B_1, B_2, B_3, B_{12}, C), 칼슘, 칼륨, 마그네슘, 인, 유황, 철, 클로라인, 실리콘, 엽산, 베타카로틴, 아미노산 등 다양한 성분으로 구성되어 있다.

당근 추출물은 항산화작용이 뛰어나고, 피부나 머리카락, 손톱 등의 성장에 관여하며, 여드름 및 상처치유에 효과적이다.

⑩ 더덕 추출물(Deduck Extract)

더덕(*Condonopis lanceolata*)은 인삼처럼 약효가 좋지만 성질이 차서 한의학에서는 사삼(沙蔘) 이라고 부른다. 사포닌, 당질, 단백질, 탄수화물, 지방, 칼슘, 비타민 B_1, B_2 등의 성분들로 구성되어 있으며, 진정 및 소염작용, 잔주름 예방, 보습 등에 효과가 있다.

⑪ 마늘 추출물(Garlic Extract)

마늘(*Allium sativum*)은 알린(alliin), 당질, 구연산, 규산, 단백질, 지질, 철분, 칼슘, 비타민 B_1, B_2, C 등으로 구성되어 있다.

알린은 방부와 살균의 효과가 뛰어나 십이지장충 구제에 사용되고, 신경 진정이나 강장효과로 정신 및 신체를 건강하게 하여 탈모, 종기 등의 치료에도 효과적이다. 피부탄력 강화, 혈행 촉진, 항산화 및 항 알레르기 등에도 효과가 뛰어나지만 피부에 매우 자극적이기 때문에 마늘 추출물을 그대로 사용하는 것은 금한다.

⑫ 버드나무 추출물(Willow Extract)

버드나무(*Salix* species) 추출물은 아스피린의 주성분으로 잘 알려진 살리실산 전구물질을 함유하고 있어서 방부와 피부세정 효과가 뛰어나다. 버드나무의 뿌리와 잎 추출물은 진통, 토닉, 수렴의 효과로 성질이 매우 순해서 주로 유아용 크림에 사용한다.

⑬ 백리향 추출물(Thyme Extract)

백리향(*Thymus* species) 추출물은 항균, 방부, 항진균, 방취효과, 곤충을 쫓는 효과 등이 있다. 그 중에서도 피부상재균인 프로피오니박테리움 아크네스(*Propionibacterium acnes; P. acnes*)와 프로피오니박테리움 그라누로섬(*Propionibacterium granulosum; P. granulosum*)이라고 하는 여드름균을 억제하는데 탁월한 항균효과와 활성산소 억제, 항노화 효과를 보인다. 또한, 피부진정과 수렴에도 효과가 있다.

⑭ 사과 추출물(Apple Extract)

사과 추출물은 비타민 A와 C, 펙틴 등 무기염류가 다량 함유되어 있고, AHA를 포함한 사과산(malic acid)과 주석산(tartaric acid; 포도산), 그리고 효소인 아닐라아제(aneylase)를 함유하고 있어 피부각질 제거가 가능하다.

화장품에는 세포보호와 각질제거, 보습의 목적으로 사용되며, 왁스의 형태로 헤어제품이나 스킨컨디셔닝제에 사용된다.

⑮ 사탕수수 추출물(Sugar Cane Extract)

사탕수수(*Saccharum officinarum*) 추출물에는 글리콜산(glycolic acid)이 함유되어 있다. 글리콜산은 AHA 중 분자의 크기가 가장 작아서 피부의 각질층에 쉽게 침투하고 세포의 응집력을 약화시켜 불필요한 각질이 효과적으로 제거되도록 하여 피부결이나 잔주름 개선의 효과도 보인다.

약리적으로는 기미, 여드름, 잡티, 노인성 반점 등의 치료에 사용되고 각질제거제나 스킨컨디셔닝제의 성분으로도 사용된다.

⑯ 상백피 추출물(Mulberry Extract)

뽕나무(*Morus alba*)과의 낙엽목인 뽕나무의 가지, 껍질, 잎에서 추출한다. 가지를 '상지', 껍질은 '상백피', 잎은 '상엽'이라 한다. 추출한 부위에 따라 조금씩은 차이가 있지만, 주성분은 코직산, 알부틴, 아스코르브산, 하이드로퀴논, 글루타치온으로 티로시나아제 활성을 억제하여 미백효과에 뛰어나다.

상백피 추출물은 아미노산을 많이 함유하여 피부보습 및 항상성 유지에 효과적이고, 플라보노이드 성분의 높은 함량으로 활성산소제거 효과가 뛰어나 노화

예방에도 효과가 있다. 특히 상엽은 아토피피부염이나 알레르기 완화에 효과가 좋다.

⑰ 생강 추출물(Ginger Extract)

생강(*Zingiber officinale*) 뿌리에서 추출한 것으로 항염과 항암에 효과를 보인다. 생강 뿌리에 함유된 gingerol은 심장혈관에 일정한 자극을 주어 혈관을 확장시키고, 혈행촉진과 탈모예방 및 모발재생에도 효과적이다. 특히, 생강 추출물은 강력한 살균력이 있어 살균제품에도 사용된다.

⑱ 소나무 추출물(Pine Extract)

소나무(*Pinus densiflora*)의 껍질, 솔방울 및 잎에서 추출한 것으로 항균과 항산화의 효능이 탁월하다. 소나무껍질에서 추출한 수지는 살균작용이 뛰어나 치료용 연고로 사용되고 혈행 촉진의 효과도 있지만 피부에 자극적이고 홍반의 원인이 될 수 있다. 항균 및 항산화 외에 보습, 피부보호, 피부유연화 등에 사용된다.

⑲ 수세미오이 추출물(Luffa Extract)

수세미(*Luffa aegyptiaca*)는 박과에 속하는 한해살이풀이다. 수세미의 잎, 줄기, 열매에서 추출한 것으로 소염 및 진정작용이 있다.

화장품에 적용 시 피부의 노폐물 제거, 청정 효과, 보습작용, 피부재생, 항염, 항노화 등의 효과가 있어 스킨컨디셔닝, 탈모예방 등 모발화장품 성분으로 사용되며, 수세미의 줄기를 잘라서 얻은 액은 세정용 화장수로 사용되기도 한다.

⑳ 아르니카꽃 추출물(*Arnica montana* Flower Extract)

아르니카(*Arnica montana*)는 국화과 식물이다. 꽃과 뿌리줄기는 쓴맛이 나며 정유와 수지가 함유되어 있다. 아르니카의 꽃 추출물에는 아스트랄린(astralin), 이소퀘르세틴(isoquercetin), 지방유 등이 있어 항염, 혈액순환 촉진, 자극 완화, 탈모 예방에 효과가 있다. 또한, 근육을 이완해 주는 효과도 탁월하여 타박상에 효능이 있다. 향료의 성분이나 스킨컨디셔닝제로 사용된다.

㉑ 알로에 베라 추출물(Aloe Vera Extract)

백합과의 여러해살이 다육식물인 알로에는 약 200여 종이 있고, 그 중 가장 많이 사용되는 것이 알로에 베라이다. 알로에 베라는 잎에서 추출한 것을 사용하며, 99.5%의 수분과 5%의 효소, 단백질, 당분, 비타민 등 우수한 성분들을 함유하고 있다.

알로에 베라 추출물에는 소염과 화농 예방에 효과적인 안트라퀴논(anthraquinone)이 다량 함유되어 있어서 자외선이나 자극으로 붉어진 피부를 진정시켜 주는 효과가 있고, 풍부하게 함유되어 있는 다당체 성분은 뛰어난 보습효과를 보인다. 이처럼 알로에 베라 추출물은 피부의 상처나 화상, 염증 등 다양한 피부질환에 활용되며 화장품의 원료나 약용, 또는 식용 등으로 폭 넓게 사용된다.

㉒ 어성초 추출물(*Houttuynia* Extract)

어성초(*Houttuynia cordata*)는 삼백초과의 다년생 식물로 잎이 메밀 잎과 비슷하며 잎에서 생선 비린내가 나서 붙여진 이름이다. 약용식물이므로 약모밀이라고도 한다. 어성초 추출물은 플라보노이드(flavonoid)와 정유를 함유하고 있어 항균, 해독, 면역증강, 이뇨작용 등의 효과가 있으며, 항산화작용, 여드름 완화작용의 효과도 뛰어나 스킨컨디셔닝제에 사용된다.

㉓ 오이 추출물(Cucumber Extract)

박과의 1년생 덩굴식물인 오이(*Cucumis sativus*) 추출물은 수분이 95%를 차지하고 그 외 비타민과 무기질을 함유한다. 많은 수분 함량으로 열을 식히는 역할과 수분결합 및 수분조절, 진정, 탄력, 가려움 완화, 상쾌함 및 항염의 효과가 있다.

㉔ 위치하젤 추출물(Witch Hazel Extract)

위치하젤(*Hamamelis virginiana*)은 북미와 캐나다에 주로 분포하며 유럽 및 아열대 지역에 널리 자생한다. 위치하젤 추출물은 항염증과 상처치유 작용이 있으며, 선번(sun burn), 홍반, 타박상, 피부자극, 곤충에 물린데 등에 사용된다.

또한, UVA와 UVB 흡수작용이 있어 자외선 차단 제품에도 사용되며, 심한 색소침착의 피부에 재생을 위한 크림으로도 사용된다. 방부효과, 항여드름, 항산화, 피부진정 등 다방면에서 효과가 뛰어나 민감성 화장품, 피부 연고, 청결제 등에 많이 사용하는 재료이며 주로 2~5%가 추천된다.

위치하젤의 껍질은 피부 궤양, 종양, 통증 등에 효과가 뛰어나 18세기 중반 "황금의 보물(golden treasure)"이라는 약으로 특허 개발되었다. 주 유효 성분은 탄닌이며 그 외 플라보노이드, 카테킨 등을 함유하고 있다.

㉕ 은행나무 잎 추출물(*Ginko biloba* Leaf Extract)

은행나무(*Ginko biloba*) 잎에서 추출한 것으로 화장품의 원료로 사용시 피부의 혈액순환을 촉진하여 피부노화를 억제하고, 거칠어진 피부에 혈색 부여 및 건강하고 윤택한 피부가 되도록 한다. 주성분은 카테킨(catechin), 탄닌(tannin), 루테올린(luteolin), 쿼세틴(quercetin) 등이며 스킨컨디셔닝제로 사용된다.

㉖ 인삼 추출물(Ginseng Extract)

인삼(*Panax ginseng*)의 뿌리에서 추출한 것으로 호르몬과 비타민을 함유하고 있어 피부에 영양공급이 가능하다. 또한, 치료 효과가 높고 스테롤과 단백질 생산을 촉진하는 역할을 하며, 긴장작용으로 주름억제 및 피부탄력을 증가시키는 역할로 건조한 피부에 특히 도움이 많이 된다. 주요성분에는 사포닌(saponin), 뮤신(mucin), 진세노사이드(ginsenoside) 등이 있다.

㉗ 자몽 추출물(Grapefruit Extract)

자몽(*Citrus paradis*)의 열매에서 추출한 것으로서 미황색 액상으로 비타민 C가 많이 함유되어 있다. 천연 방부제로 향균효과가 뛰어나다. 수렴효과도 있어 지성피부에 효과적이고 스킨컨디셔닝제로 이용하며 기초, 모발화장품, 색조화장품에서 천연방부제로 사용한다.

㉘ 장미꽃 추출물(*Rosa hybrida* Flower Extract)

장미(*Rosa hybrida*)의 꽃에서 얻은 추출물은 향수 및 화장품 제조에 가장 광범위하게 사용되어 왔다. 향기가 좋아 스트레스 완화에 도움이 되며, 피부 재생, 진정, 보습, 항염증, 수렴 등에 효과가 있고 노화피부, 건성피부, 민감피부에 도움을 준다.

㉙ 측백나무 추출물(*Thuja orientalis* Extract)

측백나무(*Thuja orientalis*)는 측백나무과의 상록교목이다. 잎 추출물은 탈모,

지루성 피부염, 두피 가려움증 등에 도움이 되고, 씨앗(백자인)은 섭취 시 장의 운동을 촉진시켜 변비해소에 좋다. 측백나무 추출물에는 플라보노이드, 알파-피넨(α-pinene), 퀘르세틴(quercetin) 등이 존재하며, 화장품에서는 모공수축작용, 모세혈관 기능촉진, 유연제, 항산화 및 항균작용 등의 역할을 한다.

㉚ 카모마일 추출물(Chamomile Extract)

주로 로만 카모마일(*Anthemis nobilis*)과 저먼 카모마일(*Matricari chamomilla*)이 사용되며 항염증, 피부재생, 항균, 수렴, 진정, 소염, 정화, 방부 및 항 알레르기 등 다양한 효과가 있다.

2. 식물 추출물 성분의 종류 및 특성

(1) 감마-오리자놀(γ-Oryzanol)

쌀겨에서 추출한 지질의 혼합물이다. γ-Oryzanol은 주로 쌀겨와 쌀겨기름의 지방 부분에서 발생한다. 자율신경 정상화, 혈액순환촉진, 피부대사촉진 및 미백작용 등이 있다.

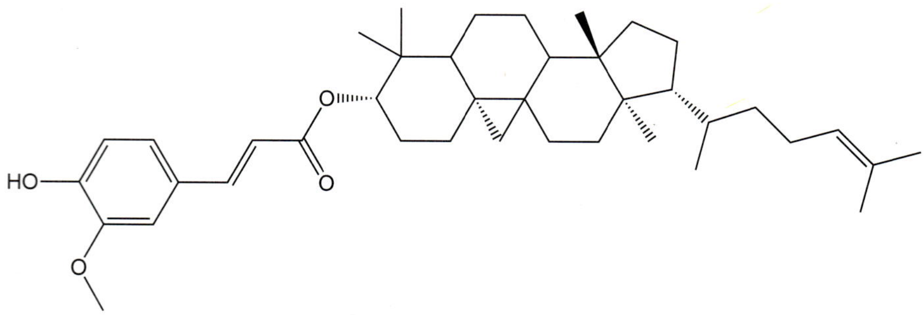

그림 11-1 감마-오리자놀(γ-Oryzanol)

(2) 글리시리진(Glycyrrhizinic Acid)

Glycyrrhizin(glycyrrhizic acid 또는 glycyrrhizinic acid)은 감초에서 얻은 물질로 구조적으로 식품이나 화장품의 유화제 또는 겔 형성제로 사용되는 사포닌이다. 항염증, 소염 및 항알레르기 효과가 있다.

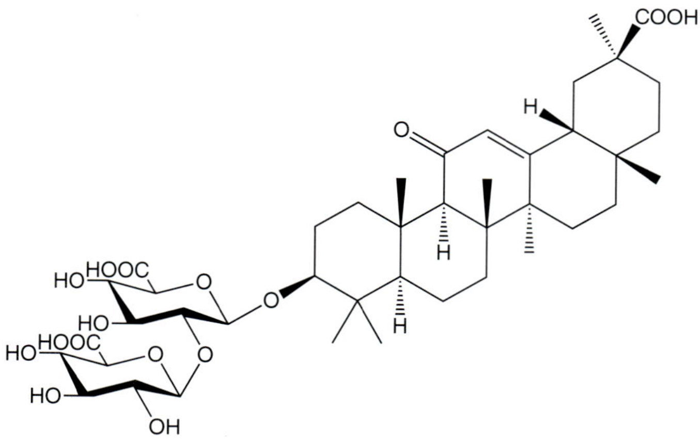

그림 11-2 글리시리진(Glycyrrhizin)

(3) 멘톨(Menthol)

박하나무에서 추출하거나 합성해 얻는 유기 화합물이다. 말랑말랑한 결정질의 물질인 박하뇌는 투명하거나 흰색을 띠고, 실온에서는 고체 상태이나 그보다 온도가 조금 더 높으면 녹기 시작한다. 얻은 물질로 청량감을 주며, 통증과 가려움증을 완화시키고, 방부와 살균작용이 있다.

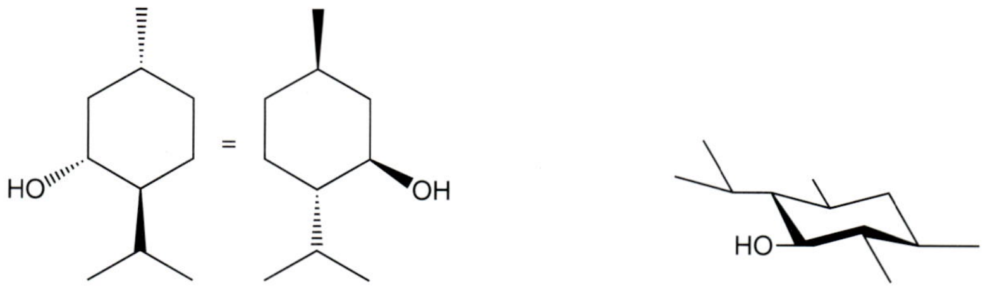

(−) Menthol   Chair form of (−) Menthol

그림 11-3 멘톨(Menthol)

(4) 사포닌(Saponin)

사포닌은 스테로이드, 스테로이드알카로이드 혹은 트리텔펜(triterpene)의 배당체로, 물에 녹아 비누식의 발포작용을 나타내는 물질의 총칭이다. 인삼과 대두 등에서 추출한 성분이며, 계면활성제로 유화작용, 가용화작용, 세정작용, 기포작용 및 항 염증작용 등이 있다.

사포닌은 인체의 면역력을 높이는 성분으로 알려져 있으며, 특히 인삼에 함유된 사포닌 종류인 진세노사이드(ginsenoside)와 엘루테로사이드(eleutheroside)가 있다. 또한, 피부의 최외층인 각질층을 깨끗하게 만들어 표면이 거친 피부에 좋다.

이 외, 사포닌에 있는 파나긴산은 보습작용이 뛰어나 피부에 윤기를 주고, 혈액순환을 촉진시켜 건강과 미용에 도움 되는 성분이다.

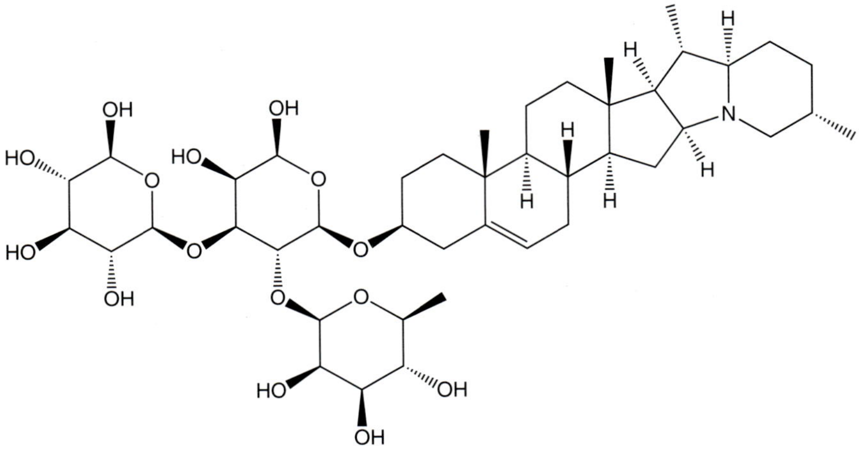

그림 11-4 사포닌(Saponin)

(5) 알란토인(Allantoin)

오래 전부터 상처 치료제로 사용된 알란토인은, 주로 곡물의 눈이나 밤나무껍질, 우엉 등과 같은 식물을 달여 즙의 형태로 만들어 사용되었다.

알란토인은 무취의 백색 분말로 스킨케어 제품, 목욕 제품, 아이 메이크업, 헤어케어 제품 및 구강위생 제품 등의 처방에 사용되며, 피부보호제로도 사용된다. 민감성을 완화시키고, 상처치유, 세포증식 및 진정 작용이 우수한 성분이다.

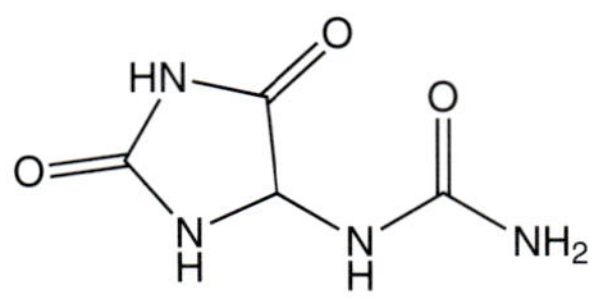

그림 11-5 알란토인(Allantoin)

(6) 우르솔산(Ursolic Acid)

로즈마리, 월귤나무, 사과, 배 등 식물이나 약초에 함유된 성분 중 하나이다. 우르솔산은 피부에 주름이 형성되는 것을 억제하고 피부의 탄력성을 증진시키는 물질로 알려져 있다.

Anti-aging 실험의 기준(standard) 지표로 자주 사용되는 물질로 피부에 자극이 약해서 민감성 피부에 적합한 물질이다.

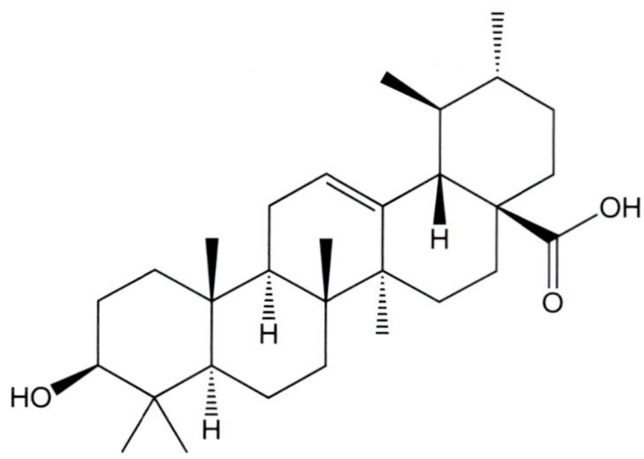

그림 11-6 우르솔산(Ursolic Acid)

(7) 엽록소(Chlorophyll)

식물의 광합성 작용으로부터 얻어지는 식물에 함유된 녹색 색소이며, 광합성의 핵심 분자로 빛에너지를 흡수하는 안테나 역할을 하는 색소이다.

탈취작용이 우수하여 방취, 치약 및 구강 청정제 등에 많이 사용되고, 피부 정화 작용도 뛰어나 지성피부용 화장품에 활용된다.

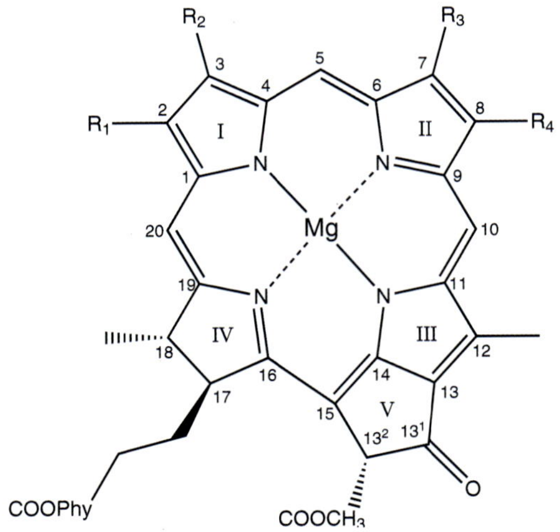

Name	R_1	R_2	R_3	R_4
Chlorophyll a	CH_3	$CH{=}CH_2$	CH_3	$CH_2{-}CH_3$
Chlorophyll b	CH_3	$CH{=}CH_2$	CHO	$CH_2{-}CH_3$
Chlorophyll d	CH_3	CHO	CH_3	$CH_2{-}CH_3$
Chlorophyll f	CHO	$CH{=}CH_2$	CH_3	$CH_2{-}CH_3$

그림 11-7 엽록소(Chlorophyll)

(8) 카페인(Caffeine)

커피, 녹차 및 카카오 등에 함유된 알칼로이드(alkaloid) 성분으로 쓴맛이 난다. 의약품에서는 이뇨제, 흥분제 및 강심제 등으로 이용되며, 화장품에서는 피부의 신진대사를 촉진시키고 피하지방 축적을 억제하며, 모공을 수축시키는 작용을 한다.

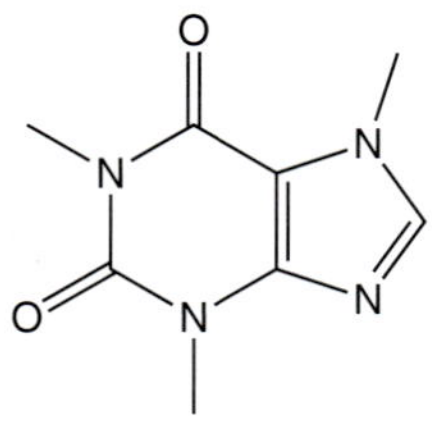

그림 11-8 카페인(Caffeine)

(9) 캄포(Camphor)

천연 캄포는 동양에서 자생하는 사철나무에서 주로 얻는다. 방향성 있는 흰색 또는 투명한 색의 유연한 고체이며, 화학식은 $C_{10}H_{16}O$이다. 오늘날에는 합성된 형태로 주로 사용된다. 수렴, 소독, 피지제거 작용이 뛰어나 여드름 및 지성용 화장품 원료로 사용된다.

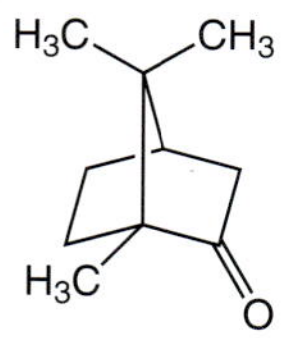

그림 11-9 캄포(Camphor)

(10) AHA(Alpha Hydroxy Acid)

아하는 수용성 성분으로 피부의 묵은 각질을 제거하는데 효과가 탁월하다. 피부를 간접재생하거나 유연 및 보습에도 탁월하여 건성이나 중성피부에 적합한 성분이다. AHA의 종류에는 글리콜산, 사과산, 주석산, 젖산, 구연산이 있다.

낮은 농도에서는 각질제거와 보습효과가 뛰어나지만 높은 농도의 AHA는 박피효과를 나타내어 따끔거림이나 햇빛에 민감하게 작용하는 등의 부작용이 있을 수 있다.

화장품에 배합 시 3% 미만의 경우는 보습 효과가 좋고, 8% 이상부터 각질제거의 효과가 높아진다. 그리고 4% 함유율과 pH 3~4인 화장품에서도 각질제거의 효과가 나타난다.

① 글리콜산(Glycolic Acid)

사탕수수에서 추출하는 성분으로 AHA의 종류 중 분자의 입자크기가 가장 작다. 입자크기가 작기 때문에 피부에 침투력이 뛰어나 각질제거 효과가 우수하여 가장 많이 사용하는 AHA 성분이다.

② 사과산(Malic Acid)

덜 익은 사과나 복숭아 등에서 추출하는 AHA로 보습에 효과적이고 pH 조절에 사용한다.

③ 주석산(Tartaric Acid)

포도산으로도 불린다. 포도나 와인 등에서 추출하며 사과산과 유사한 작용(보습효과, pH 조절작용)을 한다.

④ 젖산(Lactic Acid)

쉰 우유에서 추출하는 성분으로 천연보습인자의 성분 중 하나이다. 뛰어난 보습효과와 각질제거의 효능으로 피부를 유연하게 하는데 우수한 효과를 보이지만 글리콜산에 비해 각질제거의 효과는 약하다.

⑤ 구연산(Citric Acid)

오렌지나 레몬 등 감귤류에서 추출하는 성분으로 산화방지와 pH 조절에 사용된다.

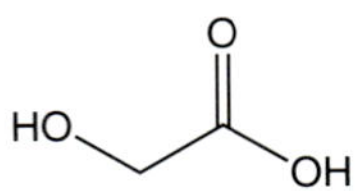

Glycolic acid

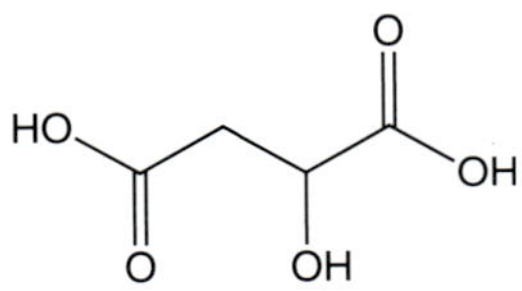

Malic acid

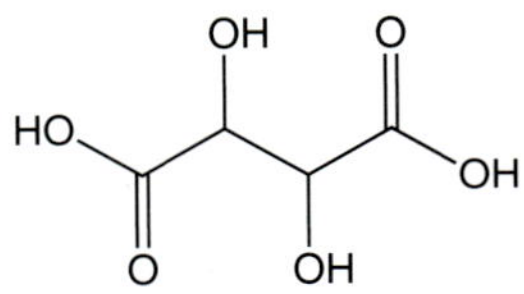

Tartaric acid

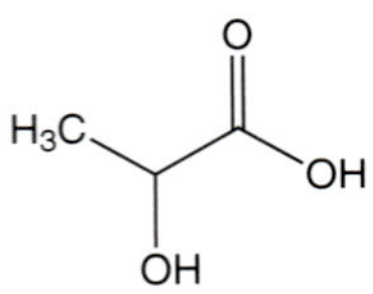

Lactic acid

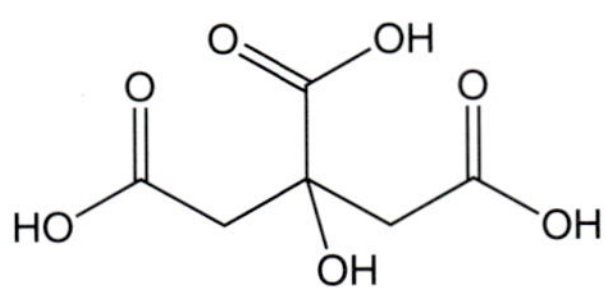

Citric acid

그림 11-10 AHA의 종류

2. 동물 추출물(Animal Extracts)

① 콜라겐(Collagen)

인체의 전체 단백질의 약 1/3을 구성하는 진피 내의 섬유상 단백질로 신체를 구성하고, 세포조직을 결합 또는 지탱하는 물질이다.

피부노화로 인한 진피 내 콜라겐의 구조적 변화, 피부의 탄력성과 유연성 등이 저하되어 있는 피부에 활력을 주기 위하여 어린 동물의 조직에서 콜라겐을 추출하여 사용한다.

탁월한 보습효과로 촉촉한 피부를 유지하고 잔주름을 예방하는데 효과적이다. 또한, 푸석하고 윤기 없는 모발에 작용하여 생기 있고 건강한 모발로 가꾸는데 도움을 주는 성분이다.

② 엘라스틴(Elastin)

이 원료는 동물의 연결조직에서 발견되는 탄력성이 강한 섬유상 단백질이다. 동물의 혈관 벽이나 인대 등과 같이 탄력성이 강한 조직에 함유되어 있으나 피부와 힘줄에는 비교적 함량이 낮다. 엘라스틴은 헤어컨디셔닝제와 피부컨디셔닝제로 사용된다.

③ 태반추출물(Placenta Extract)

소, 돼지, 양 등의 태반을 동결 건조하여 얻는다. 효소, 수용성 비타민, 호르몬 및 단백질 등 인체에 유효한 성분이 함유되어 있어 크림, 앰플, 마스크 팩 등에 적용하여 피부 미백과 재생, 보습 등을 목적으로 하는 제품에 사용되었지만, 현재는 광우병 문제로 인하여 태반 추출물 등 동물 유래의 추출물은 이용 금지이다.

④ 프로폴리스(Propolis)

벌집에 있는 수지물질에서 추출한 것으로 끈끈한 성질을 가진 물질을 말한다.

자연계의 페니실린이라고 불릴 정도로 항생효과가 뛰어나며 프로폴리스 안에는 수지가 대부분이며 약 104종의 천연성분이 들어 있다. 이 중 특히 100 종류가 넘는 플라보노이드가 들어 있어서 피부의 면역체계 향상 및 강화에 도움을 주고, 항균, 항산화, 항염증, 진통 등의 작용이 뛰어나다. 예로부터 민간요법으로 미용 및 피부질환 치료의 목적으로 사용되었다.

⑤ 히알루론산(Hyaluronic Acid)

히아루론산(hyaluronic acid)은 신체의 모든 부위에 존재하는 산성 무코 다당류로써 N-아세틸-D-글루코사민(N-acetyl-D-glucosamine)과 글루쿠론산(glu-curon ic acid)이 교대로 사슬모양으로 결합되어 분자량이 20만~40만이나 되는 고분자 화합물이다.

소의 수정체에서 최초로 발견되었으며 수탉의 벼슬, 또는 동물의 탯줄에서 추출합성하고 현재는 각종 식물에서 추출 및 합성이 가능한 성분이다.

히알루론산은 뛰어난 수분함유능력과 점성 및 탄성이 좋은 생체고분자로 피부를 촉촉하게 하며, 피부 세포를 활성화시켜주고, 손상된 피부를 회복시켜 생기 있는 피부를 유지시켜 준다. 히알루론산은 몸집의 백배 이상 수분을 끌어당기는 능력을 가지고 있어 수분 유지 능력이 가장 뛰어난 보습제이다. 피부 트러블의 원인 물질들로부터 피부를 보호하여, 피부의 면역력 저하를 방지하고 손상된 피부를 회복시키는 역할과 함께 스킨컨디셔닝제와 점증제로 이용된다.

⑥ 밀납(Bees Wax)

벌집에서 가열압착법, 용제추출법 등에 의해 얻을 수 있는 동물성 왁스로서 흰색과 노란색이 있다. 벌집을 가열, 압착, 여과, 정제한 것이 노란색이고, 정제한 왁스를 표백하여 얻은 것이 흰색이다. 비즈왁스는 피부에 코팅 막을 형성해 수분을 빼앗기지 않도록 하며, 점도 있는 화장품에 점증제로 사용된다. 또한, 화학방부제를 사용하지 않는 화장품에 천연 방부제 및 제품 안정화 용도로 사용된다.

⑦ 로열젤리(Royal Jelly)

담황색의 버터 상태로 된 액체로 특이한 향기를 내는 물질로 탄수화물, 단백질, 지방, 비타민 B복합체, 무기질 및 수분이 풍부하게 함유되어 있다. 로열젤리 수용액의 pH는 3.5~4.5이며, 모발 및 피부에 컨디셔닝을 부여하고 노화로 인해 지친 피부에 생기와 활력을 주는 효과가 있다. 피부의 수분 보유능력을 강화하여 건조함을 예방하고, 예민해진 피부를 편안하게 진정시켜주며, 면역력을 향상시키는데 도움을 준다. 또한, 외부 자극 등으로 인해 손상 받은 피부의 과민 반응을 완화시키고 세포를 재생시키는 효능이 있다.

⑧ 라놀린(Lanoline)

라놀린은 양의 털에서 추출한 물질로서 연고와 비슷한 제형으로, 액상의 라놀린오일과 고체상의 라놀린왁스로 분리된다. 라놀린을 수용액에 넣고 가열(가수분해)하면 유기산(라놀린애씨드)과 유기 알코올 (라놀린알코올)의 혼합물이 생성된다, 아세테이트와 수소, 하이드록시기 각각에 라놀린을 첨가하면 아세틸레이티드라놀린, 하이드로제네이티드라놀린 및 하이드록실레이티드라놀린이 생성된다. 라놀린 및 관련 성분은 W/O형태의 유화제, 에몰리언트 크림의 기제, 비누의 원료로 이용되어, 베이비 제품, 스킨케어, 헤어케어, 태닝 및 자외선 차단제, 쉐이빙 제품, 매니큐어, 색조화장품 등 광범위하게 사용된다. 라놀린은 건성 피부에 효과가 매우 좋지만 알레르기를 유발할 확률이 높기 때문에 주의해야 한다.

⑨ 실크 추출물(Silk Extract)

누에고치의 실크를 묽은 황산으로 처리하여 추출한다. 펩티드 물질이 주요성분이고 피부컨디셔닝제로 피부의 탄력에 도움을 주고 보습효과가 있으며, 피부와 모발의 유연에 도움을 준다.

3. 해조류 추출물(Marine Algae Extracts)

바다에 사는 식물들을 해조류라고 하며, 육상의 식물들과는 매우 다른 형태와 구조를 가지고 있다. 육지의 식물들은 수분과 양분을 흡수하기 위한 뿌리와 단단한 줄기, 잎의 구조를 갖추고 있지만, 바다에 사는 해조류는 대부분 뿌리, 줄기, 잎의 구분이 없으며 부드럽고 연한 조직을 가지고 있다.

해조류는 광합성에 관여하는 색소에 따라 녹조류, 갈조류, 홍조류로 구분된다. 햇빛이 물속으로 들어가면 붉은색과 초록색 빛은 얕은 곳에서 흡수되고, 푸른색 빛은 깊은 곳까지 들어갈 수 있기 때문에, 초록색 색소를 가진 녹조류는 비교적 얕고 밝은 곳에 살며, 갈조류, 홍조류는 조금 더 깊고 어두운 곳에서 자란다.

표 11-1 해조류 추출물의 종류 및 효과

구분	종류	활성성분	작용	적용
홍조류	*Chondrus crispus*	카라기난환원당, 황산화당 복합체	보습, 항염증	손상피부, 염증피부
	Corallina officinalis	Ca, Mg, Zn, 펩티드, 아미노산	혈관수축, 진정, 피지억제	지성, 민감성 피부, 선번 피부
	Delesseria sanguinea	페놀화합물, 유리아미노산(proline), 다당류(황산갈락토시란)	수분제거, 진정	과잉피지 제거, 부은 발

구분	종류	활성성분	작용	적용
	Gigartina stellata	카라기난, 황산화당복합체	보습, 항염증	손상 및 염증피부
	Palmaria palmate	아미노산, 미네랄	미소순환촉진, 수분제거	이완피부, 두피강장, 부은발, 지방제거
	Porphyra umbilicalis	단백질, 아미노산(Ala, Asp, Glu, Gly, Arg), 다당류(prophyran)	수복 및 보호작용	이완피부
녹조류	*Chlorela*	단백질, 펩티드, 아미노산	피부정돈, 엘라스틴, 콜라겐 보호	노화 및 주름 예방
	Ulva lactuca	단백질, 아미노산(Ala, Phe), Mg, K	보습(NMF작용), 항염증	염증피부
갈조류	*Laminaria digitata*	아미노산, 단백질, 당, 미네랄	지방분해	지방과다, 셀룰라이트
	Ascophyllum nodosum	당 단백질복합체, 폴리페놀	세포부활, 유리기 억제	민감, 노화피부
	Undaria pinnatifida	요오드, 아미노산, 점액질	슬리밍, 유연, 보습	지방제거, 건조피부
	Fucus vesiculosis	아미노산, 미량원소, 황산화당(fucane)	재생, 탄력, 지방감소	이완, 노화피부, 비만
	Himanthalia elongate	폴리페놀	항균	여드름피부, 두피
	Macrocystis pyrifera	마누론산(mannuronic acid), 마노스(mannose)	보습, 진정작용	손상, 민감성 피부

① 후코이단(Fucoidan)

해조류 중 갈조류에 속하는 다시마, 미역귀, 톳 등에 함유된 점액질의 화합물로 이 끈끈한 성분이 간조일 때 햇빛과 공기에 직접 노출되는 해초를 보호해주는 역할을 하며 평균 분자량은 20kDa이다. 후코스(fucose)라는 기본 당과 황산기가 결합되어 있는 구조이다.

후코이단의 미용 효과가 처음 알려지게 된 것은, 우연찮게 손에 포진이 있던 한 연구원이 갈조 추출물을 맨 손으로 만지다 치유가 되어 연구가 되었다고 한다. 후코이단은 생체조직을 촉촉하게 보습하고, 상처를 감싸 아물게 하며, 염증을 예방하는 성분으로 현재는 암세포의 자살기전(apoptosis) 기능으로 새롭게 각광 받는 신물질이다.

분자의 성분 중에 황산기가 붙어 있는 분자는 친수성이 강한 특징이 있는데, 후코이단은 이러한 황산기를 다량 함유하고 있어 보습력이 그 만큼 뛰어나다. 히알루론산보다 더 높은 보습력을 보이고, 분자량 감소 시 보습력은 더욱 우수해진다. 또한, 피부를 자외선으로부터 보호하고 이미 햇빛에 노출된 피부는 멜라닌이 과도 생성되지 않도록 해준다. 후코이단은 피부에서 멜라닌으로 산화하는 효소인 도파 옥시다제(DOPA oxidase)의 발현을 억제하여 멜라닌의 합성을 막아 색소침착을 억제하고, 멜라닌 형성세포 가지돌기의 형성을 억제하여 멜라닌소체(melanosome)가 각질세포로 이동하는 것을 막음으로써 피부에 멜라닌 색소가 침착하는 것을 방지해주는 역할을 한다.

또한, 간세포성장인자(growth factor, GF)의 생산을 유도하여 피부세포의 재생 및 복원을 활성화시키고, 비타민 C와 유사한 항산화 효과로 주름생성을 지연시키며, 피부탄력 및 투명도를 증가시켜 노화억제를 돕는다. 그리고, 항염 및 진정 효과로 여드름 및 아토피 피부에 탁월한 효과를 보이며, 피부에 대한 자극이 없어 민감성 피부에도 적합한 성분이다.

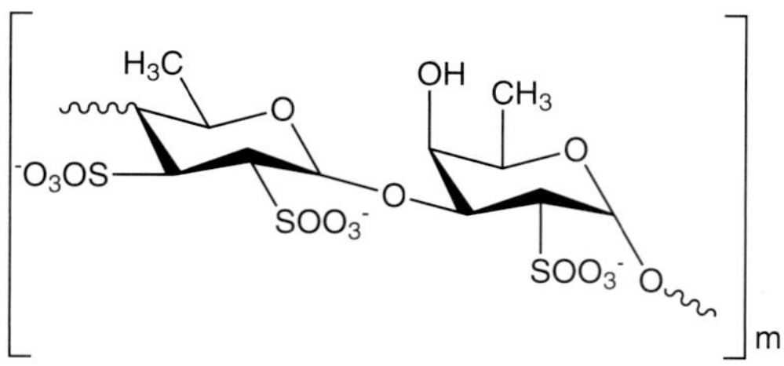

그림 11-11 후코이단(Fucoidan)

② 알지네이트(Alginate)

갈조류의 세포막 주요 성분으로 Algae(조류)가 그 어원이며, 마른 다시마, 대황, 감태 등에 15~30% 함유되어 있는 탄수화물(다당류)로서 D-만누론산(D-mannuronic acid)과 L-글루쿠론산(L-glucuronic acid)의 복합다당류이며 그 비율이나 중합도는 해조(바닷말)의 종류와 부위에 따라 다르다. 성상(性狀)도 다소 다르며 일반적으로는 물·유기용제에 녹지 않고 알칼리용액에는 잘 용해되며 산에 의해 침전한다.

알지네이트(알긴산)는 미역, 다시마 등의 갈조류에서 추출되는 끈끈한 점액질 성분이다. 물에는 녹지 않고 팽윤하며 콜로이드(교질: 미립자가 기체나 액체 속에 응집 혹은 분사되어 있는 상태)이며, 점증제, 유화안정제, 겔화제 등 여러 용도로 사용되고 화장품뿐만 아니라 식품, 산업, 의료 등 다양한 분야에 응용된다. 화장품에 응용 시, 흡착성이 우수하여 독소제거에 효과적이며 보습력이 뛰어나다.

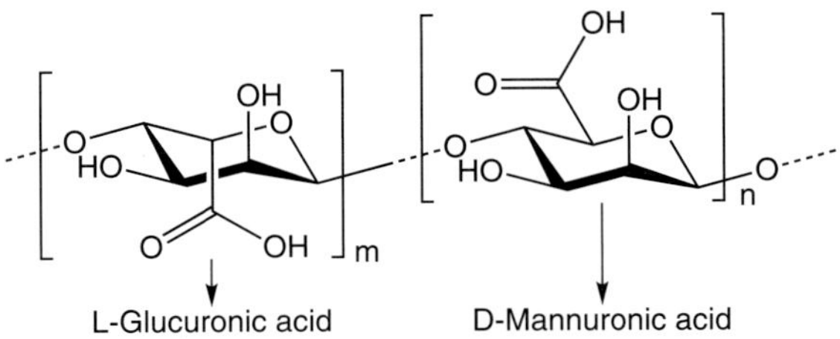

그림 11-12 알긴산(Alginate)

③ 카라기난(Carrageenan)

이 원료는 돌가사리과(gigartinaceae) 또는 끈적살과(solieriaceae)에 속하는 다당류로 홍조류로부터 열수출이나 뜨거운 알칼리용액으로 추출 및 정제하여 얻는다. 분자 중 황산기를 갖고 있는 황산화갈락탄으로, 황산기의 수와 결합위치에 의해 κ(kappa)-카라기난, ι(iota)-카라기난, λ(lambda)-카라기난으로 구분한다.〈그림 11-11〉

냄새나 맛은 없고, 백색 또는 미황색의 분말 형태로 냉수에서는 용해되지 않지만 80~85℃의 고온에서 완전히 녹았다가 50~55℃에 이르면 겔화가 되기 시작한다. 시간이 지나도 보수력이 우수해 점도가 잘 변하지 않고, 카제인(casein)과 반응하면 균일한 겔을 형성하여 유청이 분리되는 것을 막아주는 효과가 뛰어나 두유에 많이 사용된다.

식품응용에 있어서 유화안정제, 팽윤제, 분산제, 증점제, 결착제, 식이섬유, 지방대체물질(fat replacer), 겔화제, 결정방지제 등 다양하게 이용된다. 식품 외에도 의약품, 화장품, 그리고 기타 분야에서 응용되고 있다.

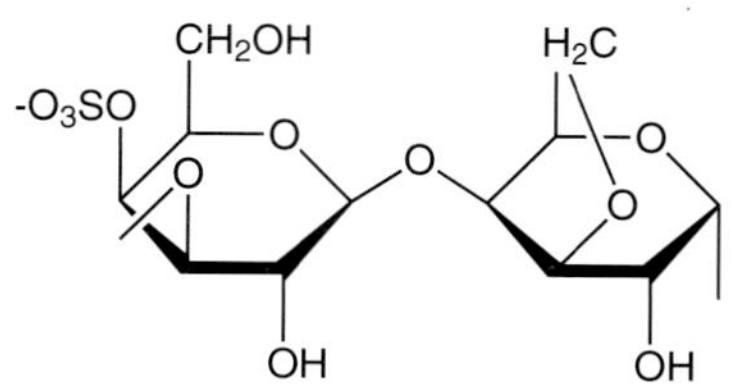

카파–카라기난(kappa carrageenan)

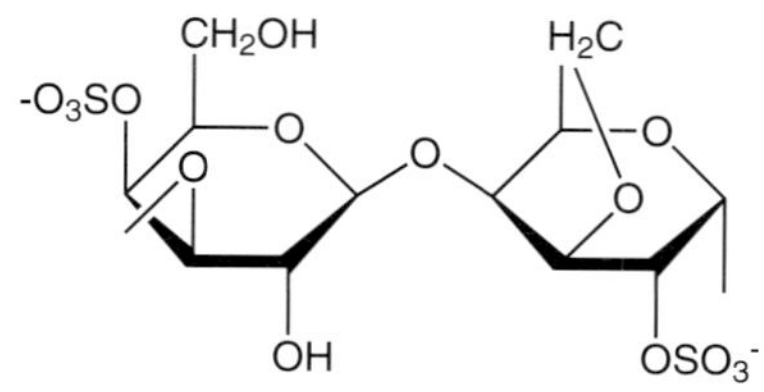

아이오타–카라기난(iota carrageenan)

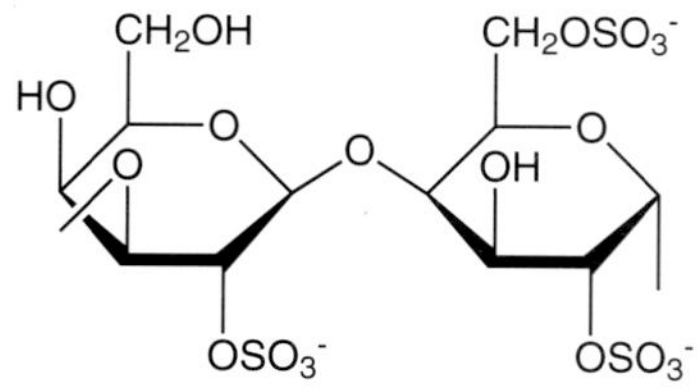

람다–커라기난(lambda carrageenan)

그림 11－13 카라기난(Carrageenan)

④ 한천(Agar)

한천은 천초(gelidium)나 꼬시래기(gracilaria) 등과 같은 홍조류에서 추출한 물질로, 갈락토오스를 주성분으로 한 젤라틴과 유사한 물리적 성질을 가진 투명한 물질이다. 다른 말로는 우무라고도 하며, 물에 녹여서 식용 또는 공업용 재료로 사용하기도 한다.

물에 잘 용해되며 투명하고 말랑말랑하다. 열량이 낮아서 다이어트 식품으로 각광받는 물질이며, 미생물이나 식물조직, 동물세포를 고정해서 배양하는 고형배지의 조제용으로 사용되기도 하는 등 다양한 면에서 유용하게 사용된다.

주성분은 중성다당류인 아가로오스(agarose)와 산성다당류인 아가로펙틴(agaropectin)이며, 85℃ 이상이 되지 않으면 완전 용해가 안 되고, 90℃ 이상에서는 완전히 녹으며, 용해된 수용액은 32~39℃에서 겔화된다.

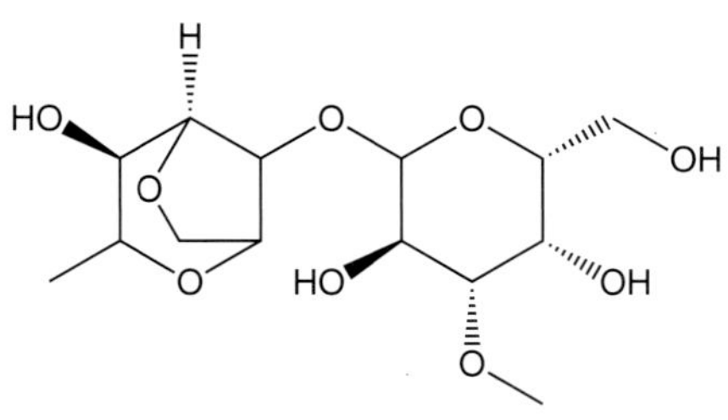

그림 11－14 한천(Agar)

⑤ 포르피린(Porphyrin)

혈색소의 헤모글로빈, 엽록소의 클로로필 등의 색소 성분을 구성하는 모핵이 되는 화합물로 생리적으로 매우 중요한 역할을 한다.

포르피린류의 구조는 20세기 초부터 연구하여 H. fischer가 합성에 성공하여 노벨상을 받았다. 현재는 동위원소를 이용한 연구로 포르피린의 생합성 경로도 완전히 파악되었다.

네 개의 피롤(pyrrole)고리가 고리모양으로 결합한 구조로, 피롤고리의 네 개의 질소에 의해 철(Fe), 마그네슘(Mg) 등과 분자 안에서 착이온을 가진 염을 형성한 화합물이 천연에 존재한다.

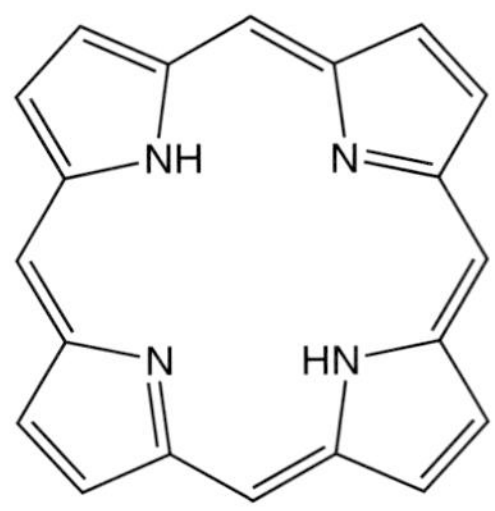

그림 11－15 포르피린(Porphyrin)

⑥ 키틴/키토산(Chitin/Chitosan)

키틴은 가재, 게, 새우 등의 갑각류와 오징어 등 연체동물의 골격성분, 효모나 버섯 등의 진균류 세포벽에 존재하는 천연 고분자 다당류이다. 키틴은 생체 내에서 단백질이나 탄산칼슘 등과 함께 복합체를 이뤄 생물의 골격과 외피를 형성하는 지지체 및 보호체 역할을 한다.

키틴이 강한 알칼리로 서서히 탈아세틸화하면 약간의 구조 변화가 일어나면서 키토산이 만들어진다〈그림 11－16〉. 키토산은 상처 치유 속도가 빠르기 때문에 세포를 증가시켜서 피부의 큰 상처가 빠르게 복원되는 효과가 있어서 이를 이용한 기능성 화장품 소재 및 의료용 제품 개발에도 응용되고 있으며, 피부 보습제, 자외선 차단제, 모발 보호제 등으로 피부나 모발화장품에 사용되고 있다.

키틴 및 키토산은 인체에 해가 없고, 맛과 향도 없는 천연 고분자 다당류로 주로 붉은색 갑각류 껍질에서 추출되기 때문에 자원이 풍부하다.

또한, 쉽게 생분해가 되기 때문에 친환경적이며, 독성이 거의 없는 물질로 식품소재로도 충분히 안전하다. 점성이나 보습성, 항균 및 항곰팡이 활성, 금속흡착성 등의 기능이 있어서 화장품과의 응용이 끊임없이 이루어 질 것으로 보이는 물질이다.

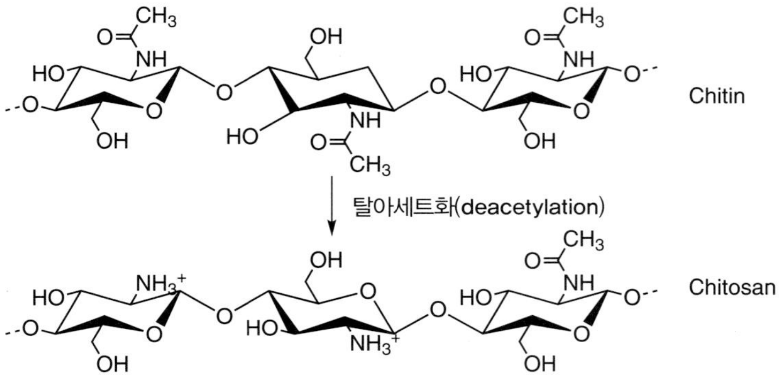

그림 11－16 키틴과 키토산

Chapter 12

효소

12. 효 소

1. 효소의 정의(Definition of Enzyme)

효소란 화학반응을 촉진시킬 수 있는 단백질이며, 이 과정을 촉매작용(catalysis, 자기 자신은 소모되거나 변화되는 일이 없이 특정한 화학반응의 속도를 촉진시키는 작용을 하는 물질)이라 한다.

효소는 기질과 결합하여 효소-기질 복합체(enzyme-substrate complex)를 형성함으로써 반응의 활성화 에너지(activation energy)를 낮추는 촉매 역할을 한다. 어떤 물질들이 모여서 화학반응을 하려면 이 물질들이 서로 결합하거나 충돌할 만큼 에너지를 가져야 하는데, 이런 상태가 되는 데 필요한 에너지를 그 물질의 활성화 에너지라 한다. 효소는 이런 활성화 에너지를 낮추어 줌으로써 생물체 내의 화학반응을 촉진시킨다.

효소에 의해 촉매 되지 않은 반응은 활성화 에너지(Ea)가 많이 필요하지만, 효소에 의해 촉매된 반응은 활성화 에너지(Ea')가 더 적게 필요하다. 두 가지 반응 모두 반응하기 전의 에너지와 반응이 끝난 후의 에너지는 같다. 즉, 두 반응 모두 반응 전과 반응 후의 에너지 차이는 같은 것이다. 다만, 효소는 반응이 시작하기 위해 필요한 활성화 에너지를 낮추어 줌으로써 반응이 좀 더 쉽고 빨리 일어날 수 있도록 도와주는 역할을 한다.

이렇게 효소가 반응에 필요한 활성화 에너지를 낮출 수 있는 것은 효소가 기질과 결합하여 기질이 반응하기 쉽게 도와주기 때문이다. 효소들은 각기 다른 형태의 활성부위(active site)를 가지고 있다. 그러므로 효소는 자신의 활성부위에 알맞게 결합하는 특정한 기질하고만 상호작용할 수 있다.

2. 효소의 종류와 특성(The Type of Enzyme)

효소와 기질은 활성부위에서 결합하여 효소-기질 복합체(enzyme-substrate complex)를 형성한다. 반응이 끝난 후에도 효소의 형태는 변하지 않으며 기질은 새로운 생성물이 된다. 이렇게 효소가 특정 기질과만 결합하여 반응을 촉매 하는 성질을 효소의 기질특이성(substrate specificity)이라 한다.

기질은 효소에 비해 작은 분자이므로 효소분자의 특정 부위에 결합하게 된다. 이러한 상호작용을 설명하는 가장 간단한 모형은 열쇠자물쇠 모형(lock and key model)으로서 효소를 자물쇠로, 기질을 열쇠로 나타낸다.

여러 모양의 기질 중에서 효소의 활성부위와 가장 잘 들어맞는 기질이 선택되어 효소의 활성부위에 붙는다. 그러면 효소의 활성부위의 모양이 기질의 모양과 비슷해지도록 변형된다. 이때에 기질의 모양도 조금 바뀌게 되는 데 이것이 효소반응에 필요한 활성화 에너지를 낮춰 준다. 그런 후에 효소의 작용을 통해 기질이 새로운 생성물로 만들어진다.

효소는 일반적으로 촉매 하는 화학반응의 형식에 따라 분류된다. 많은 효소는 그 기질의 명칭 또는 효소의 활성을 나타내는 명칭에 "아제"(-ase)라는 접미사를 붙여 명명되고 있다. 즉, 우레아 가수분해효소(urease)는 요소(urea, 또는 우레아)의 가수분해를 촉매하며, DNA 중합효소(DNA polymerase)는 DNA의 합성을 촉매 한다. 그러나 효소 중에는 펩신(pepsin)이나 트립신(trypsin)과 같이 기질과는 상관없이 명칭을 붙인 것도 많다.

또한, 1가지의 효소가 2개 또는 그 이상의 이름을 가지고 있는 경우도 있다. 이와 같이 명칭사용의 애매모호함을 피하기 위해서, 그리고 새로 발견되는 효소의 수가 계속 늘어나기 때문에, 효소를 명명하고 분류하기 위한 체계적 방식이 국제적인 합의로 채용되고 있다.

국제생화학연합 효소위원회의 분류법은 효소번호(fourdight classification number : E. C. number), 관용명(trivial name), 계통명(systematic name) 순으로 구성되어 있다.

효소는 단백질 분자이므로 독특한 3차 구조를 형성하며, 어떤 효소는 올리고머(oligomer) 또는 4차 구조를 가진다. 효소가 작용하는 분자를 기질(substrate, S)이라 한다.

화학결합은 기질 내에서 만들어지거나 파괴된다. 효소의 폴리펩티드(polypeptide) 사슬은 3차 구조의 작은 주머니(pocket) 혹은 갈라진 틈(cleft)이 효소표면의 어느 곳에 위치하는 식으로 겹쳐진다. 따라서, 이 갈라진 틈을 효소활성부위(active site)라 하고, 여기에 기질이 결합하여 효소-기질 복합체(enzyme-substrate complex, ES 복합체)를 형성한다. 이 복합체는 계속 반응하여 재생된 효소와 함께 반응 생성물(product, P)을 만들어 낸다.

이와 같은 형태를 열쇠와 자물쇠로 비유한다면 효소분자를 자물쇠로, 기질은 열쇠로, 그리고 활성부위를 열쇠구멍이라 할 수 있다. 이와 같은 묘사를 우리는 열쇠와 자물쇠이론(lock-and-key theory)이라 한다.

① 절대 특이성(absolute specificity)

효소가 한 가지 기질과 반응하여 한 가지 반응만을 촉매할 때 절대 특이성을 나타낸다고 한다.

② 군 특이성(group specificity)

어떤 효소는 공통의 작용기를 가지는 한 종류의 기질에 반응할 수 있다.

③ 결합 특이성(linkage specificity)

어떤 종류의 효소는 특정한 형태의 화학결합에만 특이적으로 작용한다.

④ 입체특이성(stereospecificity)

어떤 효소는 D(dextrotatory)-입체 이성질체와 L(levorotatory)-이성질체를 구분할 수 있으며, 이들 중 하나만을 사용하여 반응을 촉매 한다.

3. 효소의 분류(Classification of Enzymes)

(1) 산화환원 효소(Oxidoreductase)

수소 또는 전자를 기질에 첨가하거나 제거, 즉 산화환원반응을 촉매 하는 효소로서 산화효소, 환원효소, Catalase, Peroxidase, Oxygenase, Hydroxylase 등이 포함된다.

생체 내에서는 이 효소계에 의하여 생명유지에 필요한 에너지를 얻는다.

(2) 전이효소(Transferase)

한 화합물에서 다른 화합물로 원자의 전위(위치를 변동)를 촉매 하는 효소이다. 예로, 키나아제(kinase)는 ATP의 인산을 다른 화합물로 전이하고 아미노기 전이효소(transaminase)는 아미노기를 전이한다. 전이반응은 가수분해 또는 합성반응에 비해 에너지의 출입이 적다.

(3) 가수분해효소(Hydrolase)

물 분자가 도입되어 기질의 공유결합을 가수분해 시키는 효소로서 지질의 에스테르(ester)결합, 당질의 글리코시드(glycosidic)결합, 단백질의 펩타이드(peptide)결합 등을 절단한다.

Esterase(에스터결합 가수분해효소 – carboxylesterase, phosphatase, sulfatas), Glycosidase(글리코시드결합 가수분해효소), Peptidase(단백질결합 가수분해효소 – exopeptidase, endopeptidase), Amidase(아미드결합 가수분해효소), Amidinase(아미딘결합 가수분해효소), Pyrophosphatase(인산결합 가수분해효소) 등이 있다.

(4) 분해효소(Lyase)

가수분해 이외의 방법으로서 기질로부터 Carbonyl기, Aldehyde기 등의 원자단을 분리하여 기질에 이중결합을 생성시키거나 이중결합에 이와 같은 원자단을 부가시켜 주는 효소이다. 즉, 비가수분해적으로 이를 이탈시키는 반응 촉매 효소를 말한다.

분해효소(lyase)는 가수분해나 산화 이외의 방법으로 기질로부터 C–C, C–O, C–N 결합 등을 절단하고 CO_2, Aldehyde, 물, NH_3 등을 제거한 후 이중결합을 남기거나, 이중결합에 특정의 기를 효소로 하는 Aldolase, Decarboxylase, Dehydratase 등이 있다. 특히 부가 반응이 중요한 경우에는 Synthase(생성효소)라 하며 Citrate Synthase(시트르산 생성효소), Malate Synthase(사과산 생성효소), Anthranilate Synthase(안트라닐 생성효소) 등이 있다.

(5) 이성화효소(Isomerase)

기질분자의 분해, 전위, 산환환원을 일으키지 않고 분자의 이성화반응을 촉매하는 효소이다. 어떤 화합물의 구조적, 광학적, 기하학적 변화 등 분자내 변화를 일으켜 이성질체로 바꾸는 반응을 촉매하는 효소로 Epimerase(에피머화효소), Mutase(산화와 환원을 동시에 촉매), Racemase (D형과 L형의 상호변화를 촉매) 등이 여기에 포함된다.

(6) 합성효소(Synthetase)

ATP와 같은 고에너지결합의 분해와 동시에 작용하여 2개의 분자를 결합시키는 반응을 촉매 하는 효소이다. 물질에 물이나 CO_2를 부가하거나 이탈하는 반응 효소를 말한다. 연결효소(ligase)는 ATP 또는 고에너지 인산결합을 가수분해 할 때 유리되는 자유에너지를 이용하여 두 개의 분자를 연결시키는 반응을 촉매 하는 효소이다.

4. 효소활성에 미치는 인자(Factors Affecting Enzyme Activity)

효소의 활성에 미치는 대표적 인자는 온도, pH, 기질농도이며, 그 외 효소 저해제, 공유결합에 의한 효소분자의 변형(modification), 세포 내 효소의 농도, 다른 자리 입체성 조절인자(allosteric effector) 등 다양한 원인에 의해 영향을 받는다. 또한, 환경적 요인과 화학적 요인도 크게 작용한다.

(1) 온도

효소의 반응속도는 온도에 의해 크게 영향을 받는다. 0℃ 또는 그 부근에서는 분자운동이 크게 감소하여 매우 느리게 작용하지만 10℃ 이상부터 효소반응 속도는 급속도로 증가하고, 최적온도(optimum temperature)의 범위에 도달하기 전까지 10℃ 상승할 때마다 효소의 반응속도는 2배씩 증가한다.

온천지대에서 발견되는 내열성 미생물 등 예외가 있기는 하지만 효소는 대개 40℃ 정도까지는 온도증가에 따라 활성이 증가한다. 하지만, 그 이상에서는 열에 의한 변성이 일어나서 활성을 잃어버린다.

(2) pH

수소이온 농도에 따라 효소의 활성에 영향을 미치며, 활성자리의 이온화 상태에 따라 효소의 촉매활성은 변한다. 또한, pH의 변화에 따라 활성자리의 화학군 이온화도 영향을 받는다.

그 외, 여러 기질들은 용액의 수소이온 농도에 영향을 받는 산성이나 염기성의 작용기를 가지기 때문에 pH는 효소 분자의 3차 구조에 큰 영향으로 효소활성에 변화를 줘서 효소활성은 반응액의 pH를 변화시킴으로서 조절된다.

또한, 효소는 자신만의 독자적인 pH가 있어서 효소에 따라 넓은 범위의 최적 pH를 가지기도 하고 매우 좁은 영역의 범위를 가지기도 한다. 예로, 위(stomach)에서 작용하는 펩신(pepsine)처럼 최적 pH가 2 정도로 강산성인 경우도 있으나 대부분의 효소는 pH가 중성 부근일 때 효소활성이 가장 좋다(arginase: pH 9.5~9.9, trypsin: pH 7.8, urea: pH 7.0, catalase: pH 6.8, maltamylase: pH 4.4~4.5, pepsine: pH 1.5).

(3) 기질 농도

효소활성은 세포 내에 있는 기질의 양과 그 효소에 이용 가능한 기질의 양에 의해 크게 영향을 받는다. 효소의 활성은 기질농도가 낮을 때 급격히 증가하고, 고농도의 기질에서는 반응속도가 서서히 증가한다.

그러나 반응이 더 이상 일어나지 않는 지점부터는 기질의 양과 관련성이 없다. 따라서, 효소는 기질로 포화된다고 말 할 수 있고, 기질을 생성물로 더 빨리 변화시키지 못한다. 즉, 효소는 기질로 포화되어 있을 때 최대속도(maximum velocity, Vmax)에 도달한다.

(4) 저해제

많은 물질들은 효소에 결합할 수 있고, 결합 시 효소활성은 억제된다. 이러한 물질들을 저해제(inhibitor)라 한다.

효소 저해제는 보통 세포 내에 존재하면서 효소활성을 조절하거나, 또는 특정 세포나 생물체에 대한 외래성 물질로 작용하기도 한다. 유독 물질 또는 인공 약품인 외래성 저해제는 효소에 결합하여 활성을 저해한다.

5. 효소의 응용(Applied Enzyme)

효소는 생체 내에서 화학반응을 촉진시키는 특이적 기능을 갖는 단백질이다. 아라자임, 파파인, 브로멜라인 등 여러 효소들은 표피의 각질을 분해 및 제거하여 피부색을 맑게 하고, 피부의 기능을 정상적으로 유지시키도록 돕는다.

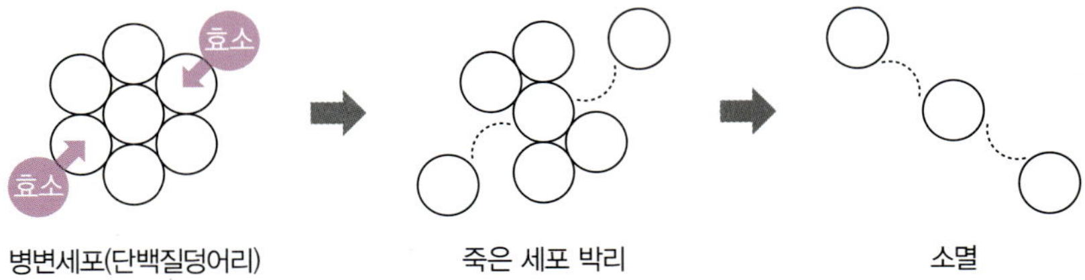

그림 12-1 효소처리에 의한 병변세포 박리 과정 모식도

(1) 아라자임(Arazyme)

한국산 무당거미에서 분리한 미생물에서 생산된 단백질 분해 효소로 효율성이 뛰어나다. 이 효소는 저온에서 고온까지 넓은 범위에서 활동하여 일반 단백질 분해 효소와는 차이를 보이며 피부 겉층의 묵은 각질을 효과적으로 분해하여 자극이 덜하다는 특징이 있다.

(2) 파파인(Papain)

파파야의 열매에 함유된 단백질 분해 효소로 각질제거 기능이 우수하여 지성이나 여드름 피부의 각질을 감소시킨다. 또한, 거친 피부를 매끄럽게 하거나 갈라진 피부의 상처를 치유하고, 소염, 항염증 및 항알레르기 작용을 하며 자극을 감소시키는 효과가 있어 일반적으로 많이 사용되는 효소 중 하나이다.

(3) 브로멜라인(Bromelain)

파인애플의 줄기와 열매에서 추출하는 단백질 가수 분해 효소로 화장품 보다 고기의 연육작용을 위해 먼저 사용된 효소로 항염증 작용에도 효과를 보인다. 각질을 용해하기 위한 용도로 사용되며, 칙칙하고 피지가 많은 지성 피부에 도움을 준다. 그러나 열에 쉽게 파괴되는 단점이 있다.

Chapter 13

기능성 화장품

13. 기능성 화장품

기능성 화장품은 피부의 미백에 도움을 주는 기능성 화장품, 피부의 주름 개선에 도움을 주는 기능성 화장품, 자외선으로부터 피부를 보호하는 데 도움을 주는 기능성 화장품 등으로 구성되어 있는데, 「기능성 화장품 기준 및 시험 방법」(식약처 고시)과 「기능성 화장품 심사에 관한 규정」(식약처 고시)에 원료와 그 시험 방법에 대한 규정이 상세히 기술되어 있다. 이러한 기능성 화장품 원료는 다른 원료와 달리 함량이 정해져 있으므로 정확히 원료를 파악하고 칭량해야 한다.

그림 13-1 기능성 화장품의 범위

기능성 화장품의 범위는 다음과 같다.

① 피부에 멜라닌 색소가 침착하는 것을 방지하여 기미·주근깨 등의 생성을 억제함으로 피부 미백에 도움을 주는 기능을 가진 화장품

② 피부에 침착된 멜라닌색소의 색을 엷게 하여 피부 미백에 도움 주는 기능을 가진 화장품

③ 피부에 탄력을 주어 피부의 주름을 완화 또는 개선하는 기능을 가진 화장품

④ 강한 햇볕을 방지하여 피부를 곱게 태워주는 기능을 가진 화장품

⑤ 자외선을 차단·산란시켜 자외선으로부터 피부를 보호하는 기능을 가진 화장품

⑥ 모발의 색상을 변화(탈염, 탈색 포함)시키는 기능을 가진 화장품(단, 일시적으로 모발의 색상을 변화시키는 제품은 제외)

⑦ 체모를 제거하는 기능을 가진 화장품(단, 물리적으로 체모를 제거하는 제품은 제외)

⑧ 탈모 증상의 완화에 도움을 주는 화장품(단, 코팅 등 물리적으로 모발을 굵게 보이게 하는 제품은 제외)

⑨ 여드름성 피부를 완화하는데 도움을 주는 화장품(단, 인체 세정용 제품류로 한정)

⑩ 피부장벽의 기능을 회복하여 가려움 등의 개선에 도움을 주는 화장품

⑪ 튼살로 인한 붉은 선을 엷게 하는데 도움을 주는 화장품

1. 미백에 도움을 주는 기능을 가진 화장품

미백 기능성 화장품은 피부에 멜라닌 색소 침착을 방지함으로써 기미나 주근깨 등의 잡티 생성을 억제하여 피부 미백에 도움을 주거나 피부에 착색된 멜라닌 색소의 색을 엷게 하여 피부 미백에 도움을 주기 위한 목적을 갖는 제품이다.

(1) 멜라닌 합성 과정

멜라닌은 자외선 및 유해물질이 우리의 몸 안으로 침투하여 세포를 손상시키는 것으로부터 보호해 주는 작용을 한다. 유전적으로 멜라닌 합성 시 꼭 필요한 티로시나아제가 결핍되면 멜라닌을 합성할 수 없어 백색증으로 태어나게 된다. 백색증을 갖고 있는 사람은 자외선이나 유해물질로부터 세포 및 피부를 보호해 주는 멜라닌이 부족하기 때문에 피부암에 걸리기 쉬울 수 있다. 따라서 멜라닌은 면역역할을 해주는 우리 몸에 꼭 필요한 물질이라 할 수 있다.

피부에 생성되는 멜라닌색소는 우리 몸에 꼭 필요한 아미노산(amino acids)의 일종인 티로신(tyrosine)이 티로시나아제(tyrosinase)에 의해 산화되면서 합성되기 시작한다.

합성되는 과정을 살펴보면, 티로신은 멜라노사이트 내에서 티로시나아제라는 효소에 의해 산화되고, 도파(L-3,4-dihydroxyphenylalanine, L-DOPA)라는 물질로 변화된다. 여기서 더 산화하여 바뀌는 물질이 도파퀴논(L-DOPAquinone)이다. 이후 도파퀴논은 시스테인 글루타치온(cystein glutathione)에 의해 합성되는 시스테이닐도파(cysteinylDOPA)와 반응성이 큰 중간체로 효소의 힘을 빌리지 않고 산화반응을 하여 합성되는 류코도파크롬(leucoDOPAchrome)으로 분류된다.

먼저, 시스테이닐도파는 도파퀴논 단계에서 시스테인글루타치온에 의해 시스테이닐도파를 형성한 다음 벤조티아진 중간단계(benzothiazine intermediate)인 1,4-벤조티아지닐 알라닌(1,4-benzothiazinyl-alanine)을 합성하여 노란색과 붉은색을 형성하는 페오멜라닌(pheomelanins)이 생성된다.

도파퀴논에서 류토도파크롬으로 합성되면 도파크롬(DOPAchrome)이 형성되는데, 도파크롬은 다시 두 가지로 분류되어 산화과정을 통해 최종적으로 갈색과 검정색의 어두운 색을 형성하는 유멜라닌(eumelanins)이 된다.
〈그림 13-2〉 참고.

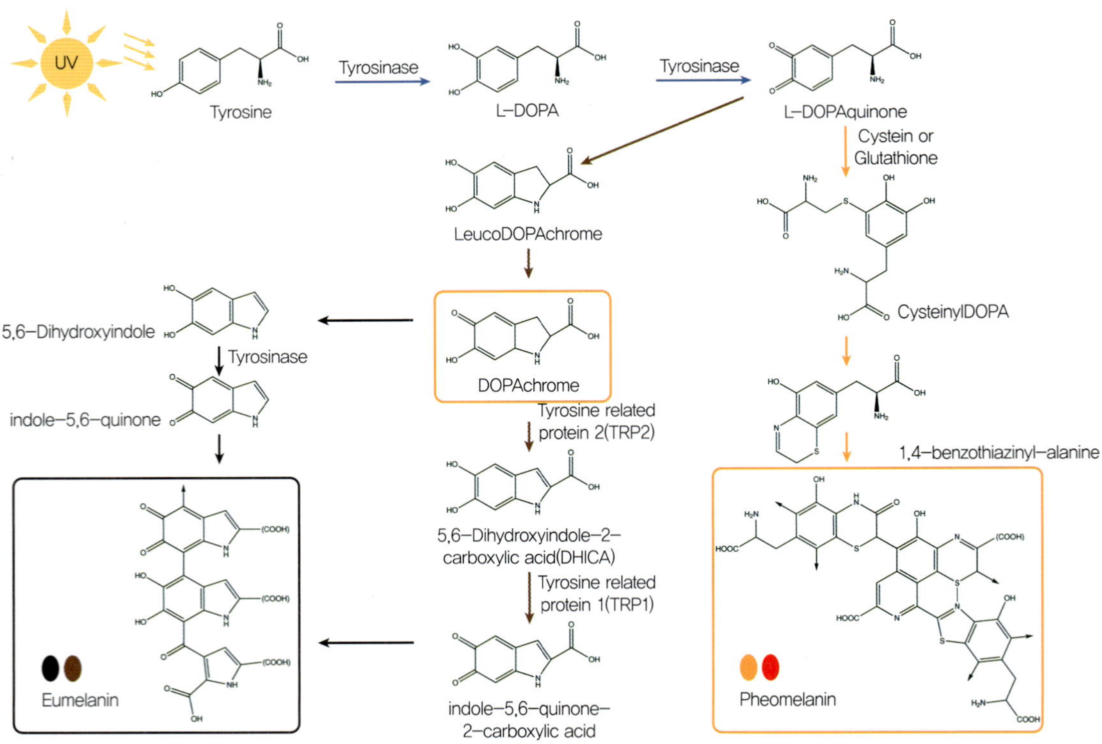

그림 13-2 멜라닌의 합성 과정

이후 형성된 멜라닌은 멜라닌을 합성하고 저장 및 수송하는 멜라노좀(melanosome)에 실려 멜라노좀의 돌기를 따라 수지의 각 끝 부분으로 이동하여 각질형성세포에 전달된다. 전달된 멜라닌은 각질형성주기(turn-over)에 따라 표면으로 이동하면서 최종적으로 분리되어 탈락하게 된다.

(2) 미백 기능성 화장품의 원리

미백 기능성 화장품은 멜라노사이트(melanocyte)에서 멜라닌이 만들어지는 메커니즘의 과정에서 어느 한 부분을 억제하거나 환원시켜 멜라닌이 생성되는 양을 줄인다. 또는, 각질박리작용을 통해 외부로 배출시키는 작용을 이용한다.

미백 기능성 화장품의 작용기전에는 근본적으로 멜라닌 합성을 차단하는 자외선 차단과 멜라닌생성 자극신호 전달 조절, 티로시나아제의 활성 억제 및 저해, 멜라닌 환원, 박리촉진 등이 있다. 이 중 미백 기능성 화장품의 대표적인 3가지 기능은 티로시나아제(tyrosinase) 활성 저해, 멜라닌(melanin) 합성 저해, 멜라노좀(melanosome) 이동 저해이다〈그림 13-3〉.

① 티로시나아제 활성 저해(Inhibition of Tyrosinase Activity)

티로시나아제(tyrosinase)에 직접 작용하여 활성 되지 못하도록 하는 방식이다. 티로시나아제와 티로신이 만나 산화를 거쳐 DOPA 또는 DOPAquinone으로 변하는데 티로시나아제 분비가 억제되어 그 만큼 티로신과 만나는 양도 적어져서 멜라닌의 생성이 약해지는 원리이다.

② 멜라닌(melanin) 합성 저해

티로신(tyrosine)이 티로시나아제와 만나 산화를 거쳐 DOPA → DOPAquinone으로 합성되는데 산화된 것을 계속 환원시키는 작용으로 DOPAquinone → DOPA로 돌아는 현상이 생겨 멜라닌 생성이 어려워지도록 하는 원리이다.

③ 멜라노좀(melanosome) 이동 저해

멜라노사이트(melanocyte)의 수상돌기를 통해 멜라노좀이 형성되고, 멜라노좀은 케라티노사이트(keratinocyte)를 통해 위로 이동하는 데 그 이동을 막는 원리이다.

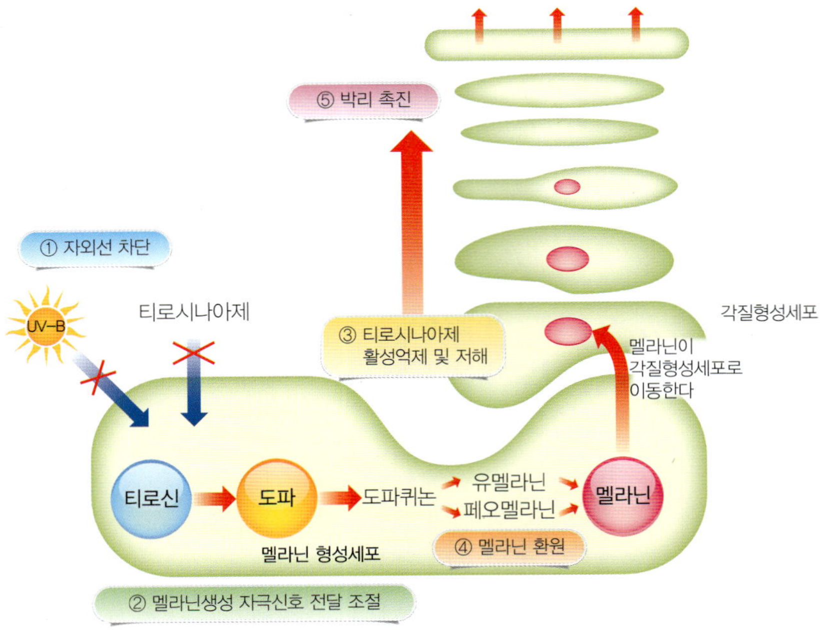

그림 13-3 미백의 작용기전

(3) 미백 고시성분

식품의약품안전처(이하 식약처)에 기능성 화장품 심사를 위해 제출해야 하는 자료는 첫째, 안전성, 유효성이나 기능을 입증하는 자료, 둘째, 검체를 포함한 기준 및 시험방법에 관한 자료이다. 하지만, 식약처에서는 미백 기능성 화장품에 첨가할 수 있는 성분들 총 9가지를 고시하여 이에 대한 자료제출 생략이 가능하도록 하였다.

피부의 미백에 도움을 주는 제품의 성분 및 함량은 〈표 13-1〉과 같다.

표 13-1 미백 화장품 식약처 고시 원료

No.	성분명	구조	함량
1	닥나무 추출물 (*Broussonetia kazinoki* extract)		2%
2	알부틴(albutin)	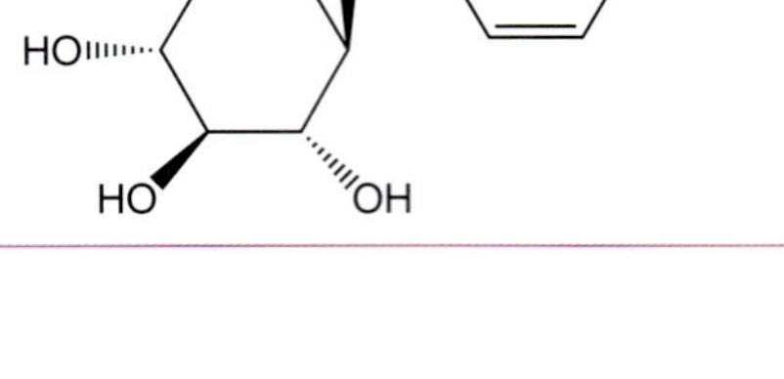	2~5%

No.	성분명	구조	함량
3	에칠아스코빌에텔 (ethyl ascorbyl ether)	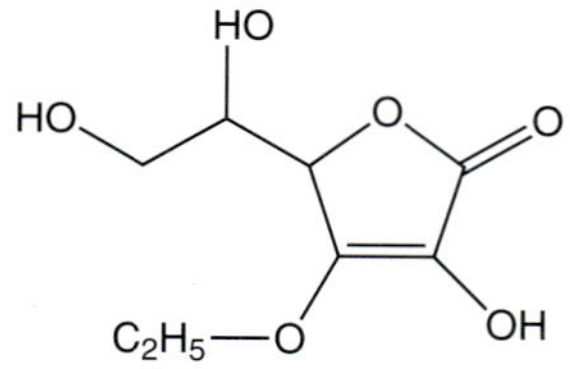	1~2%
4	유용성 감초 추출물(oil soluble licorice extract)		0.05%
5	아스코빌글루코사이드 (ascorbyl glucoside)	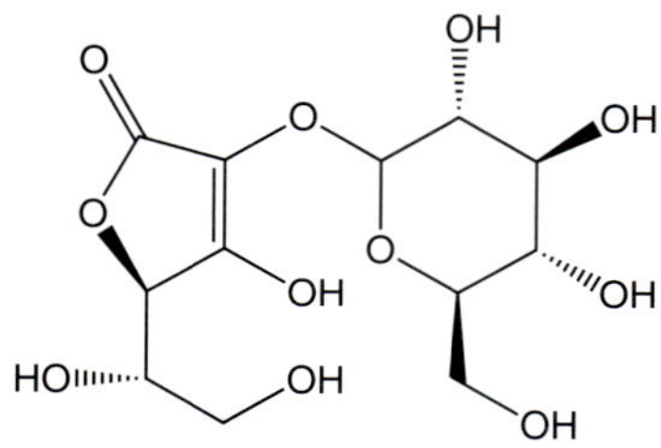	2%
6	마그네슘아스코빌포스페이트 (magnesium ascorbyl phosphate, MAP)	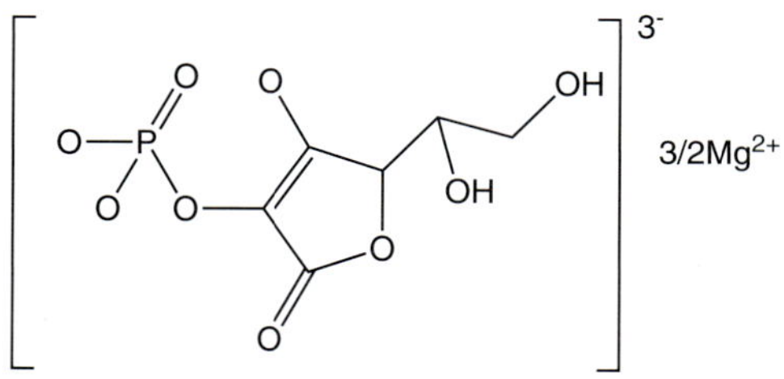	3%
7	나이아신아마이드 (niacinamide)	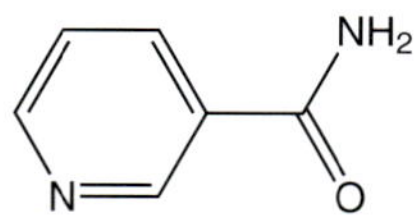	2~5%
8	알파-비사보롤 (α-bisabolol)	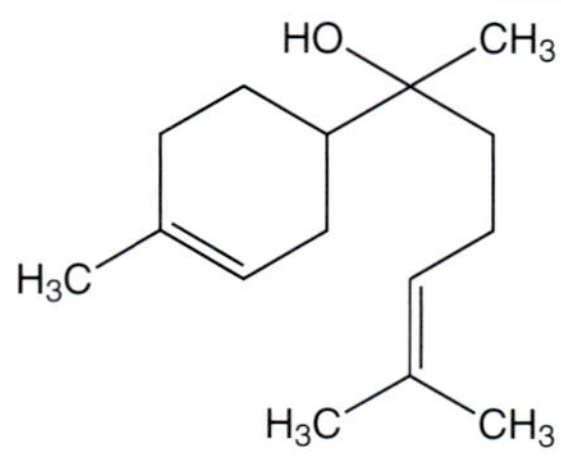	0.5%
9	아스코빌테트라이소팔미테이트 (ascorbyl tetraisopalmitate)	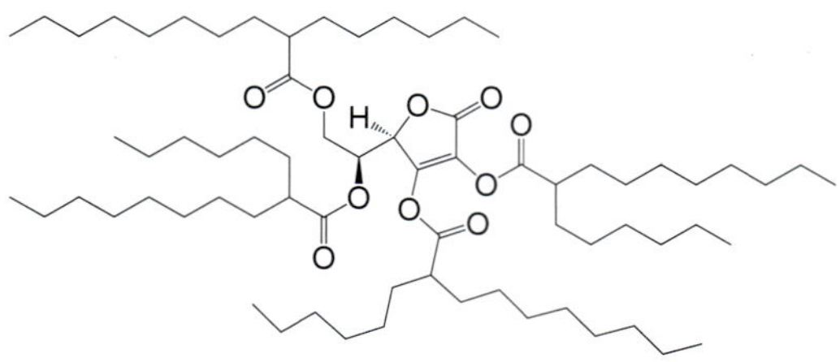	2%

2. 자외선으로부터 보호하는 기능을 가진 화장품

자외선을 흡수하거나 산란 또는 반사시키는 방법으로 자외선으로부터 피부를 보호하는데 도움을 주는 제품으로 자외선 차단제가 사용되고 있으며, 화장품의 특성, 목적, 기호에 따라 자외선 흡수와 산란 성분을 병행하여 사용한다.

지표에 도달하는 자외선은 약 290~400nm의 파장으로 자외선 차단 및 흡수제는 이 파장의 범위를 방어할 목적으로 사용되며, 자외선으로부터 보호하는 기능을 가진 화장품의 중요한 조건은 다음과 같다.

① 독성이 없고 피부장해를 일으키지 않아야 하며, 안전성이 높아야 한다.
② 자외선을 크고 폭 넓게 흡수할 수 있어야 한다.
③ 자외선 또는 열에 의한 분해 등의 변화를 일으키지 않아야 한다.
④ 화장품의 기본재료와 상용성이 좋아야 한다.

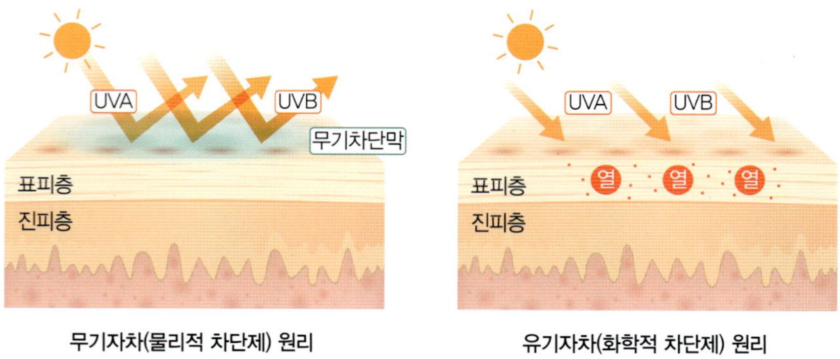

그림 13-4 자외선 차단제와 흡수제의 원리

(1) 자외선 산란제: 물리적 자외선 차단

자외선 산란은 물리적 자외선 차단의 방법으로 이루어지는 것으로, 물리적 자외선 차단제의 경우 비교적 자극 요인이 적어 안전하게 사용 가능하다는 장점이 있다.

자외선 산란제는 사용 후 얼굴이 하얗게 뜨는 백탁현상이 생기는데, 이를 이용하여 빛을 반사시켜 자외선이 피부 속으로 침투하는 것을 막는 방법이다. 물리적 차단제는 백탁현상 뿐만 아니라 제품의 발림성, 사용감 등이 화학적 차단제에 비해 부족하다.

기능성 고시성분에 포함되는 자외선을 산란 또는 반사(물리적 차단)시키는 성분은 징크옥사이드와 티타늄디옥사이드로 그 외는 모두 자외선 흡수제(화학적 차단)이다. 자외선 차단제로 사용 시 징크옥사이드와 티타늄디옥사이드를 주로 함께 사용한다.

그 이유는 징크옥사이드는 차단력이 부족하지만 광범위한 범위에 사용이 가능하고 티타늄디옥사이드는 광범위한 범위에 사용이 부족하지만 차단력이 우수하기 때문에 두 개의 성분이 합해졌을 때 시너지 효과가 날 수 있기 때문이다. 두개 성분 모두 자외선 차단제로 사용 시, 25% 이상의 배합은 불가능하다.

징크옥사이드는(zinc oxide) 산화아연이라고도 불리며 하얀색 분말 형태의 원료이다. 피부에 발랐을 때, 얇은 막을 형성하여 빛을 산란시켜주는 효과가 있다. UVA와 UVB 모두를 물리적으로 산란시켜 주는 역할을 하며, 독성이 없고 수렴, 방부, 항균의 작용을 한다. 또한, 내열성이 커서 햇볕 또는 외부의 자극으로부터 보호해 주는 역할을 한다.

티타늄디옥사이드(titanium dioxide)는 이산화티탄(titanium oxide)으로도 불리며 흰색의 분말 형태로 되어 있다. 징크옥사이드와 마찬가지로 UVA와 UVB를 모두 물리적으로 반사시키는 역할을 한다.

티타늄디옥사이드는 자외선을 차단하는 목적 외에 피부, 입술, 손톱 등에 색을 입히는 용도와 립스틱이나 아이섀도우 등 착색제의 역할로도 사용된다. 또한, 이 성분은 제품의 투명성을 감소시키는 효과가 있어서 파운데이션이나 메이크업베이스 등 커버력이 있는 제품에 많이 사용된다.

(2) 자외선 흡수제(화학적 자외선 차단)

자외선 흡수는 화학적인 방법으로 자외선 흡수 후 열 에너지로 변환하여 소멸시키는 방법이다. 자외선 흡수제는 백탁현상이 없고 발림성이 뛰어나 미용적인 측면이나 사용감에서 만족스러우나 많이 배합하면 화학반응으로 인해 독소가 생성되어 눈 시림 현상과 접촉성 피부염 등을 일으킬 수 있다. 또한, 자외선을 흡수한 후에 열 에너지로 변환하는 데 시간이 소요되기 때문에 외출하기 30분~1시간 전에 사용하는 것이 좋다.

화학적 차단제로 사용되는 유기물질들은 대부분 카보닐기(carbonyl group)를 갖는 방향족 화합물로 메톡시기(methoxy group), 아미노기(amino group) 등의 전자 공여기가 벤젠 고리의 파라(para) 또는 오르토(ortho) 위치에 있어서 자외선 흡수에 유리한 공명구조를 가진다.

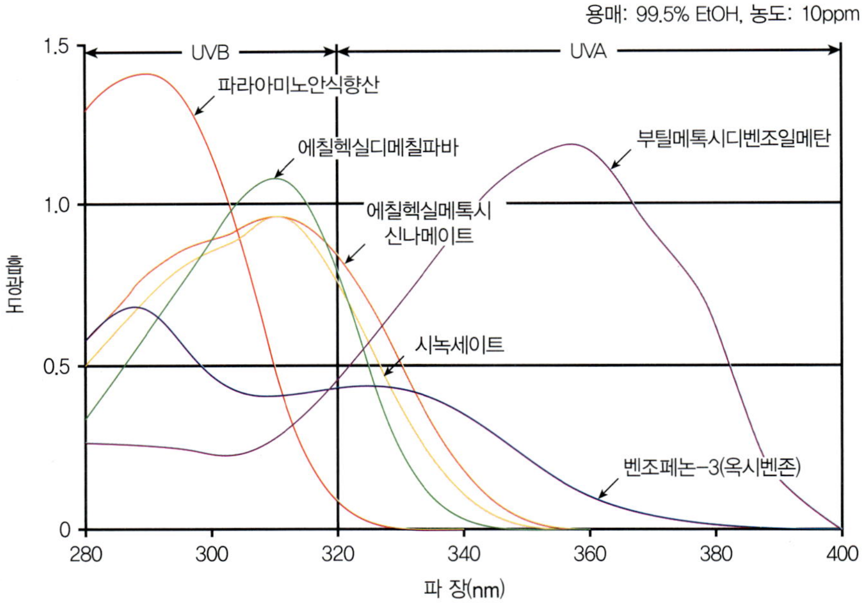

그림 13-5 자외선 흡수제의 UV흡수 스펙트럼

(3) 기능성 고시 성분

기능성 화장품으로서 자외선 차단제의 목적은 피부를 곱게 태워 주거나 자외선으로부터 피부를 보호하는 데 도움을 주는 제품을 말하며, 성분 및 함량은 〈표 13-2〉와 같다.

표 13-2 자외선 차단제 식약처 고시 원료

No.	성분명(이명)	구조	함량	λmax(nm)
1	드로메트리졸 (2-(2'-hydroxy-5'-methylphenyl)benzotri-azole)	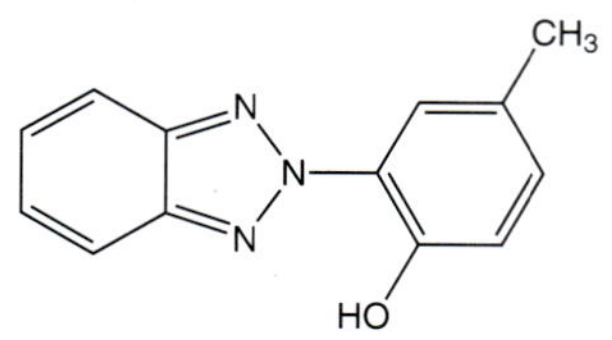	0.5%~1%	298 nm
2	디갈로일트리올리에이트 (gallic acid 3-gallate trioleate)	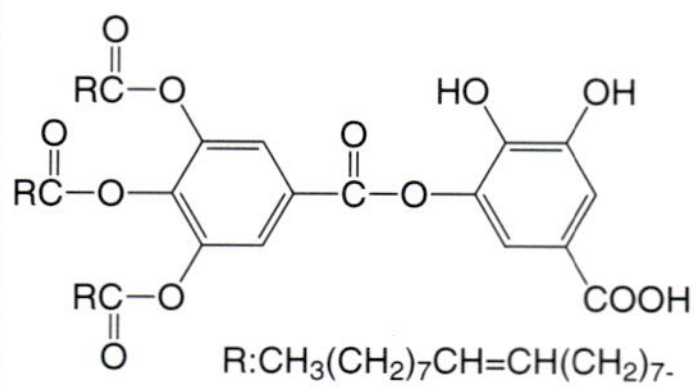	0.5%~5%	UVB 흡수율 좋지 않음
3	4-메칠벤질리덴캠퍼 (enzacamene, 4-MBC)	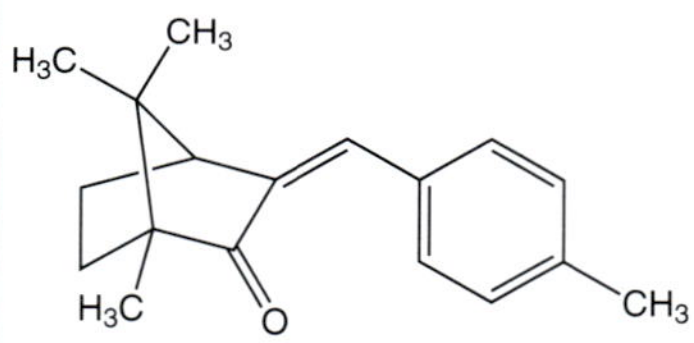	0.5%~4%	299 nm
4	멘틸안트라닐레이트 (meradimate)	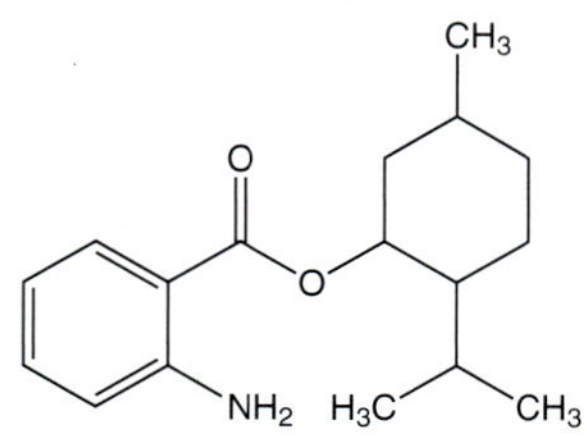	0.5%~5%	335 nm
5	벤조페논-3 (oxybenzone)	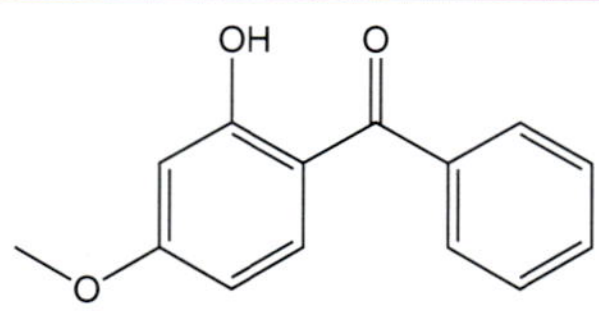	0.5%~5%	288 nm
6	벤조페논-4 (sulisobenzone)	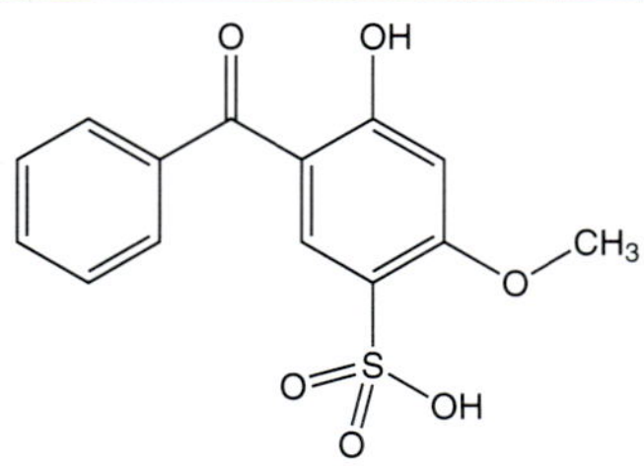	0.5%~5%	287 nm

No.	성분명(이명)	구조	함량	λmax(nm)
7	벤조페논-8 (dioxybenzone)	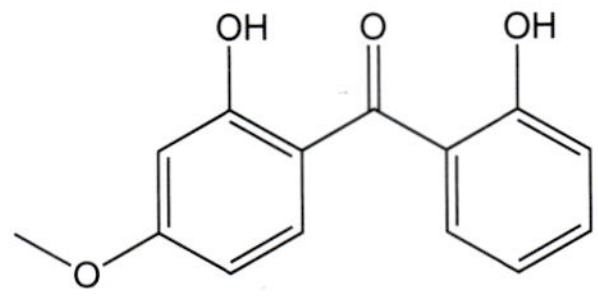	0.5%~3%	285 nm
8	부틸메톡시디벤조일메탄 (avobenzone)	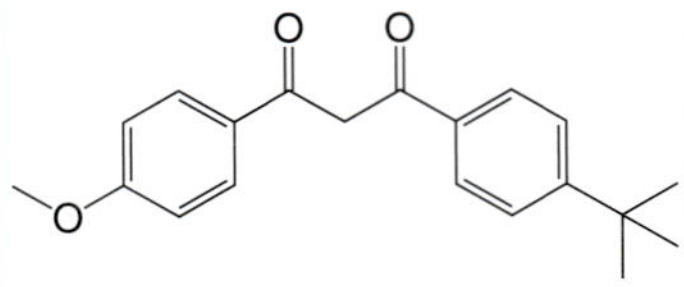	0.5%~5%	358 nm
9	시녹세이트 (2-ethoxyethyl p-methoxycinnamate)	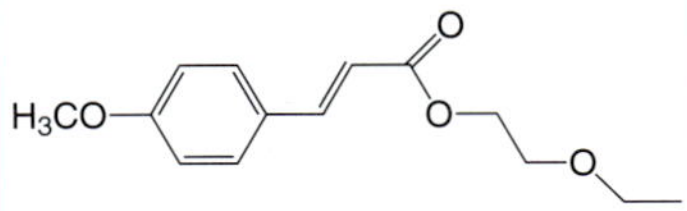	0.5%~5%	310 nm
10	에칠헥실트리아존 (octyl triazone)	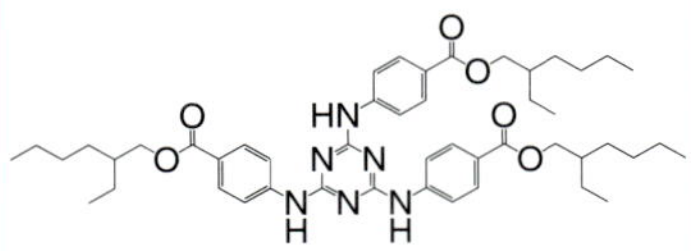	0.5%~5%	312 nm
11	옥토크릴렌 (2-ethylhexyl 2-cyano-3,3-diphenylacrylate)	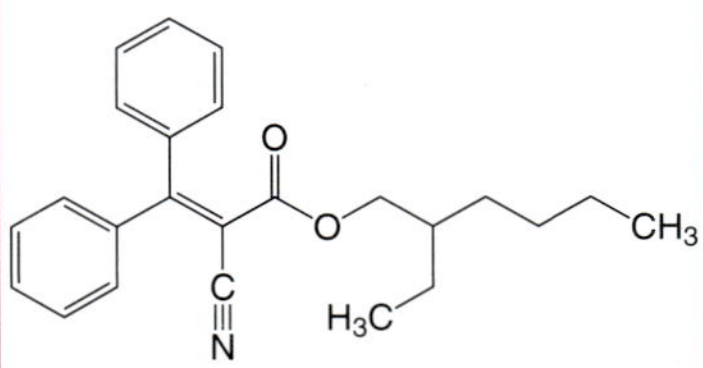	0.5%~10%	305nm
12	에칠헥실디메칠파바 (octyl dimethyl p-aminobenzoic acid)	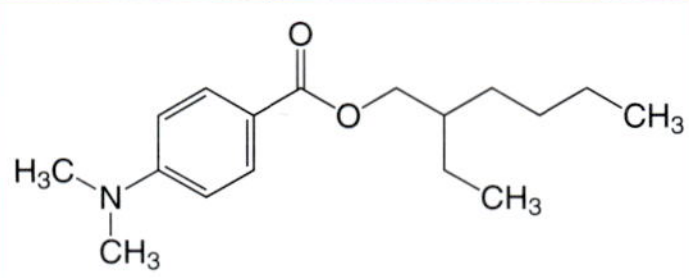	0.5%~8%	310 nm
13	에칠헥실메톡시신나메이트 (octyl methoxy cinnamate)	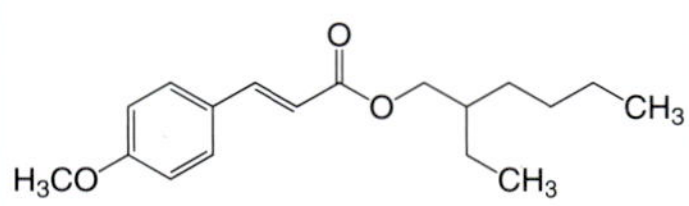	0.5%~7.5%	310~314 nm
14	에칠헥실살리실레이트 (octyl salicylate)	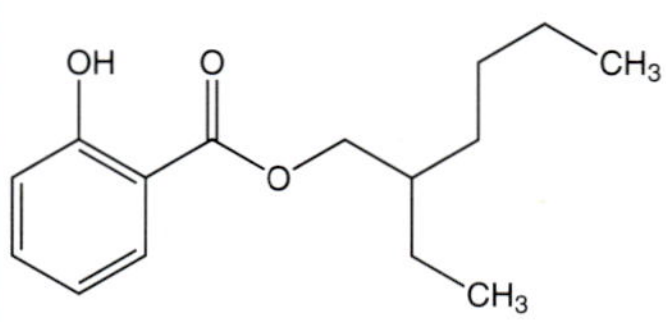	0.5%~5%	305 nm

No.	성분명(이명)	구조	함량	λmax(nm)
15	페닐벤즈이미다졸설포닉-애씨드 (ensulizole)	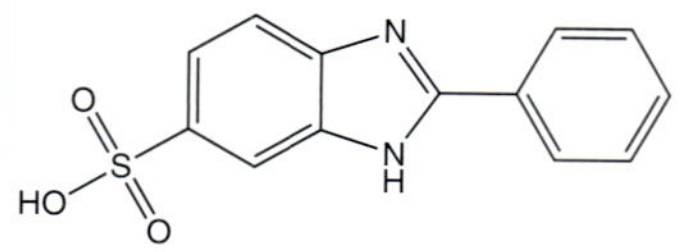	0.5%~4%	305 nm
16	호모살레이트 (homomenthyl salicylate)	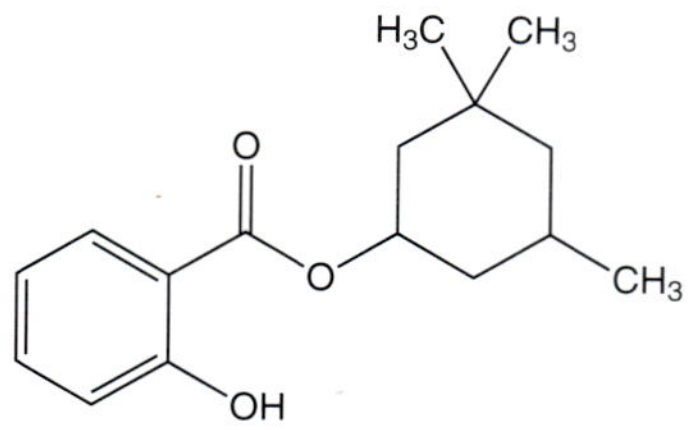	0.5%~10%	306 nm
17	징크옥사이드(산화아연) / ZnO	Zn=O	25% (자외선차단성분으로최대함량)	
18	티타늄디옥사이드 (이산화티탄, titanium oxide) / TiO_2	O=Ti=O	25% (자외선차단성분으로최대함량)	
19	이소아밀p-메톡시신나메이트 (amiloxate)	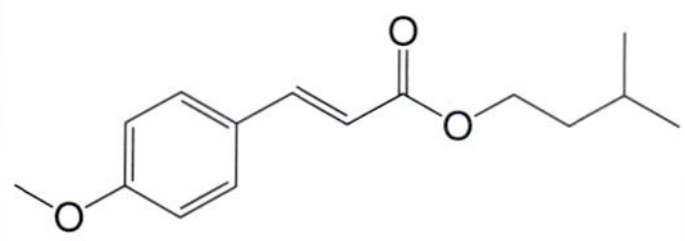	~10%	310 nm
20	비스-에칠헥실옥시페놀메톡시페닐트리아진 (BEMT, bemotrizinol)	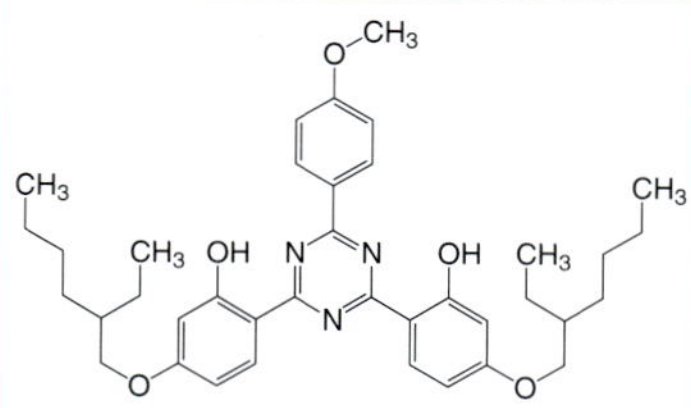	~10%	342 nm
21	디소듐페닐디벤즈이미다졸테트라설포네이트 (bisdisulizole disodium)	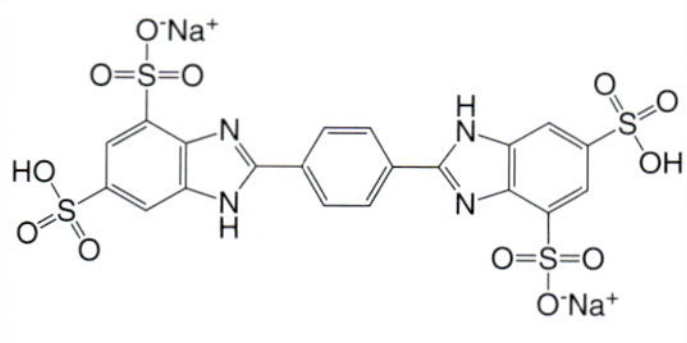	~10%(산으로)	335 nm
22	드로메트리졸트리실록산	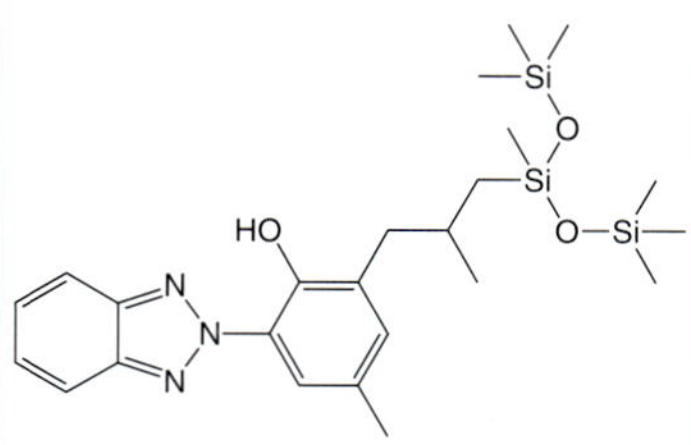	~15%	305 nm

No.	성분명(이명)	구조	함량	λmax (nm)
23	디에칠헥실부타미도 트리아존 (iscotrizinol)	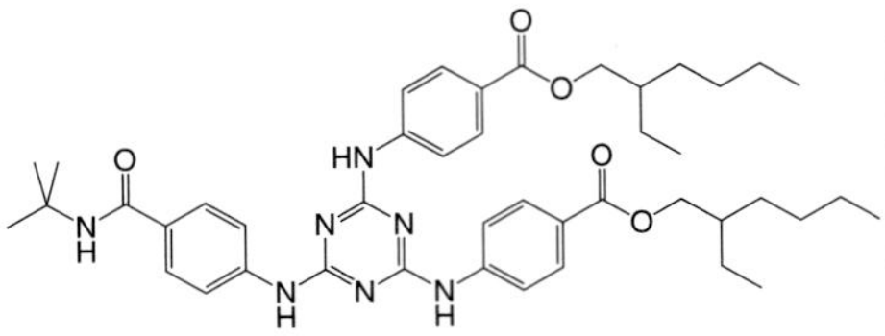	~10%	300 nm
24	폴리실리콘-15 (dimethicodiethyl-benzal malonate)	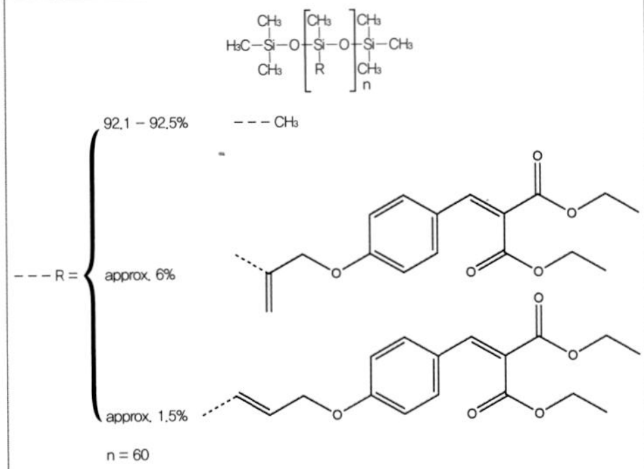	~10%	307 nm
25	메칠렌비스-벤조트리아졸릴테트라메칠부틸페놀 (bisoctrizole)	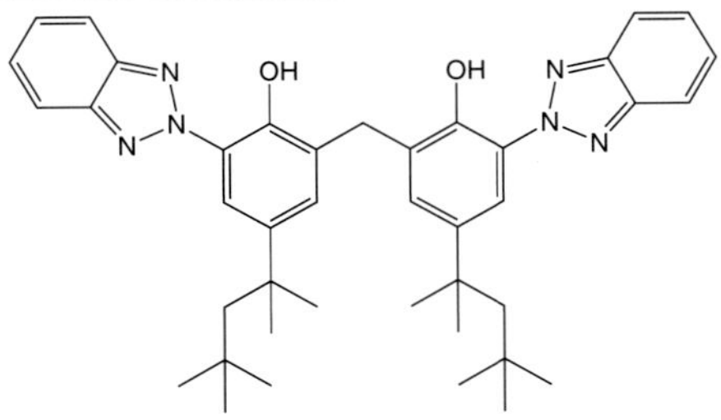	~10%	320nm
26	테레프탈릴리덴디캠퍼설포닉애씨드 및 그 염류	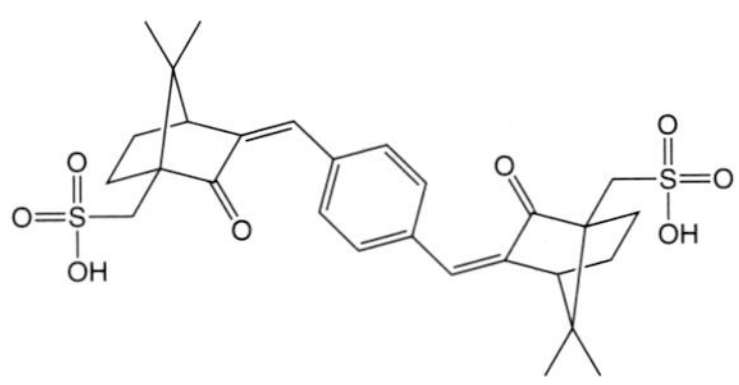	~10% (산으로)	342~346 nm
27	디에칠아미노하이드록시벤조일헥실벤조에이트 (DHHB)	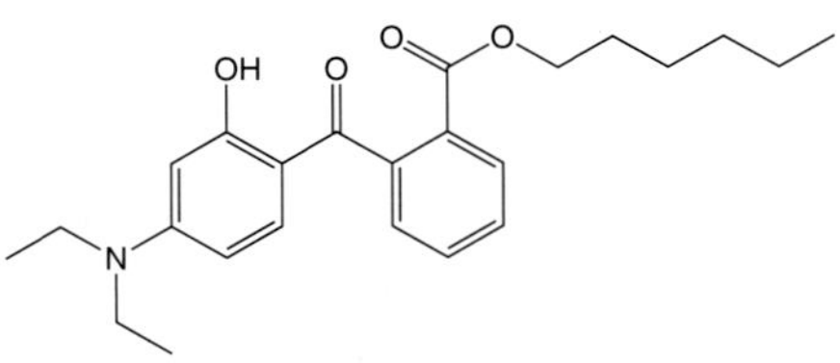	~10%	354 nm

3. 주름 개선에 도움을 주는 화장품

나이가 들어가면서 생기는 주름이나 노화현상을 지연시키고 개선시키는 방법 중 하나로 주름개선에 도움을 줄 수 있는 성분들을 첨가한다.

식품의약품안전처(이하 식약처)에 기능성 화장품으로서 심사를 위해 제출해야 하는 자료는 첫째, 안전성·유효성이나 기능을 입증하는 자료, 둘째, 검체를 포함한 기준 및 시험방법에 관한 자료이다.

식약처에서 고시한 주름개선 성분은 섬유아세포 활성을 촉진시켜 콜라겐 및 엘라스틴의 생합성을 유발시키는 작용을 한다.

피부의 주름 개선에 도움을 주는 제품에는 총 4가지(레티놀, 레티닐팔미테이트, 아데노신, 폴리에톡실레이티드레틴아마이드)가 있으며, 성분 및 함량은 〈표 13-3〉과 같다.

표 13-3 주름 개선 화장품 식약처 고시 원료

No.	성분명	구조	함량
1	레티놀(retinol)	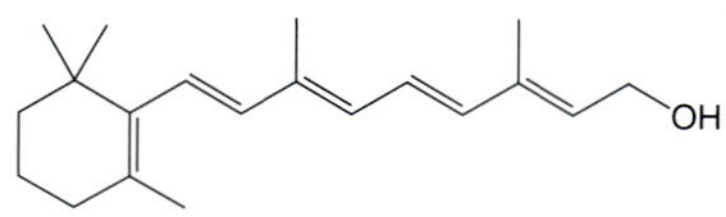	2,500 IU/g
2	레티닐팔미테이트 (retinyl palmitate)	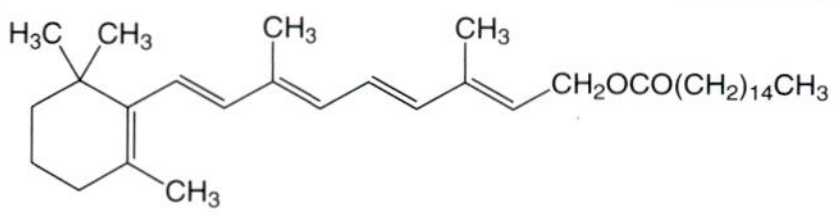	10,000 IU/g
3	아데노신(adenosine)	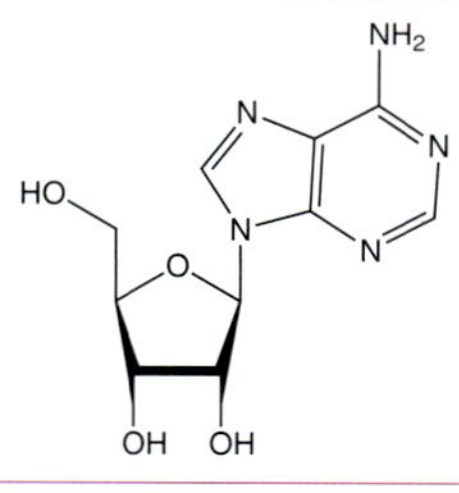	0.04 %
4	폴리에톡실레이티드레틴아마이드 (polyethoxylated retinamide)	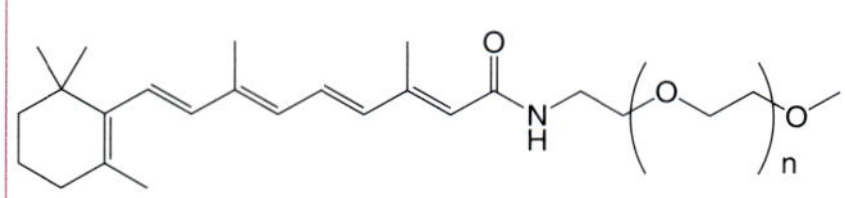 n=10.7(average)	0.05 ~ 0.2 %

4. 모발의 색상을 변화시키는 기능을 가진 화장품

기능성 화장품에 포함되는 모발의 색상을 변화시키는 기능성 화장품은 크게 염모제와 탈색제로 나눌 수 있다. 염모제는 일시적, 반영구적, 영구적 염모제로 분류할 수 있으며, 염색의 메카니즘은 각각 다른 형태를 보인다〈그림 13-6〉.

이 중에 염료가 모발의 큐티클(최외층)에만 부착되어 일시적으로 모발의 색상을 변화시키는 제품은 기능성 화장품에서 제외한다.

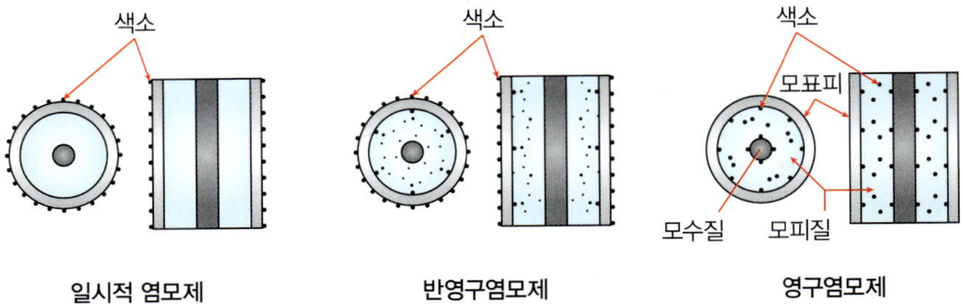

그림 13-6 염모제의 작용 원리

(1) 반영구염모제

산성염료를 모피질 안 또는 모피질 안의 일부까지 침투시키고, 이온 결합을 통해 침착하고 염색하는 것이다. 분자량이 큰 염료는 벤질알코올과 같은 용제를 이용하여 침투가 가능하도록 한다. 이러한 과정을 거친 염모제의 지속효과는 약 1개월 정도이다.

(2) 영구염모제

저분자량의 아민계나 페놀계 화합물 같은 산화염료를 모발 내에 침투시키면서 동시에 과산화수소 같은 산화제를 작용시켜 산화중합하고, 고분자체의 색소를 형성하여 모피질 내에 침착시키는 것이다. 모피질 안에 생성된 색소는 고분자로 모발 안에서 바깥으로 빠져나가기 힘들어 영구적인 효과를 보인다. 지속효과는 영구적이다〈그림 13-7〉.

영구염모제에는 산화염모제, 금속성염모제, 식물성염모제 등이 있으며, 가장 많이 사용하는 염모제는 산화염모제이다.

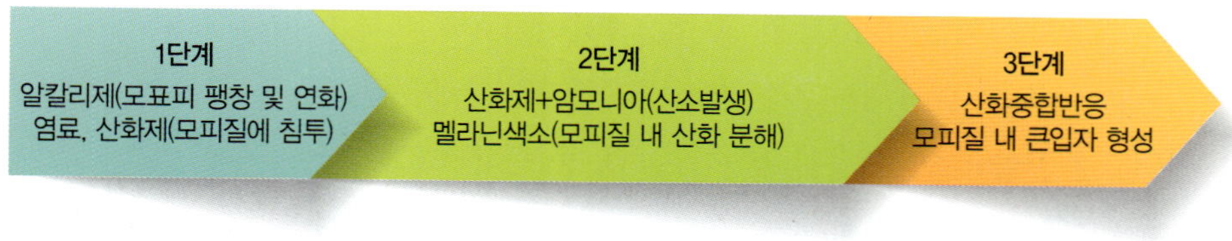

그림 13-7 영구염모제의 작용 원리

산화염모제는 효과가 비교적 영구적이며 블리치의 효과도 보이므로 원래 모발의 색보다 밝은 색으로 변화시키는 것이 가능하다. 여러 가지 색의 변화가 가능하여 가장 많이 사용하는 염모제이다. 제형에는 분말, 크림, 액체 등이 있다. 산화염모제의 제1제에는 산화염료와 알칼리제, 계면활성제 등이 있다.

염료전구체에는 올쏘와 파라에 위치한 페닐렌디아민, 아미노페놀 및 그의 유도체가 있는데, 이 염료전구체와 조합해서 커플러와 함께 각종의 색조를 형성할 수 있다. 커플러에는 메타위치의 페닐렌디아민, 다가페놀류, 아미노페놀 등이 있다.

알칼리제는 염색효과를 상승시켜주는 효과와 함께 모발 내의 멜라닌색소의 산화분해를 동시에 진행시켜서 밝은 색상을 얻을 수 있도록 하는 효과가 있다. 그러나 알칼리제는 모발의 손상도를 높이기 때문에 중성~약산성의 영역에서 반응이 진행되게 하는 기술의 염모제들도 많이 개발되었다.

제2제는 산화제로 과산화수소(H_2O_2)가 가장 많이 배합된다. 과산화수소는 분해되기 쉽기 때문에 안정화를 위해 킬레이트제나 pH 조정제 등을 함께 배합한다.

산화염모제 외에 식물성 염모제는 헤나(henna)의 잎이 가장 많이 사용되는 원료이며, 금속성 염모제는 납, 철, 비소, 동, 코발트, 니켈 등의 금속 산화물을 이용한 염모제가 있다. 독성 및 부작용 보고 등에 의해 많이 사용하지는 않는다.

산화반응의 메커니즘은 〈그림 13-8〉과 같다.

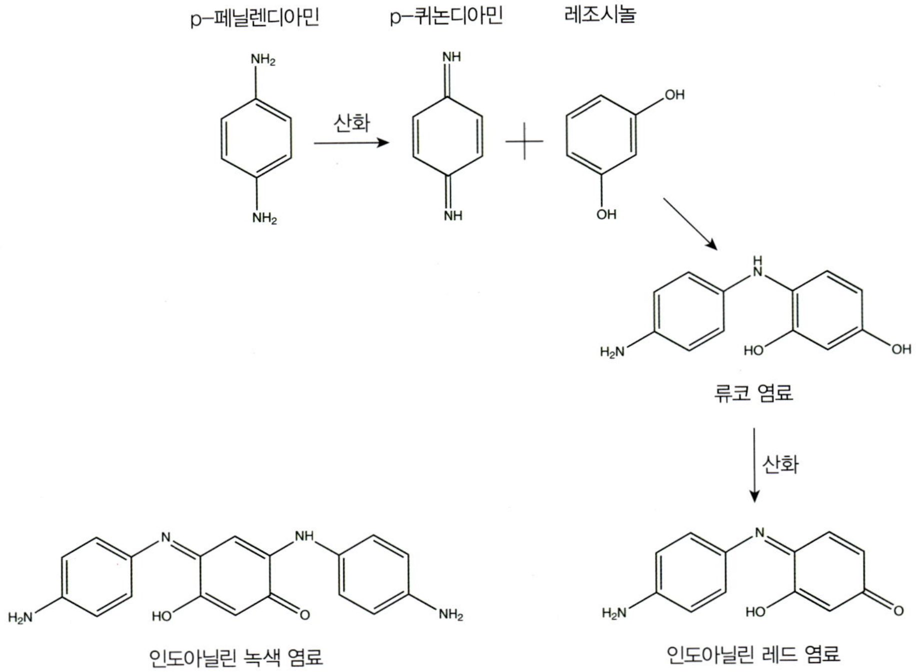

그림 13-8 산화반응

(3) 탈염 · 탈색제

헤어 블리치(bleach)라고도 불리며 모발의 멜라닌을 산화분해시켜 모발의 색상을 없애는 것이다. 제1제에는 알칼리제(환원제), 제2제로는 과산화수소(산화제)를 사용 시 혼합하여 사용한다. 강력한 탈염·탈색제로 촉진제인 과황산암모늄 및 기타 과황산염류를 첨가하여 부스터의 역할을 하기도 한다.

(4) 기능성 고시 성분

모발의 색상을 변화시키는 데 도움을 주는 화장품을 말하며, 탈색과 탐염도 포함하지만 일시적으로 모발의 색상을 변화시키는 제품은 제외한다. 이에 해당하는 식약처 고시성분은 〈표 13-4〉와 같다.

표 13-4 모발 색상 변화제 식약처 고시 원료

<table>
<tr><th>No.</th><th>성분명</th><th>함량</th><th>비고</th></tr>
<tr><td>1</td><td>강암모니아수(strong ammonia solution)</td><td></td><td>기타 제품에는 사용금지</td></tr>
<tr><td>2</td><td>과붕산나트륨일수화물
(sodium perborate monohydrate)</td><td rowspan="5">염모용 제품류에 산화제로 사용할 경우 제품 중 과산화수소로서 12.0%</td><td>기타 제품에는 사용금지</td></tr>
<tr><td>3</td><td>과붕산나트륨사수화물
(sodium perborate tetrahydrate)</td><td>기타 제품에는 사용금지</td></tr>
<tr><td>4</td><td>과산화수소수 35%
(hydrogen peroxide solution 35%)</td><td>기타 제품에는 사용금지</td></tr>
<tr><td>5</td><td>과산화수소수 50%
(hydrogen peroxide solution 50%)</td><td>기타 제품에는 사용금지</td></tr>
<tr><td>6</td><td>과탄산나트륨(sodium percarbonate)</td><td>기타 제품에는 사용금지</td></tr>
<tr><td>7</td><td>과황산나트륨(sodium persulfate)</td><td></td><td>기타 제품에는 사용금지</td></tr>
<tr><td>8</td><td>과황산암모늄(ammonium persulfate)</td><td></td><td>기타 제품에는 사용금지</td></tr>
<tr><td>9</td><td>과황산칼륨(potassium persulfate)</td><td></td><td>기타 제품에는 사용금지</td></tr>
<tr><td>10</td><td>1-나프롤/α-나프톨
(1-naphthol/α-naphthol)</td><td>산화형 염모제에 2.0%</td><td>기타 제품에는 사용금지</td></tr>
<tr><td>11</td><td>니트로-p-페닐렌디아민
(nitro-p-phenylenediamine)</td><td>산화형 염모제에 3.0%</td><td>기타 제품에는 사용금지</td></tr>
<tr><td>12</td><td>p-니트로-o-페닐렌디아민
(p-nitro-o-phenylenediamine)</td><td>산화형 염모제에 1.5%</td><td>기타 제품에는 사용금지</td></tr>
<tr><td>13</td><td>2, 6-디아미노피리딘
(2,6-diaminopyridine)</td><td>산화형 염모제에 0.15%</td><td>기타 제품에는 사용금지</td></tr>
<tr><td>14</td><td>1,5-디하이드록시나프탈렌
(1,5-dihydoxynaphthalene)</td><td>산화형 염모제에 0.5%</td><td>기타 제품에는 사용금지</td></tr>
<tr><td>15</td><td>레조시놀(resorcinol)</td><td>산화형 염모제에 2.0%</td><td></td></tr>
<tr><td>16</td><td>2-메칠레조시놀(2-methylresorcinol)</td><td>산화형 염모제에 0.5%</td><td>기타 제품에는 사용금지</td></tr>
<tr><td>17</td><td>2-메칠-5-히드록시에칠아미노페놀
(2-methyl-5-hydroxyethylaminophenol)</td><td>산화형 염모제에0.5%</td><td>기타 제품에는 사용금지</td></tr>
<tr><td>18</td><td>모노에탄올아민(monoethanolamine)</td><td></td><td>기타 제품에는 사용금지</td></tr>
</table>

No.	성분명	함량	비고
19	몰식자산(gallic acid)	산화형 염모제에 4.0%	
20	수산화나트륨(sodium hydroxide)		기타 제품에는 사용금지
21	스테아트리모늄염화물 (steartrimonium chloride)		기타 제품에는 사용금지
22	2-아미노-4-니트로페놀 (2-amino-4-nitrophenol)	산화형 염모제에 2.5%	기타 제품에는 사용금지
23	2-아미노-5-니트로페놀 (2-amino-5-nitrophenol)	산화형 염모제에 1.5%	기타 제품에는 사용금지
24	2-아미노-3-히드록시피리딘 (2-amino-3-hydroxypyridine)		기타 제품에는 사용금지
25	5-아미노-*o*-크레솔 (5-amino-*o*-cresol)	산화형 염모제에 1.0%	기타 제품에는 사용금지
26	*m*-아미노페놀(*m*-aminophenol)	산화형 염모제에 2.0%	기타 제품에는 사용금지
27	*o*-아미노페놀	산화형 염모제에 3.0%	기타 제품에는 사용금지
28	*p*-아미노페놀	산화형 염모제에 0.9%	기타 제품에는 사용금지
29	염산 2,4-디아미노페녹시에탄올	산화형 염모제에 0.5%	기타 제품에는 사용금지
30	염산 2,4-디아미노페놀 (2,4-diaminophenol hydrochloride)	산화형 염모제에 0.5%	기타 제품에는 사용금지
31	염산 *m*-페닐렌디아민 (1,3-benzenediamine hydrochloride)	산화형 염모제에 0.5%	기타 제품에는 사용금지
32	염산 *p*-페닐렌디아민 (*p*-phenylenediamine hydrochloride)	산화형 염모제에 3.3%	기타 제품에는 사용금지
33	염산 톨루엔-2,5-디아민 (toluene-2, 5-diamine hydrochloride)	산화형 염모제에 3.2%	기타 제품에는 사용금지
34	염산 히드록시프로필비스 (*N*-히드록시에칠-*p*-페닐렌디아민)		기타 제품에는 사용금지
35	인디고페라엽가루 (powdered indigofera tinctoria leaf)		기타 제품에는 사용금지
36	카테콜(catechol)	산화형 염모제에 1.5%	기타 제품에는 사용금지

No.	성분명	함량	비고
37	톨루엔-2, 5-디아민 (toluene-2,5-diamine)	산화형 염모제에 2.0%	기타 제품에는 사용금지
38	*m*-페닐렌디아민(*m*-phenylenediamine)	산화형 염모제에 1.0%	기타 제품에는 사용금지
39	*N*-페닐-*p*-페닐렌디아민 및 그 염류 (*N*-phenyl-*p*-phenylenediamine)	산화형 염모제에 2.0%	기타 제품에는 사용금지
40	*p*-페닐렌디아민(*p*-phenylenediamine)	산화형 염모제에 2.0%	기타 제품에는 사용금지
41	페닐메칠피라졸론 (phenyl methyl pyrazolone)		기타 제품에는 사용금지
42	피로갈롤(pyrogallol)	산화형 염모제에 2.0%	기타 제품에는 사용금지
43	피크라민산(picramic acid)	산화형 염모제에 0.6%	기타 제품에는 사용금지
44	피크라민산나트륨(sodium picramate)	산화형 염모제에 0.6%	기타 제품에는 사용금지
45	헤마테인(hematein)		기타 제품에는 사용금지
46	헨나엽가루(henna leaf powder)		기타 제품에는 사용금지
47	황산 1-히드록시에칠-4,5-디아미노피라졸 (1-hydroxyethyl-4,5-diaminopyrazole sulfate)		기타 제품에는 사용금지
48	황산 2-아미노-5-니트로페놀 (2-amino-5-nitrophenol sulfate)	산화형 염모제에 1.5%	기타 제품에는 사용금지
49	황산 5-아미노-*o*-크레솔 (5-amino-*o*-cresol sulfate)	산화형 염모제에 4.5%	기타 제품에는 사용금지
50	황산 *m*-아미노페놀 (*m*-aminophenol sulfate)	산화형 염모제에 2.0%	기타 제품에는 사용금지
51	황산 *o*-아미노페놀 (*o*-aminophenol sulfate)	산화형 염모제에 3.0%	기타 제품에는 사용금지
52	황산 *p*-아미노페놀 (*p*-aminophenol sulfate)	산화형 염모제에 1.3%	기타 제품에는 사용금지
53	황산 *m*-페닐렌디아민 (*m*-pheylenediamine sulfate)	산화형 염모제에 3.0%	기타 제품에는 사용금지

No.	성분명	함량	비고
54	황산 N, *N*-비스(2-히드록시에칠)-*p*-페닐렌디아민 (N, *N*-bis(2-hydroxyethyl)-*p*-phenylenediamine Sulfate)	산화형 염모제에 2.9%	기타 제품에는 사용금지
55	황산 *o*-클로로-*p*-페닐렌디아민 (*o*-chloro-*p*-pheylenediamine sulfate)	산화형 염모제에 1.5%	기타 제품에는 사용금지
56	황산 *p*-니트로-*o*-페닐렌디아민 (*p*-nitro-*o*-phenylenediamine sulfate)	산화형 염모제에 2.0%	기타 제품에는 사용금지
57	*p*-메칠아미노페놀 및 그 염류 (*p*-methylaminophenol)	산화형 염모제에 황산염으로서 0.68%	기타 제품에는 사용금지
58	황산 *p*-페닐렌디아민 (*p*-phenylenediamine sulfate)	산화형 염모제에 3.8%	기타 제품에는 사용금지
59	황산철수화물(ferrous sulfate hydrate)		기타 제품에는 사용금지
60	황산 톨루엔-2, 5-디아민 (toluene-2,5-diamine sulfate)	산화형 염모제에 3.6%	기타 제품에는 사용금지
61	히드록시벤조모르포린 (hydroxybenzomorpholine)		기타 제품에는 사용금지
62	*N*-(2-히드록시에칠)-2-니트로-*p*-페닐렌디아민 *N*-(2-hydroxyethyl)-2-nitro-*p*-phenylenediamine		기타 제품에는 사용금지
63	6-히드록시인돌(6-hydroxyindole)		기타 제품에는 사용금지
64	과황산나트륨·과황산암모늄·과황산칼륨 분말 sodium persulfate and ammonium persulfate and potassium persulfate powder		기타 제품에는 사용금지
65	과황산암모늄 분말 ammonium persulfate powder		기타 제품에는 사용금지
66	과황산암모늄·과황산나트륨 분말 ammonium persulfate and sodium persulfate powder		기타 제품에는 사용금지
67	과황산암모늄·과황산칼륨 분말 ammonium persulfate and potassium persulfate powder		기타 제품에는 사용금지

No.	성분명	함량	비고
68	*p*–페닐렌디아민·과붕산나트륨사수화물 분말 *p*–phenylenediamine and sodium perborate tetrahydrate powder		기타 제품에는 사용금지
69	황산 *p*–페닐렌디아민·황산 *m*–페닐렌디아민 · 황산 *m*–아미노페놀·황산 *o*–아미노페놀·과붕산나트륨일수화물 분말 compound *p*–phenylenediamine sulfate, *m*–phenylenediamine sulfate, *m*–aminophenol sulfate, *o*–aminophenol sulfate and sodium perborate monohydrate powder		기타 제품에는 사용금지
70	2제형 산화 염모제		기타 제품에는 사용금지
71	2제형 산화 염모제의 제1제		기타 제품에는 사용금지
72	산화염모제, 탈색·탈염제의 산화제		기타 제품에는 사용금지
73	1제형 탈색제		기타 제품에는 사용금지
74	2제형 탈색제		기타 제품에는 사용금지

5. 체모를 제거하는 기능을 가진 화장품

제모제는 주로 미용상 거슬리는 털을 제거하기 위해 사용하는 제품으로 주로 겨드랑이나 다리털 등에 사용한다.

체모를 제거하는 기능을 가진 고시성분은 치오글리콜산 80%로 알칼리제를 이용하여 강한 시스틴 결합을 절단하는 원리이다. 치오글리콜산 10%는 펌제로도 사용하는 성분이다. 펌을 할 때, 1제를 바른 상태로 너무 오랜 시간 방치하면 머리카락이 모두 상하며 끊어지게 되는데 펌제보다 농도를 강하게 하여 강한 알칼리제로 모발을 용해하는 원리를 이용한 제모이다.

농도가 강하여 제품 사용 후 부어오름, 가려움 등의 부작용이 나타날 수 있기 때문에 화학적 제모제를 사용하기 전에 패치테스트를 반드시 거치는 것이 필요하다.

제모제에 사용되는 치오글리콜산은 특유의 냄새를 가진 무색 액체로 모발의 황(S) 결합을 끊어 털의 모근부위를 녹여 제모하기 때문에 길게는 약 1주일 정도 제모 효과가 지속된다.

체모를 제거하는 데 도움을 주는 제품을 말하며, 물리적으로 체모를 제거하는 제품은 포함되지 않는다. 이에 해당하는 고시성분은 〈표 13-5〉와 같다.

표 13-5 체모 제거제 식약처 고시 원료

No.	성분명	구조
1	치오글리콜산 80% (thioglycolic acid 80%)	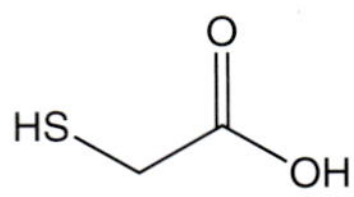
2	치오글리콜산 80% 크림제 (thioglycolic acid 80% cream)	

6. 탈모 증상의 완화에 도움을 주는 화장품

모발은 성장기, 퇴행기, 휴지기를 반복하며 성장하는 데 이것을 모주기라 한다. 탈모란 1일 탈모되는 모발의 수가 약 150~200개 정도 되는 것을 말하며 유전적, 호르몬의 영향, 스트레스 등 다양한 원인에 의해 발생한다.

가장 일반적인 탈모는 유전적 원인에 의한 탈모로 호르몬과 연관이 있다. 남성호르몬의 하나인 테스토스테론(testosterone)이 모유두와 피지선에서 분비되는 효소인 5-α-reductase와 반응을 하면 디하이드로테스토스테론(dihydrotestosterone, DHT)으로 전환되는 데 이 물질이 모모세포에 작용하면 모낭을 위축시키고 세포분열을 늦춰 모발이 점차 가늘어져 연모화가 되어간다. 그 밖의 원인으로는 두피 생리기능의 저하, 영양불량, 스트레스, 약물에 대한 부작용 등이 있다.

탈모 증상의 완화에 도움을 주는 성분은 모유두 및 모모세포 등의 재생 및 영양보충 효과, 혈행촉진 효과, 살균효과 등의 작용을 이용하여 양모 및 육모의 효과를 타나낸다. 기능성 고시성분에는 덱스판테놀, 비오틴, 엘-멘톨, 징크피리치온이 있다.

(1) 덱스판테놀(Dexpanthenol)

판토텐산(B_5)의 유도체로 피부와 점막을 통하여 체내로 흡수 및 전환된다. 두피 재생과 보습에 효과적이며, 자극을 완화하고 모표피의 큐티클에 침착하여 모발과 모근을 강화시킨다. 또한, 모발의 뿌리에 침투하여 모발에 탄력과 윤기를 더한다.

덱스판테놀은 피부장벽 강화에도 효과적이며 빠른 상처 치유의 기능으로 피부의 재생에 좋다. 섬유아세포의 증식을 활발히 이루어지도록 하여 각질층의 회복을 도와 화장품에 첨가 시 민감하고 건조한 두피를 촉촉하게 하고 손상모의 회복도 촉진시켜 탈모샴푸나 토닉 제품에 많이 사용된다.

(2) 비오틴(Biotin)

비오틴은 비타민 B_7, B_8, 또는 비타민 H 등으로 불리는 황을 함유한 수용성 비타민으로 지방과 탄수화물 대사에 관여하며 부족 시 근육 손실과 피부염증 등을 일으켜 손톱과 모발이 가늘어지고 탈모를 유발한다.

화장품에 사용 시 힘없이 늘어진 모발을 강화시키고 모발성장을 촉진하는데 도움을 주며 두피의 밸런스를 조절하여 주로 모발 컨디셔닝제, 탈모방지 샴푸, 헤어토너 등에 사용된다.

(3) 엘-멘톨(L-Menthol)

주로 박하의 잎이나 줄기를 증류하여 얻는 정유를 냉각시켜 만든 물질로 한 개의 고리로 이루어진 모노테르펜에 속하는 알코올이다. 특유의 톡 쏘는 향으로 상쾌하고 시원한 사용감을 주고 두피의 모근을 자극하여 혈액순환을 촉진시킨다. 시원한 효과는 두피의 열을 식히는 역할도 함께 하여 샴푸에 적용 시 두피의 청량감을 높이는 역할을 하지만, 많은 양을 사용하면 피부의 자극을 일으킨다.

(4) 징크피리치온(Zinc Pyrithione)

화학반응을 통해 합성되는 방향족 징크화합물로 아연성분 물질이며 살균제, 살균보존제, 비듬방지제로 사용된다. 징크피리치온은 두피에 존재하는 곰팡이성 미생물인 말라세지아(malassezia)의 활성을 억제하는데 탁월하다. 말라세지아가 분비하는 지질분해효소는 두피의 지질층을 공격하여 감염키시고 이것은 비듬을 유발하게 된다.

비듬방지용 샴푸에 이 성분을 주로 사용하며 비듬 및 가려움을 덜어주고 씻어내는 제품이나 탈모증상 완화에 도움을 주는 화장품에 1.0% 함유가 가능하고 사용 후 씻어내는 제품에는 0.5% 함유가 가능하며 기타제품에는 사용 금지이다.

탈모 증상의 완화에 도움을 주는 화장품에 해당하는 고시성분은 〈표 13-6〉과 같다.

표 13-6 탈모 증상 완화제 식약처 고시 원료

No.	성분명	구조
1	덱스판테놀(dexpanthenol)	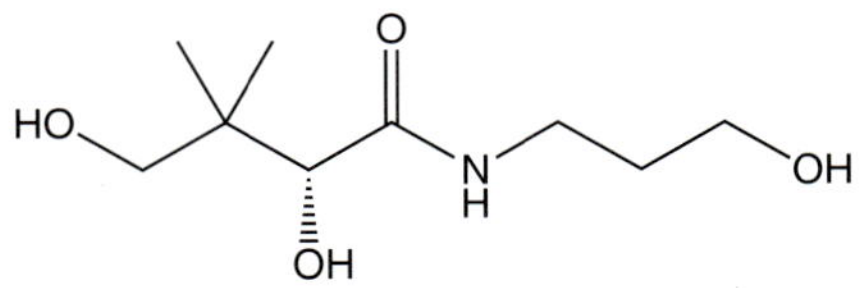
2	비오틴(biotin)	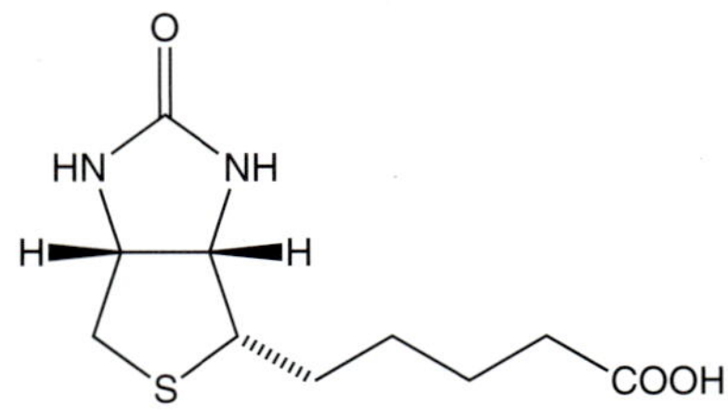
3	엘-멘톨(l-menthol)	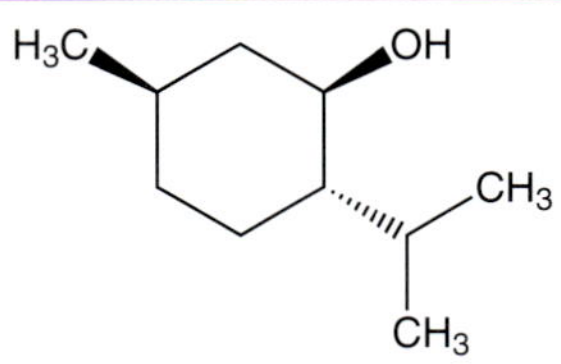
4	징크피리치온(zinc pyrithione)	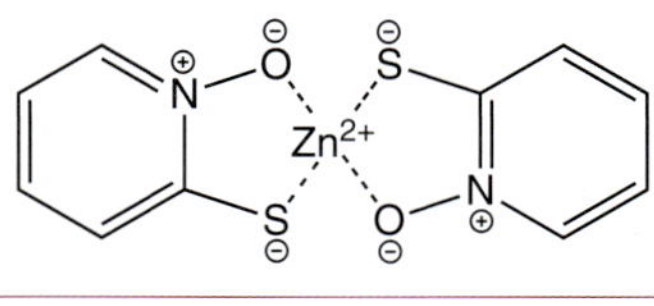
5	징크피리치온액(50%) zinc pyrithione solution(50%)	

7. 여드름성 피부를 완화하는 데 도움을 주는 화장품

여드름 발생은 유전이 약 83% 이상을 차지할 정도로 큰 원인이 된다. 유전에 의한 여드름은 남성호르몬의 일종인 테스토스테론(testosterone)이 정상보다 과하게 분비되면서 모유두와 피지선에서 분비되는 효소인 5−α−reductase와 반응을 하여 디하이드로테스토스테론(dihydrotestosteron, DHT)으로 전환되면서 문제가 생기게 된다. DHT는 피지선을 자극하는 호르몬으로 피지분비가 과잉되면서 과각질화 현상이 생기게 되어 모낭 안에 각질이 가득 차게 된다. 모낭 안에서 피부상재균인 프로피오니박테리움 아크네스(*Propionibacterium acnes*; *P. acnes*)균이 번식하면서 피지의 중성지방을 유리지방산으로 분해하여 모낭벽을 자극하게 된다. 계속된 자극으로 인해 염증이 유발되게 되는데, 우리는 이것을 여드름이라고 부른다〈그림 13−9〉.

성인 여드름의 주된 원인은 스트레스이다. 우리 몸은 스트레스를 받으면 부신피질에서 코르티솔(cortisol)이라는 호르몬을 분비하는데, 이 호르몬은 남성호르몬의 분비를 촉진시키는 역할을 한다. 그 결과 피지선을 자극하여 여드름 발생의 원인이 되는 것이다.

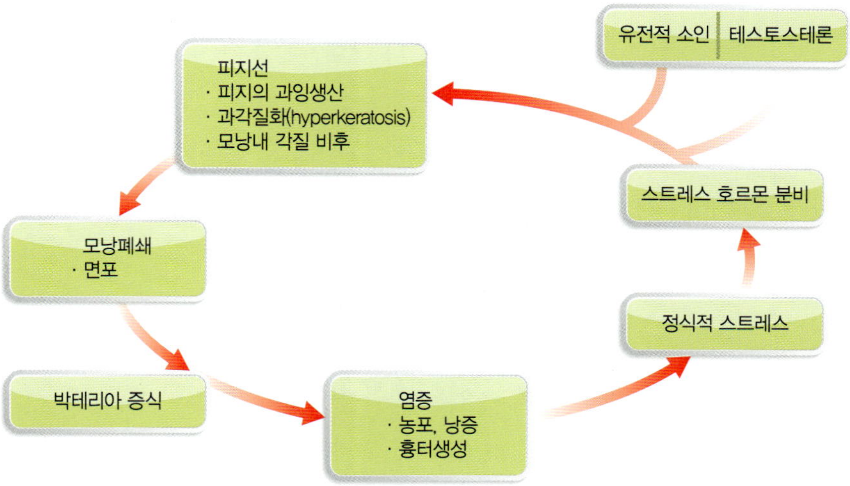

그림 13−9 여드름 생성과정

현재까지 식약처에서 고시한 여드름을 완화하는 데 도움을 주는 성분은 씻어내는 제품에만 해당하는 살리실릭애씨드(salicylic acid)이다. 살리실릭애씨드는 버드나무 껍질에서 기원된 성분으로 의약용인 아스피린의 원료로 사용되었다. 그러나 여드름 피부질환에 적용했을 때, P.acnes에 대한 항균효과를 보여 여드름이 완화되면서 각질제거제로 사용되고 있다. 살리실산은 BHA(β−hydroxy acid)라고도 불리며 지용성이기 때문에 모공 깊숙이까지 침투하여 피지를 제거하고 과각질화를 정상화시키기에 적합한 성분이다.

표 13-7 여드름성 피부 완화제 고시원료(씻어내는 제품에만 해당)

No.	성분명 및 사용한도	구조	비고
1	살리실릭애씨드(salicylic acid) 및 그 염류 • 인체세정용 제품류에 살리실릭애씨드로서 2% • 사용 후 씻어내는 두발용 제품류에 살리실릭애씨드로서 3%	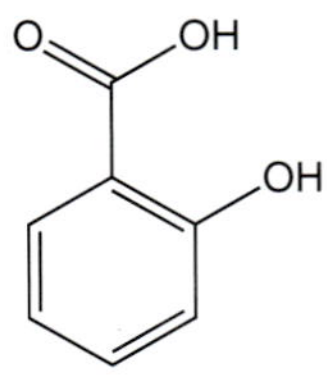	• 영유아용 제품류 또는 만 13세 이하 어린이가 사용할 수 있음을 특정하여 표시하는 제품에는 사용금지(다만, 샴푸는 제외) • 기능성 화장품의 유효성분으로 사용하는 경우에 한하며 기타 제품에는 사용금지

8. 피부장벽의 기능을 회복하여 가려움 등의 개선에 도움을 주는 화장품

피부장벽의 기능을 회복하여 가려움 등의 개선에 도움을 주는 화장품의 원료는 아직 고시된 바 없다. 피부장벽은 우리 몸의 면역에 가장 먼저 대응하는 1차 방어선으로 피부장벽의 기능이 약해지면 우리는 각종 피부질환에 노출되게 된다.

피부장벽 기능의 이상으로 가장 많은 사람들이 갖고 있는 질환은 아토피라고 할 수 있으며 아토피 질환을 가지고 있는 사람들은 면역력이 약해 대부분 합병증을 가지고 있다. 예로, 알레르기성 결막염, 알레르기성 비염, 천식 이러한 것들이 모두 1차 방어선인 피부장벽 기능에 문제가 생기면서 나타나게 되는 질병들인 것이다.

피부장벽을 이루는 3가지 요소는 NMF(natural moisturizing factor), 각질세포 간지질, 교소체(desmosome)이다. 천연보습인자는 각질층에 존재하는 수용성 보습인자의 총칭이다. 필라그린(filaggrin)이 과립층에서부터 분해되어 각질층으로 올라오면서 아미노산과 그 대사물질들로 이루어진 분해산물이 천연보습인자이다.

아토피 질환이 있는 사람들은 필라그린이 정상인보다 부족하여 천연보습인자가 덜 만들어지고, 피부장벽을 이루는 요소 중 하나인 NMF가 제 구실을 못하면서 수분이 빠져나가 외부에서 알레르기를 일으키는 항원 및 세균들의 침투가 용이해져 피부문제만이 아닌 다른 질환까지 함께 유발되게 된다.

따라서, 피부장벽의 기능을 강화하기 위하여 피부를 청결하게 하고 피부 보습을 강화할 필요가 있다. 고시된 성분은 아직 없지만 보습에 효과가 좋은 성분들에는 각질세포 간 지질의 40% 가량 존재하는 세라마이드(ceramide), 피부 내의 보습에 효과가 뛰어나고 진피의 기질에 존재하는 성분이기도 한 히알루론산(hyaluronic acid), 그 외에 알란토인, 황련, 감초, 카모마일 등 진정과 보습에 효과가 좋은 천연추출물이 있다.

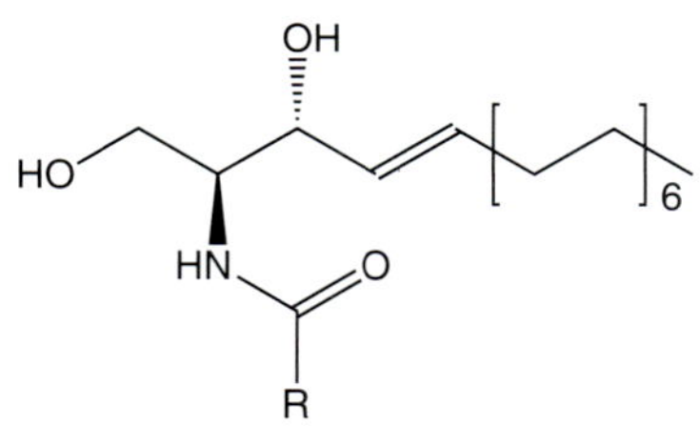

그림 13-10 세라마이드(Ceramide)

9. 튼 살로 인한 붉은 선을 엷게하는데 도움을 주는 화장품

튼 살은 성장기 시절 갑자기 키가 크거나 식욕증진으로 인한 급격한 체중변화, 또는 임신으로 인해 배가 불러오게 되는 등 피부에 일정기간 동안 갑작스런 확장이 꾸준히 생기면서 복부, 둔부, 허벅지 등에 얇게 갈라지는 증상으로 피부표면에 흉터가 생기는 것을 말한다. 이 외에도 갑작스런 부신피질 호르몬의 증가로 인해 콜라겐 섬유가 파괴되고 피부가 늘어나면서 튼 살이 생기기도 한다.

살이 트기 시작하는 초기에는 피부의 깊숙한 곳에서 탄력섬유가 소실되면서 엉덩이, 가슴, 배, 무릎 뒤, 허벅지 등의 피부에 푸른빛이 도는 붉은색 선이 생기다가 시간이 지나며 점차 흰색으로 변하게 되면서 주름지고 위축된 피부로 변한다. 만져보면 약간의 굴곡이 느껴지기도 한다.

튼 살의 경우 초기 붉은 띠가 생겼을 때 대응하면 어느 정도 회복이 가능하지만, 이미 흰색 선으로 변한 경우에는 개선하기 쉽지 않다.

튼 살로 인한 붉은 선을 옅게 하는데 도움을 주는 성분 역시 아직 고시되진 않았지만 치료제를 보면 국소적으로 도포하는 트리티노인(tretinoin)연고와 트리클로로아세트산(trichloroacetic acid, TCA)을 이용한 화학적 박피가 사용되고 있다. 레이저를 이용한 치료도 시도되고 있지만 뚜렷한 차도를 보이는 치료법은 아직 없는 상태이므로 튼 살은 초기에 치료하고 예방하는 것이 필요하다.

Chapter 14

향료

14. 향 료

1. 향료와 화장품(Perfume and Cosmetics)

오늘날 사용되어지는 향료(perfume)는 모두 라틴어 Per−fumum에서 유래되었는데 Per는 '통하여', Fumum은 '연기'라는 뜻이다. 즉, 향기나는 수지, 나무 등의 연소에서 향료의 역사가 시작되었을 만큼 그 역사는 긴 인류의 역사와 함께 이어져 온 것이다. 고대 이집트나 그리스에서도 종교의식과 미용 및 의료목적으로 향료를 제조하여 사용하였고, 인도 및 중국에서도 고대 이집트와 비슷한 시기부터 향료를 사용하였다.

화장품이 외적인 면을 아름답게 한다면, 향료는 아름다움과 건강을 목적으로, 화장품이 풍부한 향기를 갖게 함으로써 그 화장품을 사용하는 사용자로부터 매력을 이끌어 내는 것에 있다. 화장품의 좋은 향기로 인하여 사용할 때마다 기분의 변화가 일어나 본인의 마음까지도 풍요롭게 한다.

향기는 본연의 역할에 맞춰진 향수의 방향 화장품, 기초화장품, 메이크업 화장품 등 다양한 분류의 화장품에 첨가된다. 이처럼 향은 화장품 선택에 있어서 매우 중요한 역할을 한다고 할 수 있다.

먼저, 화장품에 있어 향료의 중요한 역할은 마스킹(masking) 효과라고 할 수 있다.

화장품 제조 시, 화장품 원료에서 고유의 냄새가 날 수 있는데, 이를 가리기 위한 용도로 향을 첨가하는 것을 마스킹이라 한다. 원료 고유의 냄새를 없애거나 다른 향으로 덮음으로써 소비자들에게 제품이 더욱 매력적으로 다가갈 수 있기 때문에 향료는 화장품에서 빠질 수 없는 중요한 요소로 작용한다.

이처럼 중요한 역할을 하는 향료는 pH, 일광, 온도 및 산화 등을 고려하여 선택하여야 하며, 제품의 생명을 결정하는데 있어 매우 중요한 요인이 되기 때문에 신중하게 배합하고 사용해야 한다.

이외에도 향기는 사람의 감정이나 정서에 느낌과 감각을 부여하고, 자율신경계, 호르몬계 및 면역계 등에 영향을 미쳐 인체의 항상성 유지와 더불어 향료 자체에 항균성이 인정되어 화장품의 보존과 기능성을 가미하게 된다.

2. 향료의 분류와 특성(Classification of Perfume)

1. 발향 단계에 의한 분류

향수는 몸에 뿌렸을 때, 시간이 지남에 따라 조금씩 향의 느낌이 달라진다. 그 이유는 조합된 여러 향료들의 발향 속도가 각각 다르기 때문이다.

향기는 발향속도에 따라 크게 탑노트, 미들노트, 베이스노트로 나눌 수 있다. 먼저 탑노트는 향수의 첫 느낌을 나타내는 향으로 주로 휘발성이 있어서 약 30분 정도 지속된다.

미들노트는 조향사의 창작의도, 특징, 컨셉, 성격 등이 담긴 조합 향료의 중심이 되는 향이다. 30~1시간 후 부터 느낄 수 있고 약 4~8시간 정도 지속된다.

베이스노트는 향을 뿌린 후 마지막까지 남아 있는 향으로 조합 향료의 잔향이다. 지속력이 강한 향으로 뿌린 후 2~3시간 후부터 느껴지고 약 4~24시간 정도 지속되어 체취와 섞여 나와 라스트 노트(last note)라고도 불린다.

발향은 탑노트 → 미들노트 → 베이스노트 순서에 따라 향의 확산력이 점점 떨어지고 지속력이나 보유력은 강해진다.

(1) 탑노트(Top note)

① 조합 향료의 첫 인상, 첫 느낌을 나타낸다.

② 비등점(B.P. 220℃ 이하)이 낮고 확산력과 휘발성이 강하다.

③ 향을 뿌린 후 30분 정도 지속된다.

④ Aldehydic, Citrus, Fruity, Green, Spicy

(2) 미들노트(Middle note)

① 조합 향료의 특징을 나타내는 Main Body이다.
② 향의 의도, 특징, 컨셉, 성격 등이 나타난다.
③ 향을 뿌린 후 30~1시간 정도부터 맡을 수 있고, 약 4~8시간 지속된다.
④ 비등점(B.P. 220~300℃)은 탑노트와 베이스노트 중간이다.
⑤ Floral(rose, jasmin, lilac, muguet)

(3) 베이스노트(Base note)

① 조합 향료의 잔향을 형성한다.
② 비등점(B.P. 300℃ 이상)이 높고 지속력이 강하다.
③ 향을 뿌린 후 2~3시간 정도부터 느껴지고 약 4~24시간 정도 지속되어 체취와 섞여 나온다.
④ Animalic, Balsamic, Leather, Mossy, Woody, Amber, Powdery

2. 부향률에 따른 분류

향수는 에틸알코올과 조합 향료를 일정한 비율로 혼합하여 제조한다. 가용화제 없이 에탄올에 향료를 녹이기 때문에 향료의 용해성은 충분해야 한다. 만든 향료를 혼합하여 밀폐 용기에 넣고 냉암소에서 일정 기간 숙성시켜 알코올의 자극적인 냄새가 제거되면서 부드럽고 은은한 향기가 만들어 진다.

향수는 향료의 농도(부향률)에 따라 퍼퓸(perfume), 오드퍼퓸(eau de perfume), 오드투알레트(eau de toilette), 오드콜로뉴(eau de cologne), 샤워코롱(shower cologne)으로 나뉘고 퍼퓸 → 샤워코롱으로 갈수록 향기의 지속시간은 짧아진다.

표 14-1 향의 분류 및 특징

구분	부향률	향기지속시간	향의 특징
퍼퓸 (perfume)	15~30	5~7시간	• 향수제품 중 최고품으로 완벽을 추구 • 화려하고 깊은 느낌 • 적량을 포인트에 사용

구분	부향률	향기지속시간	향의 특징
오드퍼퓸 (eau de perfume)	10~15	5시간 전후	• 향수에 가까운 효과를 기대 • 양이 많아서 경제적임 • 스프레이로 전신 사용이 효과적
오드 투알레트 (eau de toilette)	5~10	3~4시간	• 가벼운 감각의 향수 • 부드러운 향기를 원할 때 • 향수를 처음 쓰는 사람
오드코롱 (eau de cologne)	3~5	1~2시간	• 리프레싱(refreshing) 효과, 기분 전환 • 시트러스(citrus)향이 가미된 향수 • 양이 많아 경제적, 자주 많이 사용
샤워코롱 (shower cologne)	1~3	1시간 이내	• 잔향보다 확산성 강조 • 상쾌하고 신선한 향 • 목욕이나 스포츠 전후에 사용 • 보습효과 등의 기초화장품 기능 함유

3. 향료의 종류(Perfumes)

1. 천연향료

천연향료는 천연에 존재하는 향이 있는 식물이나 동물로부터 증류·추출·압착 등의 분리조작을 통해 채취하여 제조된다. 천연향료 제조 시, 추출은 수증기 증류법, 압착법, 용매 추출법, 냉침법, 온침법, 침출법과 침적법 등을 이용한다.

(1) 수증기 증류(Steam Distillation)

식물의 꽃이나 줄기, 잎, 껍질, 이끼, 씨앗 등에 수증기를 통과시켜 추출하는 방법으로 열에 의하여 향 성분이 변하지 않는 성분을 추출할 때 이용하는 방법이다. 간편하여 널리 이용된다.

(2) 압착법(Expression)

주로 감귤류(오렌지, 레몬, 자몽, 버가못)의 과일 껍질을 압착해서 에센셜 오일을 얻는 방법이다. 열에 약한 성분의 향료를 추출할 때 이용하는 방법이다.

(3) 용매 추출법(Extraction)

에탄올, 헥산, 에테르, 벤젠 등의 유기용매를 이용하여 왁스 형태의 농축물을 얻은 후 다시 에탄올을 가하여 향료를 추출하는 방식이다.

(4) 냉침법

실온에서 동물의 기름(지방)에 꽃을 넣고 1~3일 동안 방치하여 휘발 성분을 흡수시킨 후 추출하는 방법으로 자스민이나 월하향(tuberose)처럼 꽃을 꺾은 후에도 생리작용이 강한 꽃에 적용한다.

(5) 온침법

지방을 가온한 후 꽃을 넣어 향을 추출하는 방법이다. 장미나 오렌지 꽃처럼 꽃을 꺾은 후에는 생리기능이 정지되는 꽃에 적용한다.

(6) 침출법과 침적법

침출법은 식물의 뿌리나 가지 등에 상처를 내어 흐르는 수액을 획득하는 방법이고, 침적법은 사향, 카스토리움, 시베트 등을 에탄올에 담가서 우려내는 방법이다.

2. 합성향료

합성향료는 19세기 후반부터 합성 방법이 개발되면서 값비싼 천연향료 대신 등장하였다. 천연향료만으로 그 수요에 부응하기에는 향료의 수요 증가와 원료 부족 등으로 어려움이 가중되었고, 이로 인해 합성향료의 개발은 급속하게 발전되었다. 합성향료는 약 4,000여 종으로 보통 조합에 이용되고 있는 것은 이 중 500~600여종 정도이다. 합성향료는 일반적으로 탄화수소, 알코올, 알데하이드, 케톤, 에스테르, 락톤, 페놀, 산화물 및 아세탈 등에 따른 관능기별로 구분된다.〈표 14-2〉

표 14－2 향료의 화학구조에 따른 분류

화학구조 분류		향료명	화학구조	분자식과 분자량	냄새
탄화수소	모노테르펜	Limonene	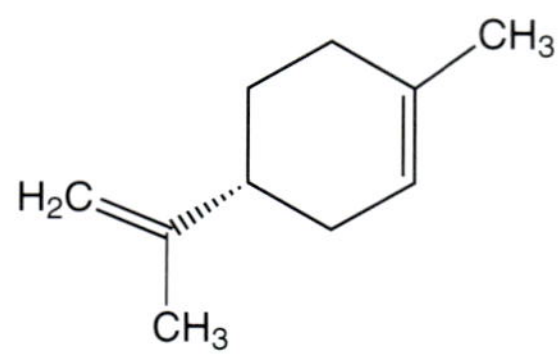	$C_{10}H_{16}$ 136.24	오렌지향
	세스퀴테르펜	β－Caryo-phyllene	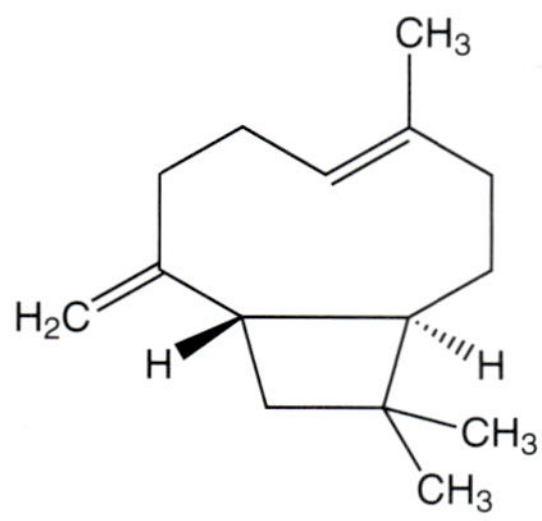	$C_{15}H_{24}$ 204.36	나무향
알코올	지방족 알코올	Cis－3－Hex-enol	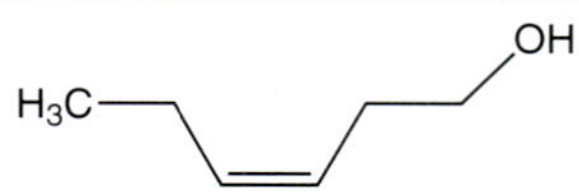	$C_6H_{12}O$ 100.16	신록의 어린잎 향
	모노테르펜 알코올	Linalool	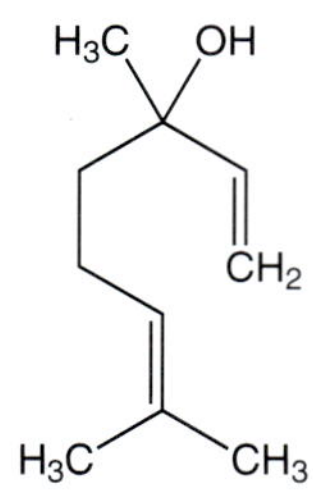	$C_{10}H_{18}O$ 154.25	은방울꽃의 향
	세스퀴테르펜 알코올	Famesol	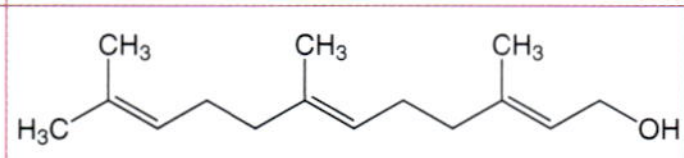	$C_{15}H_{26}O$ 222.37	신선한 녹색톤의 꽃향
	방향족 알코올	β－Phenyleth-yl Alcohol	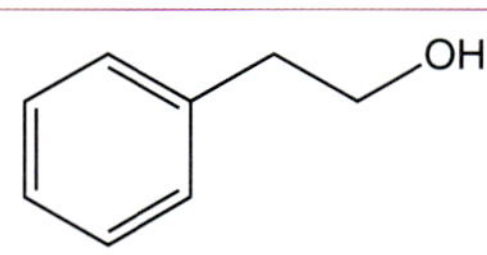	$C_8H_{10}O$ 122.17	장미향

화학구조 분류		향료명	화학구조	분자식과 분자량	냄새
알데하이드	지방족 알데하이드	2,6-Nonadienal	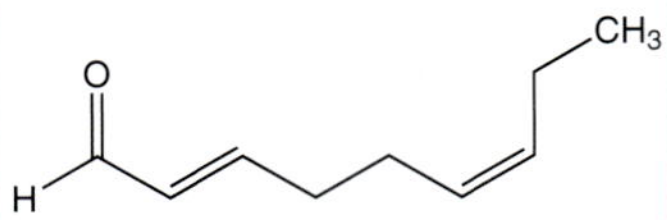	$C_9H_{14}O$ 138.21	제비꽃향, 오이향
	테르펜 알데하이드	Citral	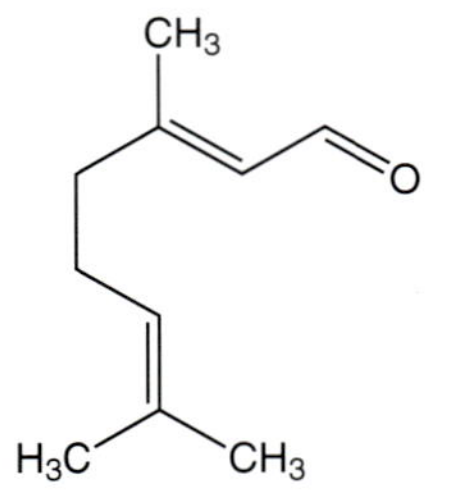	$C_{10}H_{16}O$ 152.24	강한 레몬향
	방향족 알데하이드	α-Hexyl Cinnamic Aldehyde	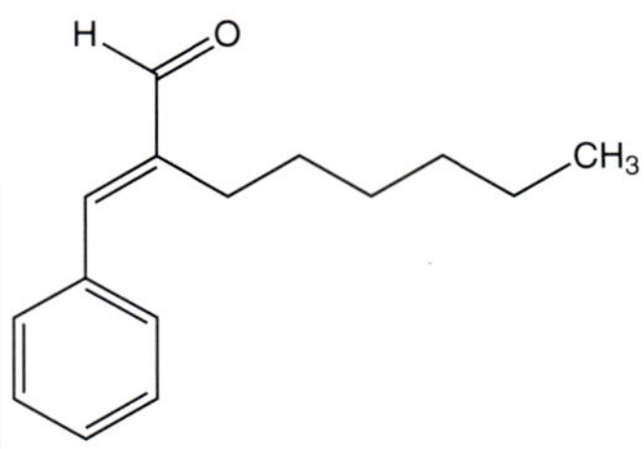	$C_{15}H_{20}O$ 216.33	자스민향
케톤	지환식 케톤	β-Ionone	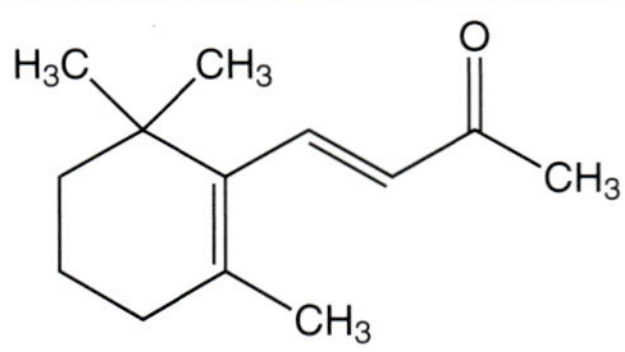	$C_{13}H_{20}O$ 192.30	희석하면 제비꽃향
	테르펜 케톤	l-Carvone	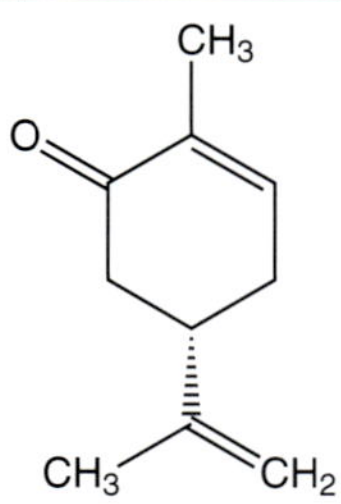	$C_{10}H_{14}O$ 150.22	스피아민트향
	대환상 케톤	Cyclopentadecanone	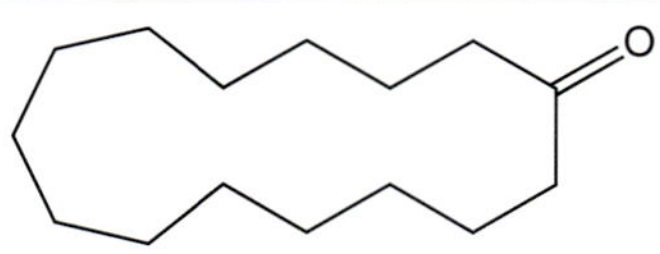	$C_{15}H_{24}$ 204.36	사향(musk)

화학구조 분류		향료명	화학구조	분자식과 분자량	냄새
에스테르	테르펜형 에스테르	Linalylacetate	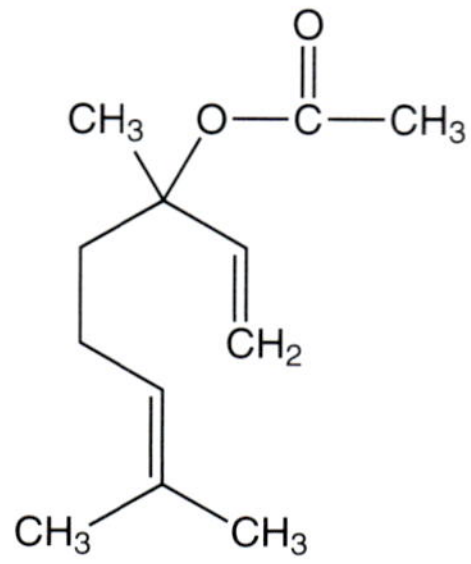	$C_{10}H_{16}$ 136.24	버가못, 라벤더향
	방향족 에스테르	Benzyl Benzoate	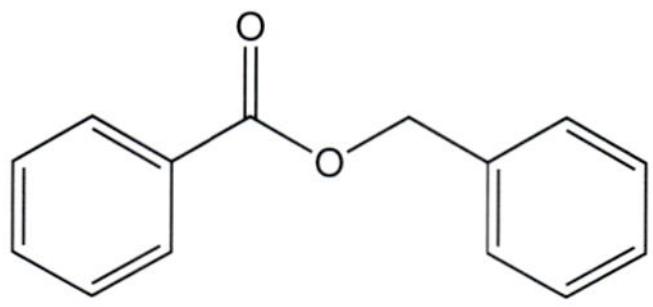	$C_{15}H_{24}$ 204.36	약한 발삼향
락톤		γ-Undecalactone	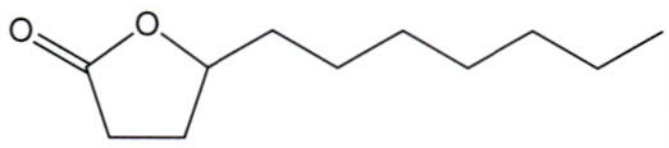	$C_{13}H_{20}O$ 192.30	복숭아향
페놀		Eugenol	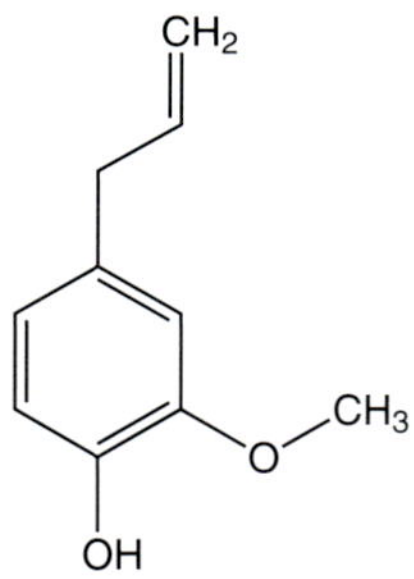	$C_{13}H_{20}O$ 192.30	클로브향
산화물		Rose Oxide	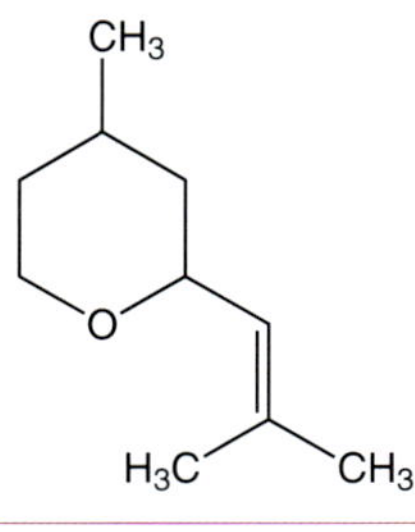	$C_{13}H_{20}O$ 192.30	푸른꽃향
질소함유화합물		Indole	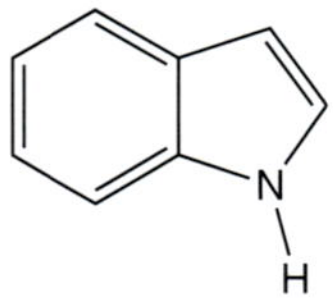	$C_{13}H_{20}O$ 192.30	강하고 불쾌한 구린내, 희석하면 자스민향

화학구조 분류	향료명	화학구조	분자식과 분자량	냄새
아세탈	Phenyl Acetaldehyde Dimethyl Acetal	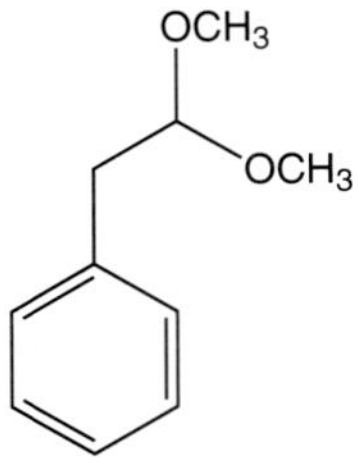	$C_{13}H_{20}O$ 192.30	옅은 히아신스향
시프 염기	Aurantiol	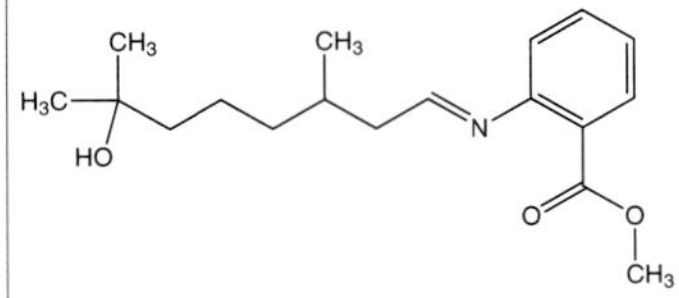	$C_{13}H_{20}O$ 192.30	오렌지꽃향

3. 조합향료

천연향료와 합성향료를 목적에 따라 조합한 향료이다. 조합향료를 제조하기 위한 주체가 되는 향기를 가진 원료 소재를 말하며, 이것을 주체로 하여 수식 또는 변조하는 향기를 가하여 전체를 조정하여 제조한다.

향기를 맡았을 때의 느낌은 과일향, 꽃향, 풀향, 나무향, 이끼향, 바다향, 달콤한 향, 흙향, 카레향 등 셀 수 없이 다양하다.

① 플로럴(Floral)

많은 사람들에게 사랑을 받고 있는 꽃향기 향료로 향수에 대표적이라 할 수 있다. 기초향료의 소재 중 중요한 부분을 차지하는 향료의 소재는 장미(rose), 자스민(jasmine), 은방울꽃(muguet), 카네이션(carnation), 월하향(tuberose), 히아신스(hyacinth), 오렌지꽃(neroli), 제비꽃(violet), 일랑일랑(ylang ylang) 등이 있고 이들은 부드러움과 우아함이 있다.

현재는 새로운 합성 기술과 분석 기술을 이용하여 자연의 꽃향기를 그대로 재현하여 천연의 느낌이 나는 플로럴 인공향을 제조하고 있다.

② 우디(Woody)

건조하고 힘이 강하며, 고상한 베티버계, 중후하면서 부드럽고, 다소 섹시한 샌달우드계의 느낌으로, 강하고 이국적인 패츌리계 등과 같은 나무 향기의 특징을 가진 향료이다.

③ 시프레(Chypre)

베르가못, 오크모스, 오렌지, 로즈, 쟈스민, 무스크 및 암버 등으로 조합된 향기의 특징을 가진다. 성숙한 여인다움이 감도는 개성적인 향기이다.

④ 시트러스(Citrus)

레몬, 베르가못, 오렌지 및 라임 등의 감귤계 향취로 신선하고 상쾌한 느낌을 주며 휘발성이 크다.

⑤ 그린(Green)

숲 속의 풀잎이나 젖은 나뭇잎에서 느껴지는 싱그러운 자연의 풋풋한 향취가 특징이다. 녹색의 이미지로 시트러스 보다 개성이 강하고 고급스러움이 있다.

⑥ 푸제르(Fougere)

남성용 향기로 널리 사용된다. 라벤다, 오크모스 및 쿠마린 등을 기초로 하여 로즈와 쟈스민 등의 꽃향기에 샌달우드, 베티버 및 패츄리 등의 나무향기를 가하여 암버 또는 무스크 등으로 보향성을 부여한 싱싱하고, 촉촉하며, 중후함이 복합된 향기이다.

⑦ 오리엔탈(Oriental)

발삼류, 바닐라계 향료이다. 나무의 향이나 동물의 향을 배합하여 달달하고, 매혹적인 강한 향기의 잔향을 풍기는 것이 특징이다.

⑧ 후루티(Fruity)

감귤계 이외의 달콤한 과일 향으로 복숭아, 딸기, 사과, 바나나, 메론, 파인애플 및 나무딸기 등이 있으며, 그린계, 시트러스계, 플로랄계 등에 초점을 주기 위한 변조제로 많이 사용된다. 최근에는 열대 과일도 사용되어 향기를 부여하고 있다.

⑨ 스파이시(Spicy)

자극적이고 끈끈하며 신선한 향기로 클로브, 시나몬, 타임, 블랙페퍼, 계피, 육두구(nutmeg), 로즈마리 등에서 느낄 수 있는 향기이다.

⑩ 알데하이드(Aldehyde)

천연에서 얻기 힘든 지방족 알데하이드($C_{7\sim12}$)에 속하는 강렬하고 예리한 향기로 확산성이 풍부한 느낌의 합성향이다. 샤넬 No.5에 사용되는 소재이다.

⑪ 애니멀(Animal)

동물의 분비물 및 배설물 등 역겨운 냄새 또는 암내 등을 말한다. 그러나 적절한 비율의 희석으로 따뜻하면서 고급스러운 향을 낼 수 있다. 무스크, 시베트, 카스토리움 및 암버그리스와 같은 향기이다.

4. 향료(착향제) 성분 중 알러지 유발 물질 (Allergen of Fragrance Contents)

화장품법 시행규칙에서 '화장품 사용 시의 주의사항·알레르기 유발 성분 표시에 관한 규정 '착향제의 구성 성분 중 알레르기 유발 성분'에 근거한 화장품 향료 중 알레르기 유발물질 성분은 총 25종으로 〈표 14-3〉과 같다.

이 성분들은 사용 후 씻어내는 제품에서 0.01% 초과 시 또는 사용 후 씻어내지 않는 제품에서 0.001% 초과 시 반드시 기재해야 한다.

2020년 01월 01일 부터 제조·수입하는 화장품에 적용하는 이 지침은 착향제는 '향료'로 표시할 수 있고, 착향제 구성 성분 중 식약처장이 고시한 알레르기 유발 성분 '화장품 사용 시의 주의사항·알레르기 유발 성분 표시에 관한 규정에서 정한 25종'이 있는 경우에는 향료로만 표시할 수 없다.

표 14-3 착향제 구성 성분 중 알레르기 유발성분

No	성분명	CAS No.
1	나무이끼추출물	CAS No 90028-67-4
2	리날룰	CAS No 78-70-6

3	리모넨	CAS No 5989－27－5
4	메칠2－옥티노에이트	CAS No 111－12－6
5	벤질벤조에이트	CAS No 120－51－4
6	벤질살리실레이트	CAS No 118－58－1
7	벤질신나메이트	CAS No 103－41－3
8	벤질알코올	CAS No 100－51－6
9	부틸페닐메틸프로피오날	CAS No 80－54－6
10	시트랄	CAS No 5392－40－5
11	시트로넬롤	CAS No 106－22－9
12	신나밀알코올	CAS No 104－54－1
13	신남알	CAS No 104－55－2
14	아니스에탄올	CAS No 105－13－5
15	아밀신나밀알코올	CAS No 101－85－9
16	아밀신남알	CAS No 122－40－7
17	알파－이소메칠이오논	CAS No 127－51－5
18	유제놀	CAS No 97－53－0
19	이소유제놀	CAS No 97－54－1
20	제라니올	CAS No 106－24－1
21	참나무이끼추출물	CAS No 90028－68－5
22	쿠마린	CAS No 91－64－5
23	파네솔	CAS No 4602－84－0
24	하이드록시시트로넬알	CAS No 107－75－5
25	헥실신남알	CAS No 101－86－0

우선 알레르기 유발성분의 표시 기준 사용 후 씻어내는 제품에서 0.01%, 사용 후 씻어내지 않는 제품에서 0.001%의 산출은 해당 알레르기 유발성분이 제품의 내용량에서 차지하는 함량의 비율로 계산해야 한다. 즉, 사용 후 씻어내지 않는 제품인 바디로션(250g)에 리모넨이 0.05g 포함 시 0.02%의 비율로 기준 수치 0.00.%를 초과하므로 반드시 표기해야 하는 것이다.

알레르기 유발성분 함량에 따른 표기 순서를 별도로 정하고 있지는 않지만, 전성분 표시 방법의 적용을 권장하며 [그림 14-1]과 같다.

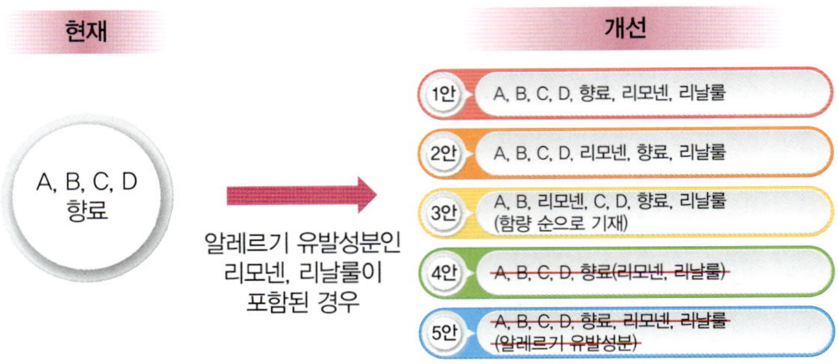

* 1~3안은 가능하며, 4~5안은 소비자 오해·오인 우려로 불가함

그림 14-1 알레르기 유발성분 표기 개선안

이 성분 표기는 소비자들이 별도로 표시한 성분만 알레르기를 유발하는 것으로 오인할 우려가 있어 전성분 표시제의 표시대상 범위로만 확대한 것이고 사용 시의 주의사항에 기재될 사항은 아니다.

따라서, 전성분에 표기하는 향료 중에 포함된 알레르기 유발성분의 표시에 대해 소비자들이 위험한 물질로 오해할 필요는 없다.

내용량이 10ml(g)~50ml(g) 정도 되는 적은 용량의 화장품은 기존 규정과 동일한 전 성분 표시·기재로 면적이 부족할 경우 생략이 가능하다. 하지만, 해당 정보는 홈페이지 등에서 확인할 수 있도록 하여야 하고, 소용량 화장품일 지라도 표시 면적이 충분할 경우에는 해당 알레르기 유발 성분을 표시해야 한다.

그리고 식물의 꽃, 잎, 줄기 등에서 추출한 에센셜 오일 또는 추출물이 착향의 목적으로 사용된 경우, 해당 성분이 착향제의 특성이 있는 경우에는 알레르기 유발성분을 표시·기재해야 한다.

Chapter 15
기타 성분

15. 기타 성분

1. 금속이온봉쇄제(Sequestering Agent)

화장품에 금속이온이 존재하면 화장품의 품질이 저하되게 된다. 이러한 변화는 성분의 산화를 촉진하고 변색·변취의 원인이 되며, 침전물이 생기는 결과가 나타난다. 이러한 금속이온의 활성을 억제하기 위해 첨가되는 것이 금속이온봉쇄제이며, 킬레이트제(chelating)라고 한다.

화장품에 사용되는 금속이온봉쇄제로는 EDTA의 나트륨염, 인산, 구연산, 아스코르빈산, 호박산, 글루콘산, 폴리인산나트륨, 메타인산나트륨 등이 있다.

에틸렌디아민테트라아세트산(ethylenediaminetetraacetic acid, EDTA)은 유기화합물의 일종으로 화학식은 $C_{10}H_{16}N_2O_8$이다. 여섯 자리 리간드로 작용할 수 있으며 금속이온과 결합하여 카이랄성을 가진 킬레이트 화합물을 만든다.

EDTA는 금속이온을 중심으로 하는 팔면체의 여섯 꼭짓점에 동시에 배위할 수 있으며, 그 결과 중심 금속은 리간드에 의해 둘러싸여지게 된다. 따라서 EDTA는 특정 금속이온에 대하여 강한 친화력을 가진다.

백색 결정 또는 분말의 EDTA는 금속이온의 분석·분리·제거에 탁월하고, 미량 금속이온의 계기 등 분석화학에 이용될 뿐만 아니라 센물 연화, 희토류 원소의 분리, 신장결석의 제거, 비타민 C의 산화방지, 식품의 금속에 의한 변질방지, 세척제, 중금속 이온의 침전 방지, 화장품 성분의 금속이온 방지 등 그 용도가 매우 다양하다. 그 중에서도 화장품 성분 첨가제로 가장 많이 사용된다.

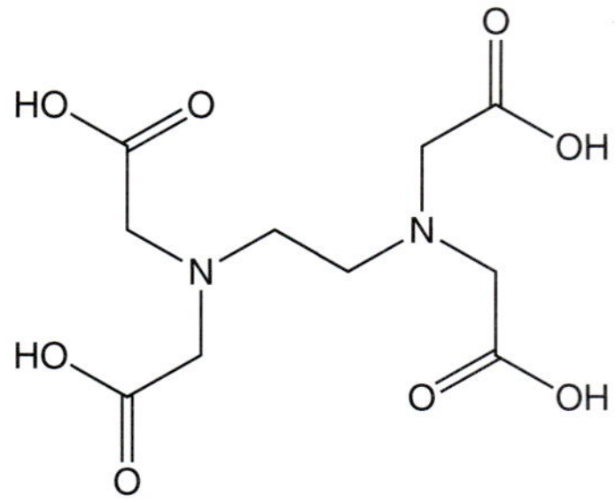

그림 15－1 EDTA의 구조

2. 비타민(Vitamins)

비타민은 우리 몸 안에서 합성되지 못하고 외부로부터 흡수되어 효과를 나타내는 물질이다. 지용성 비타민이 수용성 비타민에 비해 피부표면에서의 친화력이 강하여 흡수가 빠르며 효과적이다.

(1) Vitamin A

비타민 A는 Retinol($C_{20}H_{30}O$)이라고도 하며, 피부과에서는 예전부터 광노화 피부질환 개선에 많이 사용해 온 성분이다. 또한, 비타민 A는 노화 과정이나 자외선 등에 의해 손상된 피부가 정상화되고, 피부 속의 단백질인 콜라겐을 새롭게 생성시키며, 새로운 혈관을 많이 만들어 혈관 분포를 개선시키는 효과를 갖고 있다.

레티놀은 최초의 합성 비타민 레틴산(retinoic acid)의 전구물질로 피부에 흡수된 후 서서히 레틴산으로 변화하여 작용하기 때문에 효과는 레틴산에 비해 약간 떨어질 수 있다. 그러나 피부 자극이 적어 오랜 시간 피부에 사용하는 것이 가능하다.

세포의 성장 회전주기가 빨라지도록 기여하는 레티놀은 노화 세포의 빠른 탈락을 유도하여 주름을 완화시키고. 신진 대사가 원활하게 이루어지도록 도와서 멜라닌 색소가 배출되도록 한다. 또한, 건조한 피부를 촉촉하고 윤기 있게 해주며 피부 조직의 재생을 촉진시켜주고, 주름을 완화하여 노화를 억제하는 효과를 가지고 있다.

그러나, 레티놀은 빛과 열에 약한 단점이 있어 저녁에만 사용하는 것이 좋으며 민감한 피부의 경우 자극을 일으킬 가능성이 있어 차츰 사용량을 늘려 가는 것이 중요하다.

비타민 A의 주 기능은 시각회로(visual cycle)에 관여하는 물질로 Ca^{2+}이온의 투과조절, 골아 세포(골 형성세포)의 성장과 생식에 관련된 기능을 조절하며, 비정상적인 각질 피부와 건성피부를 치유하는 작용을 한다.

그리고 레티놀이 산화되면 레틴산이 되는데, 레틴산은 여드름 개선 효과와 피부주름살 개선효과가 뛰어나고, UV-A에 의한 콜라겐 저하의 회복과 초기 주름 제거 등에도 효과가 있다. 따라서 최근 화장품에서는 레틴산의 전구물질인 레티놀을 사용하여 제품을 만든다.

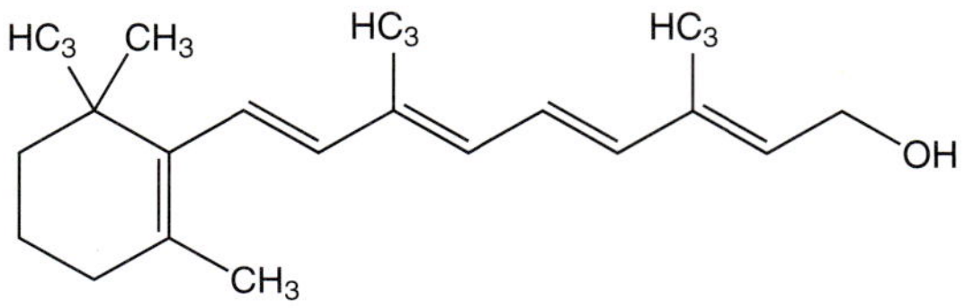

그림 15-2 비타민 A(Retinol)의 구조

(2) Vitamin B군

비타민 B가 부족할 경우 피부가 거칠어져 각질이 생기고 여드름 등 피부 트러블의 원인이 된다. 비타민 B는 유해 환경으로부터 피부를 보호하고 스트레스를 완화시켜주는 안티-스트레스 제품에 주로 사용된다.

또한, 노화방지와 미백에 효과적인 비타민 B_3는 산성 및 알카리성, 열, 광선 등에 안정한 비타민이다. B_3에 아마이드기를 결합한 나이아신아마이드는 미백 기능성 화장품 고시원료이며, 가격이 저렴하고 빛과 열에 안정하여 많이 사용하는 화장품 원료이다.

피부보호 성분인 판테놀이라 불리는 비타민 B_5는 보습 및 진정효과를 갖고 있어 스킨케어와 헤어 케어에 널리 사용되고 있으며, 비타민 B_2와 B_6는 피지 분비와 여드름 생성을 조절하고 거친 피부에 효과적이다.

비오틴이라고 불리는 비타민 B_7은 동식물계에 널리 존재하는 세포 성장인자이다. 손상된 케라틴 단백질을 회복시키고 손톱과 모발의 성장에 효과적이다.

표 15-1 비타민 B군의 종류 및 구조

종류	영문이름	구조
B_2	리보플라빈 (Riboflavin)	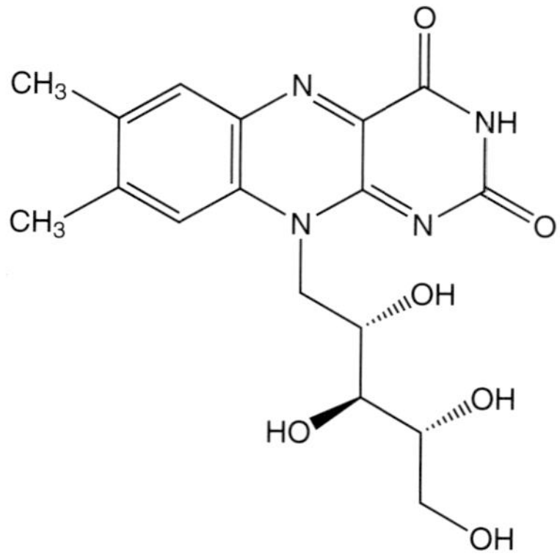
B_3	나이아신 (Niacin)	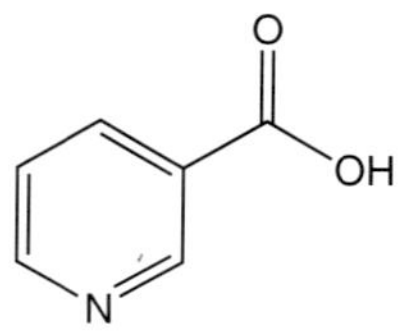
B_5	판토텐산 (Pantothenic acid)	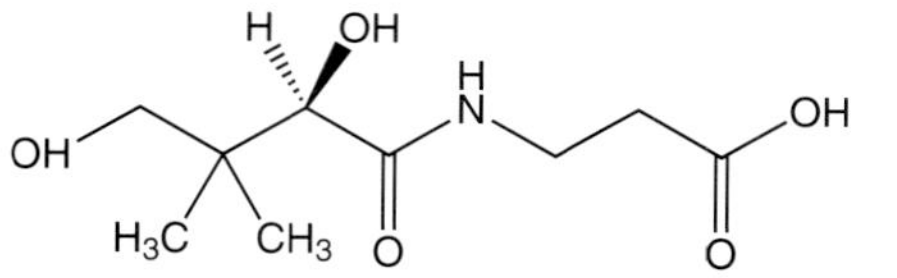
B_6	피리독신(Pyridoxine)	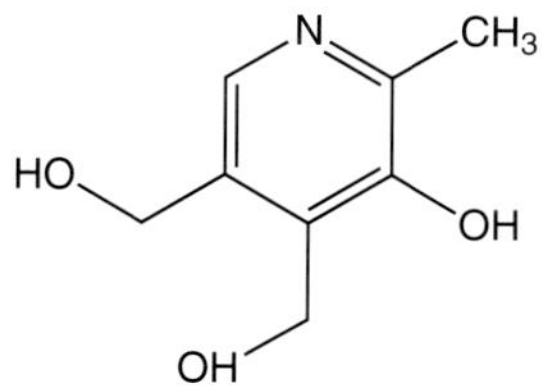
B_7	비오틴(Biotin)	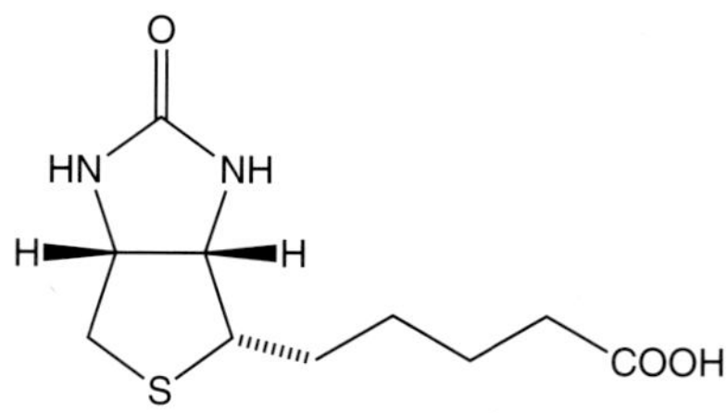

(3) Vitamin C

비타민 C(ascorbic acid)는 피부의 각질을 제거하고 잡티의 원인이 되는 멜라닌 색소를 옅어지게 하여 피부톤을 환하고 맑게 만들어 주는 역할을 한다. 기미 색소 침착을 막아주는 미백 화장품에 대표적인 성분으로 비타민 C가 사용된다.

또한, 비타민 C는 피부 내 콜라겐을 강화하여 탄력을 증대시키고, 대표적 항산화제인 비타민 E의 환원을 도와 세포변화를 촉진시키는 활성 산소를 제거하는 항산화 작용을 하여 노화 방지에 탁월하며, 피부 트러블을 억제하는 효과가 있다.

그러나, 비타민 C는 빛, 공기, 열에 약해 산화가 쉽게 일어나 불안정하다는 단점이 있다.

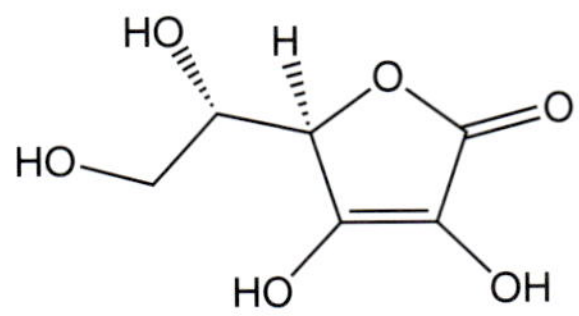

그림 15-3 비타민 C의 구조

(4) Vitamin E

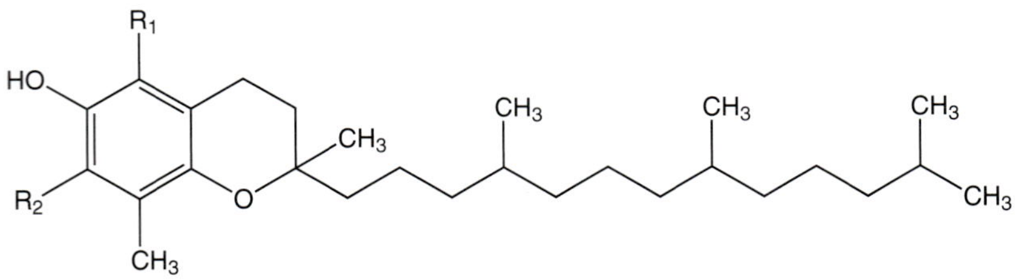

Tocopherol	R_1	R_2
α−	CH_3	CH_3
β−	CH_3	H
γ−	H	CH_3
δ−	H	H

그림 15-4 비타민 E의 구조

비타민 E(tocopherol)는 각질층에서 수분이 빠져나가는 것을 막아주기 때문에 보습, 영양 화장품에 많이 쓰인다. 특히 자외선으로부터 피부를 보호하는 역할을 하고, 트거나 갈라지는 곳에 효과적이며, 피지 분비를 조절해서 피부의 유수분 밸런스를 잡아준다. 또한, 강력한 항산화제로 각종 공해나 스트레스, 자외선 등 자극으로부터 피부를 보호해 준다.

(5) Vitamin K

비타민 K는 혈관을 만들어 피부의 모세혈관과 정맥조직을 단단하게 만들어 얼굴에 붉은기를 완화시켜 준다. 피부가 붉어지는 것은 모세혈관이 확장되거나 피부가 약해지는 현상으로 피부톤도 어두워진다.

표 15－2 비타민 K의 종류 및 구조

종류	영문이름	구조
K_1	필로퀴논 (phylloquinone)	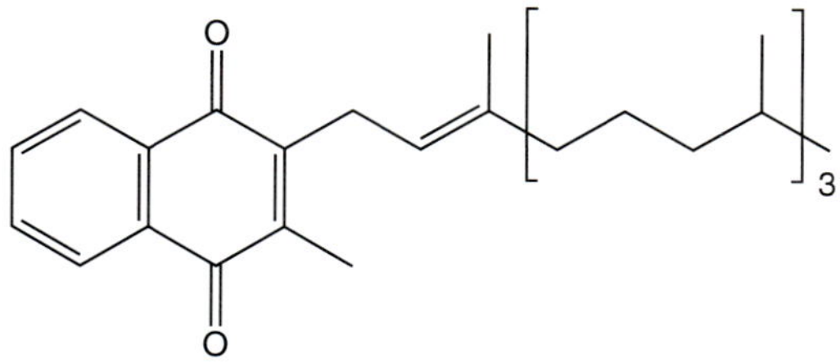
K_2	메나퀴논－4 (menaquinone－4)	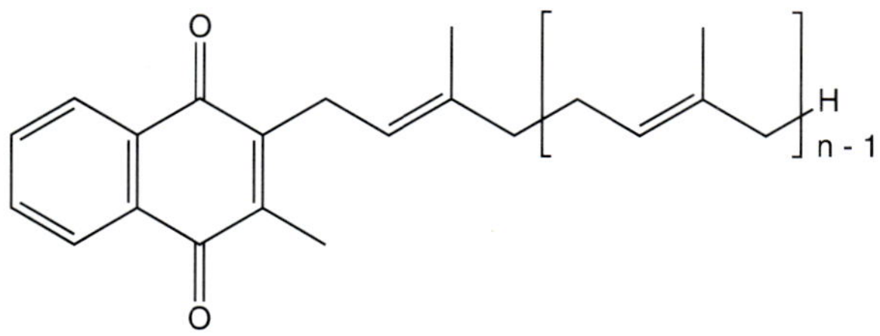
K_3	메나디온 (menadione)	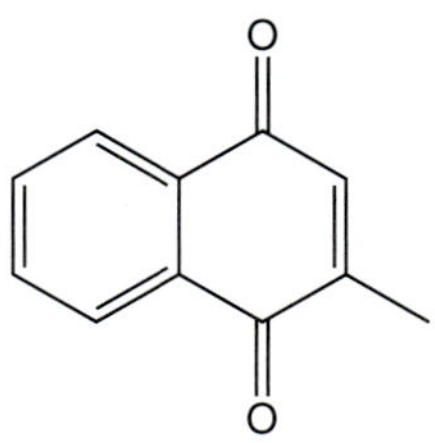

3. 무기질(Minerals)

(1) 철분(Iron)

철분 결핍으로 인한 피부질환은 손톱이 쉽게 부서지며, 손톱에 세로의 선이 나타나는 특징이 있다. 또한, 케라틴 단백질의 불완전한 생산으로 인해 손톱과 같은 케라틴 단백질로 이루어진 머리칼은 윤기가 없어지고, 건조해지며, 잘 부서진다.

(2) 아연(Zinc)

식이로 섭취한 아연은 약 10~30%만이 체내로 흡수되고, 흡수된 아연 중 20%는 피부에 저장할 수 있다. 이 아연은 진피보다 표피에 3~6배 더 많이 저장된다.

아연 결핍 초기에는 입 주변의 피부가 건조해지면서 인설이 생기고, 더 진전되면 수포나 농포가 생기기 시작한다. 아연은 수 세기 동안 상처치유에 필요한 필수요소였으며, 피부의 항산화성, 항노화성, 항암성 및 피부질환 및 상처치유에도 중요한 역할을 해왔다.

아연은 비타민 A와 함께 피부의 보습과 탄력유지에 중요한 콜라겐과 엘라스틴의 생성 및 피지선이 정상적인 기능을 할 수 있도록 도움을 준다.

(3) 구리(Copper)

멜라닌 생성과정에 작용하는 구리는 콜라겐과 엘라스틴을 성숙시키는 과정에서 중요한 역할을 하고, 프리 라디칼의 독소를 감소시키기도 한다.

구리의 결핍은 머리카락의 구조적인 변화를 초래해 '멘키즈 킨키 헤어 증후군(Menke's kinky hair syndrome)'을 발생시키는데, 이 증상은 머리칼이 윤기가 없어지고, 뒤엉키며, 탈색이 되는 것이다. 더불어 눈썹과 속눈썹이 잘 빠지고, 모낭 안에서는 과각질화 증상이 생기며, 피부에 탄력이 약해지고, 피부 색소 또한 감소한다.

(4) 셀레늄(Selenium)

셀레늄은 불포화지방산으로부터 형성된 과산화물을 대사하는 적혈구 안에 있는 항산화 효소인 글루타티온과산화효소(glutathion peroxidase)의 구성 성분이다.

이 효소는 적혈구의 막과 세포막을 과산화물로부터 보호해주는 항산화제로서의 작용을 하며, 주로 간에서 항산화 방어 역할을 한다. 셀레늄의 결핍은 각질의 각화작용을 촉진시키고, 더 나아가 셀레늄 결핍이 장기화되면 네일 베드, 머리카락, 피부 등의 색소가 없어지는 알비니즘과 비슷한 유사 알비니즘 증상이 나타난다.

(5) 망간(Manganese)

망간은 멜라닌의 자동 산화를 유발하기 때문에 멜라닌 세포에서 높은 농도로 발견되어 진다. 또한, 표피 안에서 아르기나아제(arginase)의 활성에 필요하기 때문에 표피를 비후하게 만드는 역할을 하기도 한다. 망간이 결핍되면 피부염이 발생되고 머리색의 변화와 머리카락의 성장이 늦어지게 된다.

부록

[부록 1] 사용할 수 없는 원료

- 갈라민트리에치오다이드
- 갈란타민
- 중추신경계에 작용하는 교감신경흥분성아민
- 구아네티딘 및 그 염류
- 구아이페네신
- 글루코코르티코이드
- 글루테티미드 및 그 염류
- 글리사이클아미드
- 금염
- 무기 나이트라이트(소듐나이트라이트 제외)
- 나파졸린 및 그 염류
- 나프탈렌
- 1,7-나프탈렌디올
- 2,3-나프탈렌디올
- 2,7-나프탈렌디올 및 그 염류(다만, 2,7-나프탈렌디올은 염모제에서 용법·용량에 따른 혼합물의 염모성분으로서 1.0 % 이하 제외)
- 2-나프톨
- 1-나프톨 및 그 염류(다만, 1-나프톨은 산화염모제에서 용법·용량에 따른 혼합물의 염모성분으로서 2.0 % 이하는 제외)
- 3-(1-나프틸)-4-히드록시코우마린
- 1-(1-나프틸메칠)퀴놀리늄클로라이드
- N-2-나프틸아닐린
- 1,2-나프틸아민 및 그 염류
- 날로르핀, 그 염류 및 에텔
- 납 및 그 화합물
- 네오디뮴 및 그 염류
- 네오스티그민 및 그 염류(예 : 네오스티그민브로마이드)
- 노닐페놀[1] ; 4-노닐페놀, 가지형[2]
- 노르아드레날린 및 그 염류
- 노스카핀 및 그 염류
- 니그로신 스피릿 솔루블(솔벤트 블랙 5) 및 그 염류
- 니켈
- 니켈 디하이드록사이드
- 니켈 디옥사이드
- 니켈 모노옥사이드

- 니켈 설파이드
- 니켈 설페이트
- 니켈 카보네이트
- 니코틴 및 그 염류
- 2–니트로나프탈렌
- 니트로메탄
- 니트로벤젠
- 4–니트로비페닐
- 4–니트로소페놀
- 3–니트로–4–아미노페녹시에탄올 및 그 염류
- 니트로스아민류(예 : 2,2'–(니트로소이미노)비스에탄올, 니트로소디프로필아민, 디메칠니트로소아민)
- 니트로스틸벤, 그 동족체 및 유도체
- 2–니트로아니솔
- 5–니트로아세나프텐
- 니트로크레졸 및 그 알칼리 금속염
- 2–니트로톨루엔
- 5–니트로–*o*–톨루이딘 및 5–니트로–*o*–톨루이딘 하이드로클로라이드
- 6–니트로–*o*–톨루이딘
- 3–[(2–니트로–4–(트리플루오로메칠)페닐)아미노]프로판–1,2–디올(에이치시 황색 No. 6) 및 그 염류
- 4–[(4–니트로페닐)아조]아닐린(디스퍼스오렌지 3) 및 그 염류
- 2–니트로–p–페닐렌디아민 및 그 염류(예 : 니트로–p–페닐렌디아민 설페이트)(다만, 니트로–p–페닐렌디아민은 산화염모제에서 용법·용량에 따른 혼합물의 염모성분으로서 3.0 % 이하는 제외)
- 4–니트로–m–페닐렌디아민 및 그 염류(예 : p–니트로–m–페닐렌디아민 설페이트)
- 니트로펜
- 니트로퓨란계 화합물(예 : 니트로푸란토인, 푸라졸리돈)
- 2–니트로프로판
- 6–니트로–2,5–피리딘디아민 및 그 염류
- 2–니트로–N–하이드록시에칠–*p*–아니시딘 및 그 염류
- 니트록솔린 및 그 염류
- 다미노지드
- 다이노캡(ISO)
- 다이우론
- 다투라(*Datura*)속 및 그 생약제제
- 데카메칠렌비스(트리메칠암모늄)염(예 : 데카메토늄브로마이드)
- 데쿠알리니움 클로라이드

- 덱스트로메토르판 및 그 염류
- 덱스트로프로폭시펜
- 도데카클로로펜타사이클로[5.2.1.02,6.03,9.05,8]데칸
- 도딘
- 돼지폐추출물
- 두타스테리드, 그 염류 및 유도체
- 1,5-디-(베타-하이드록시에칠)아미노-2-니트로-4-클로로벤젠 및 그 염류(예 : 에이치시 황색 No. 10)(다만, 비산화염모제에서 용법·용량에 따른 혼합물의 염모성분으로서 0.1 % 이하는 제외)
- 5,5'-디-이소프로필-2,2'-디메칠비페닐-4,4'디일 디히포아이오다이트
- 디기탈리스(*Digitalis*)속 및 그 생약제제
- 디노셉, 그 염류 및 에스텔류
- 디노터브, 그 염류 및 에스텔류
- 디니켈트리옥사이드
- 디니트로톨루엔, 테크니컬등급
- 2,3-디니트로톨루엔
- 2,5-디니트로톨루엔
- 2,6-디니트로톨루엔
- 3,4-디니트로톨루엔
- 3,5-디니트로톨루엔
- 디니트로페놀이성체
- 5-[(2,4-디니트로페닐)아미노]-2-(페닐아미노)-벤젠설포닉애씨드 및 그 염류
- 디메바미드 및 그 염류
- 7,11-디메칠-4,6,10-도데카트리엔-3-온
- 2,6-디메칠-1,3-디옥산-4-일아세테이트(디메톡산, *o*-아세톡시-2,4-디메칠-*m*-디옥산)
- 4,6-디메칠-8-tert-부틸쿠마린
- [3,3'-디메칠[1,1'-비페닐]-4,4'-디일]디암모늄비스(하이드로젠설페이트)
- 디메칠설파모일클로라이드
- 디메칠설페이트
- 디메칠설폭사이드
- 디메칠시트라코네이트
- N,N-디메칠아닐리늄테트라키스(펜타플루오로페닐)보레이트
- N,N-디메칠아닐린
- 1-디메칠아미노메칠-1-메칠프로필벤조에이트(아밀로카인) 및 그 염류
- 9-(디메칠아미노)-벤조[a]페녹사진-7-이움 및 그 염류
- 5-((4-(디메칠아미노)페닐)아조)-1,4-디메칠-1H-1,2,4-트리아졸리움 및 그 염류
- 디메칠아민

- N,N-디메칠아세타마이드
- 3,7-디메칠-2-옥텐-1-올(6,7-디하이드로제라니올)
- 6,10-디메칠-3,5,9-운데카트리엔-2-온(슈도이오논)
- 디메칠카바모일클로라이드
- N,N-디메칠-*p*-페닐렌디아민 및 그 염류
- 1,3-디메칠펜틸아민 및 그 염류
- 디메칠포름아미드
- N,N-디메칠-2,6-피리딘디아민 및 그 염산염
- N,N'-디메칠-N-하이드록시에칠-3-니트로-*p*-페닐렌디아민 및 그 염류
- 2-(2-((2,4-디메톡시페닐)아미노)에테닐]-1,3,3-트리메칠-3H-인돌리움 및 그 염류
- 디바나듐펜타옥사이드
- 디벤즈[*a*,*h*]안트라센
- 2,2-디브로모-2-니트로에탄올
- 1,2-디브로모-2,4-디시아노부탄(메칠디브로모글루타로나이트릴)
- 디브로모살리실아닐리드
- 2,6-디브로모-4-시아노페닐 옥타노에이트
- 1,2-디브로모에탄
- 1,2-디브로모-3-클로로프로판
- 5-(α,β-디브로모펜에칠)-5-메칠히단토인
- 2,3-디브로모프로판-1-올
- 3,5-디브로모-4-하이드록시벤조니트닐 및 그 염류(브로목시닐 및 그 염류)
- 디브롬화프로파미딘 및 그 염류(이소치아네이트포함)
- 디설피람
- 디소듐[5-[[4'-[[2,6-디하이드록시-3-[(2-하이드록시-5-설포페닐)아조]페닐]아조] [1,1'비페닐]-4-일]아조]살리실레이토(4-)]쿠프레이트(2-)(다이렉트브라운 95)
- 디소듐 3,3'-[[1,1'-비페닐]-4,4'-디일비스(아조)]-비스(4-아미노나프탈렌-1-설포네이트)(콩고레드)
- 디소듐 4-아미노-3-[[4'-[(2,4-디아미노페닐)아조] [1,1'-비페닐]-4-일]아조]-5-하이드록시-6-(페닐아조)나프탈렌-2,7-디설포네이트(다이렉트블랙 38)
- 디소듐 4-(3-에톡시카르보닐-4-(5-(3-에톡시카르보닐-5-하이드록시-1-(4-설포네이토페닐)피라졸-4-일)펜타-2,4-디에닐리덴)-4,5-디하이드로-5-옥소피라졸-1-일)벤젠설포네이트 및 트리소듐 4-(3-에톡시카르보닐-4-(5-(3-에톡시카르보닐-5-옥시도-1(4-설포네이토페닐)피라졸-4-일) 펜타-2,4-디에닐리덴)-4,5-디하이드로-5-옥소피라졸-1-일)벤젠설포네이트
- 디스퍼스레드 15
- 디스퍼스옐로우 3
- 디아놀아세글루메이트

- *o*−디아니시딘계 아조 염료류
- *o*−디아니시딘의 염(3,3'−디메톡시벤지딘의 염)
- 3,7−디아미노−2,8−디메칠−5−페닐−페나지니움 및 그 염류
- 3,5−디아미노−2,6−디메톡시피리딘 및 그 염류(예 : 2,6−디메톡시−3,5−피리딘디아민 하이드로클로라이드)(다만, 2,6−디메톡시−3,5−피리딘디아민 하이드로클로라이드는 산화염모제에서 용법·용량에 따른 혼합물의 염모성분으로서 0.25 % 이하는 제외)
- 2,4−디아미노디페닐아민
- 4,4'−디아미노디페닐아민 및 그 염류(예 : 4,4'−디아미노디페닐아민 설페이트)
- 2,4−디아미노−5−메칠페네톨 및 그 염산염
- 2,4−디아미노−5−메칠페녹시에탄올 및 그 염류
- 4,5−디아미노−1−메칠피라졸 및 그 염산염
- 1,4−디아미노−2−메톡시−9,10−안트라센디온(디스퍼스레드 11) 및 그 염류
- 3,4−디아미노벤조익애씨드
- 디아미노톨루엔, [4−메칠−*m*−페닐렌 디아민] 및 [2−메칠−*m*−페닐렌 디아민]의 혼합물
- 2,4−디아미노페녹시에탄올 및 그 염류(다만, 2,4−디아미노페녹시에탄올 하이드로클로라이드는 산화염모제에서 용법·용량에 따른 혼합물의 염모성분으로서 0.5 % 이하는 제외)
- 3−[[(4−[[디아미노(페닐아조)페닐]아조]−1−나프탈레닐]아조]−N,N,N−트리메칠−벤젠아미니움 및 그 염류
- 3−[[(4−[[디아미노(페닐아조)페닐]아조]−2−메칠페닐]아조]−N,N,N−트리메칠−벤젠아미니움 및 그 염류
- 2,4−디아미노페닐에탄올 및 그 염류
- O,O'−디아세틸−N−알릴−N−노르몰핀
- 디아조메탄
- 디알레이트
- 디에칠−4−니트로페닐포스페이트
- O,O'−디에칠−O−4−니트로페닐포스포로치오에이트(파라치온−ISO)
- 디에칠렌글라이콜 (다만, 비의도적 잔류물로서 0.1% 이하인 경우는 제외)
- 디에칠말리에이트
- 디에칠설페이트
- 2−디에칠아미노에칠−3−히드록시−4−페닐벤조에이트 및 그 염류
- 4−디에칠아미노−*o*−톨루이딘 및 그 염류
- N−[4−[[4−(디에칠아미노)페닐][4−(에칠아미노)−1−나프탈렌일]메칠렌]−2,5−사이클로헥사디엔−1−일리딘]−N−에칠−에탄아미늄 및 그 염류
- N−(4−[(4−(디에칠아미노)페닐)페닐메칠렌]−2,5−사이클로헥사디엔−1−일리덴)−N−에칠 에탄아미니움 및 그 염류

- N,N-디에칠-*m*-아미노페놀
- 3-디에칠아미노프로필신나메이트
- 디에칠카르바모일 클로라이드
- N,N-디에칠-*p*-페닐렌디아민 및 그 염류
- 디엔오시(DNOC, 4,6-디니트로-o-크레졸)
- 디엘드린
- 디옥산
- 디옥세테드린 및 그 염류
- 5-(2,4-디옥소-1,2,3,4-테트라하이드로피리미딘)-3-플루오로-2-하이드록시메칠테트라하이드로퓨란
- 디치오-2,2'-비스피리딘-디옥사이드 1,1'(트리하이드레이티드마그네슘설페이트 부가)(피리치온디설파이드+마그네슘설페이트)
- 디코우마롤
- 2,3-디클로로-2-메칠부탄
- 1,4-디클로로벤젠(*p*-디클로로벤젠)
- 3,3'-디클로로벤지딘
- 3,3'-디클로로벤지딘디하이드로젠비스(설페이트)
- 3,3'-디클로로벤지딘디하이드로클로라이드
- 3,3'-디클로로벤지딘설페이트
- 1,4-디클로로부트-2-엔
- 2,2'-[(3,3'-디클로로[1,1'-비페닐]-4,4'-디일)비스(아조)]비스[3-옥소-N-페닐부탄아마이드](피그먼트옐로우 12) 및 그 염류
- 디클로로살리실아닐리드
- 디클로로에칠렌(아세틸렌클로라이드)(예 : 비닐리덴클로라이드)
- 디클로로에탄(에칠렌클로라이드)
- 디클로로-*m*-크시레놀
- α,α-디클로로톨루엔
- 디클로로펜
- 1,3-디클로로프로판-2-올
- 2,3-디클로로프로펜
- 디페녹시레이트 히드로클로라이드
- 1,3-디페닐구아니딘
- 디페닐아민
- 디페닐에텔 ; 옥타브로모 유도체
- 5,5-디페닐-4-이미다졸리돈
- 디펜클록사진
- 2,3-디하이드로-2,2-디메칠-6-[(4-(페닐아조)-1-나프텔레닐)아조]-1H-피리미딘(솔벤트블랙 3) 및 그 염류

- 3,4-디히드로-2-메톡시-2-메칠-4-페닐-2H,5H,피라노(3,2-c)-(1)벤조피란-5-온(시클로코우마롤)
- 2,3-디하이드로-2H-1,4-벤족사진-6-올 및 그 염류(예 : 히드록시벤조모르포린)(다만, 히드록시벤조모르포린은 산화염모제에서 용법·용량에 따른 혼합물의 염모성분으로서 1.0 % 이하는 제외)
- 2,3-디하이드로-1H-인돌-5,6-디올 (디하이드록시인돌린) 및 그 하이드로브로마이드염 (디하이드록시인돌린 하이드로브롬마이드)(다만, 비산화염모제에서 용법·용량에 따른 혼합물의 염모성분으로서 2.0 % 이하는 제외)
- (S)-2,3-디하이드로-1H-인돌-카르복실릭 애씨드
- 디히드로타키스테롤
- 2,6-디하이드록시-3,4-디메칠피리딘 및 그 염류
- 2,4-디하이드록시-3-메칠벤즈알데하이드
- 4,4'-디히드록시-3,3'-(3-메칠치오프로필아이덴)디코우마린
- 2,6-디하이드록시-4-메칠피리딘 및 그 염류
- 1,4-디하이드록시-5,8-비스[(2-하이드록시에칠)아미노]안트라퀴논(디스퍼스블루 7) 및 그 염류
- 4-[4-(1,3-디하이드록시프로프-2-일)페닐아미노-1,8-디하이드록시-5-니트로안트라퀴논
- 2,2'-디히드록시-3,3'5,5',6,6'-헥사클로로디페닐메탄(헥사클로로펜)
- 디하이드로쿠마린
- N,N'-디헥사데실-N,N'-비스(2-하이드록시에칠)프로판디아마이드 ; 비스하이드록시에칠비스세틸말론아마이드
- *Laurus nobilis L.*의 씨로부터 나온 오일
- *Rauwolfia serpentina* 알칼로이드 및 그 염류
- 라카익애씨드(CI 내츄럴레드 25) 및 그 염류
- 레졸시놀 디글리시딜 에텔
- 로다민 B 및 그 염류
- 로벨리아(*Lobelia*)속 및 그 생약제제
- 로벨린 및 그 염류
- 리누론
- 리도카인
- 과산화물가가 20mmol/L을 초과하는 d-리모넨
- 과산화물가가 20mmol/L을 초과하는 dℓ-리모넨
- 과산화물가가 20mmol/L을 초과하는 ℓ-리모넨
- 라이서자이드(Lysergide) 및 그 염류
- 마약류관리에 관한 법률 제2조에 따른 마약류
- 마이클로부타닐(2-(4-클로로페닐)-2-(1H-1,2,4-트리아졸-1-일메칠)헥사네니트릴)

- 마취제(천연 및 합성)
- 만노무스틴 및 그 염류
- 말라카이트그린 및 그 염류
- 말로노니트릴
- 1-메칠-3-니트로-1-니트로소구아니딘
- 1-메칠-3-니트로-4-(베타-하이드록시에칠)아미노벤젠 및 그 염류(예 : 하이드록시에칠-2-니트로-p-톨루이딘)(다만, 하이드록시에칠-2-니트로-p-톨루이딘은 염모제에서 용법·용량에 따른 혼합물의 염모성분으로서 1.0 % 이하는 제외)
- N-메칠-3-니트로-*p*-페닐렌디아민 및 그 염류
- N-메칠-1,4-디아미노안트라퀴논, 에피클로히드린 및 모노에탄올아민의 반응생성물(에이치시 청색 No. 4) 및 그 염류
- 3,4-메칠렌디옥시페놀 및 그 염류
- 메칠레소르신
- 메칠렌글라이콜
- 4,4'-메칠렌디아닐린
- 3,4-메칠렌디옥시아닐린 및 그 염류
- 4,4'-메칠렌디-*o*-톨루이딘
- 4,4'-메칠렌비스(2-에칠아닐린)
- (메칠렌비스(4,1-페닐렌아조(1-(3-(디메칠아미노)프로필)-1,2-디하이드로-6-하이드록시-4-메칠-2-옥소피리딘-5,3-디일)))-1,1'-디피리디늄디클로라이드 디하이드로클로라이드
- 4,4'-메칠렌비스[2-(4-하이드록시벤질)-3,6-디메칠페놀]과 6-디아조-5,6-디하이드로-5-옥소-나프탈렌설포네이트(1:2)의 반응생성물과 4,4'-메칠렌비스[2-(4-하이드록시벤질)-3,6-디메칠페놀]과 6-디아조-5,6-디하이드로-5-옥소-나프탈렌설포네이트(1:3) 반응생성물과의 혼합물
- 메칠렌클로라이드
- 3-(N-메칠-N-(4-메칠아미노-3-니트로페닐)아미노)프로판-1,2-디올 및 그 염류
- 메칠메타크릴레이트모노머
- 메칠 트랜스-2-부테노에이트
- 2-[3-(메칠아미노)-4-니트로페녹시]에탄올 및 그 염류 (예 : 3-메칠아미노-4-니트로페녹시에탄올)(다만, 비산화염모제에서 용법·용량에 따른 혼합물의 염모성분으로서 0.15 % 이하는 제외)
- N-메칠아세타마이드
- (메칠-ONN-아조시)메칠아세테이트
- 2-메칠아지리딘(프로필렌이민)
- 메칠옥시란
- 메칠유게놀(다만, 식물추출물에 의하여 자연적으로 함유되어 다음 농도 이하인 경우에는 제외. 향료원액을 8% 초과하여 함유하는 제품 0.01%, 향료원액을 8% 이하로

함유하는 제품 0.004%, 방향용 크림 0.002%, 사용 후 씻어내는 제품 0.001%, 기타 0.0002%)

- N,N'-((메칠이미노)디에칠렌))비스(에칠디메칠암모늄) 염류(예 : 아자메토늄브로마이드)
- 메칠이소시아네이트
- 6-메칠쿠마린(6-MC)
- 7-메칠쿠마린
- 메칠크레속심
- 1-메칠-2,4,5-트리하이드록시벤젠 및 그 염류
- 메칠페니데이트 및 그 염류
- 3-메칠-1-페닐-5-피라졸론 및 그 염류(예 : 페닐메칠피라졸론)(다만, 페닐메칠피라졸론은 산화염모제에서 용법·용량에 따른 혼합물의 염모성분으로서 0.25 % 이하는 제외)
- 메칠페닐렌디아민류, 그 N-치환 유도체류 및 그 염류(예 : 2,6-디하이드록시에칠아미노톨루엔)(다만, 염모제에서 염모성분으로 사용하는 것은 제외)
- 〈삭 제〉
- 2-메칠-m-페닐렌 디이소시아네이트
- 4-메칠-m-페닐렌 디이소시아네이트
- 4,4'-[(4-메칠-1,3-페닐렌)비스(아조)]비스[6-메칠-1,3-벤젠디아민](베이직브라운 4) 및 그 염류
- 4-메칠-6-(페닐아조)-1,3-벤젠디아민 및 그 염류
- N-메칠포름아마이드
- 5-메칠-2,3-헥산디온
- 2-메칠헵틸아민 및 그 염류
- 메카밀아민
- 메타닐옐로우
- 메탄올(에탄올 및 이소프로필알콜의 변성제로서만 알콜 중 5%까지 사용)
- 메테토헵타진 및 그 염류
- 메토카바몰
- 메토트렉세이트
- 2-메톡시-4-니트로페놀(4-니트로구아이아콜) 및 그 염류
- 2-[(2-메톡시-4-니트로페닐)아미노]에탄올 및 그 염류(예 : 2-하이드록시에칠아미노-5-니트로아니솔)(다만, 비산화염모제에서 용법·용량에 따른 혼합물의 염모성분으로서 0.2 % 이하는 제외)
- 1-메톡시-2,4-디아미노벤젠(2,4-디아미노아니솔 또는 4-메톡시-m-페닐렌디아민 또는 CI76050) 및 그 염류
- 1-메톡시-2,5-디아미노벤젠(2,5-디아미노아니솔) 및 그 염류
- 2-메톡시메칠-p-아미노페놀 및 그 염산염

- 6-메톡시-N2-메칠-2,3-피리딘디아민 하이드로클로라이드 및 디하이드로클로라이드염(다만, 염모제에서 용법·용량에 따른 혼합물의 염모성분으로 산으로서 0.68% 이하, 디하이드로클로라이드염으로서 1.0 % 이하는 제외)
- 2-(4-메톡시벤질-N-(2-피리딜)아미노)에칠디메칠아민말리에이트
- 메톡시아세틱애씨드
- 2-메톡시에칠아세테이트(메톡시에탄올아세테이트)
- N-(2-메톡시에칠)-*p*-페닐렌디아민 및 그 염산염
- 2-메톡시에탄올(에칠렌글리콜 모노메칠에텔, EGMME)
- 2-(2-메톡시에톡시)에탄올(메톡시디글리콜)
- 7-메톡시쿠마린
- 4-메톡시톨루엔-2,5-디아민 및 그 염산염
- 6-메톡시-*m*-톨루이딘(*p*-크레시딘)
- 2-[[(4-메톡시페닐)메칠하이드라조노]메칠]-1,3,3-트리메칠-3H-인돌리움 및 그 염류
- 4-메톡시페놀(히드로퀴논모노메칠에텔 또는 *p*-히드록시아니솔)
- 4-(4-메톡시페닐)-3-부텐-2-온(4-아니실리덴아세톤)
- 1-(4-메톡시페닐)-1-펜텐-3-온(α-메칠아니실아세톤)
- 2-메톡시프로판올
- 2-메톡시프로필아세테이트
- 6-메톡시-2,3-피리딘디아민 및 그 염산염
- 메트알데히드
- 메트암페프라몬 및 그 염류
- 메트포르민 및 그 염류
- 메트헵타진 및 그 염류
- 메티라폰
- 메티프릴온 및 그 염류
- 메페네신 및 그 에스텔
- 메페클로라진 및 그 염류
- 메프로바메이트
- 2급 아민함량이 0.5%를 초과하는 모노알킬아민, 모노알칸올아민 및 그 염류
- 모노크로토포스
- 모누론
- 모르포린 및 그 염류
- 모스켄(1,1,3,3,5-펜타메칠-4,6-디니트로인단)
- 모페부타존
- 목향(*Saussurea lappa Clarke = Saussurea costus (Falc.) Lipsch. = Aucklandia lappa Decne*) 뿌리오일
- 몰리네이트

- 몰포린-4-카르보닐클로라이드
- 무화과나무(*Ficus carica*)잎엡솔루트(피그잎엡솔루트)
- 미네랄 울
- 미세플라스틱(세정, 각질제거 등의 제품*에 남아있는 5mm 크기 이하의 고체플라스틱)

※ 화장품법 시행규칙 [별표 3] 〈개정 2020. 1. 22〉

1. 화장품의 유형

  가. 만 3세 이하의 영·유아용 제품류 1) 영·유아용 샴푸, 린스 4) 영·유아용 인체 세정용 제품 5) 영·유아용 목욕용 제품

  나. 목욕용 제품류

  다. 인체 세정용 제품류

  아. 두발용 제품류 1) 헤어 컨디셔너 8) 샴푸, 린스 11) 그 밖의 두발용 제품류(사용 후 씻어내는 제품에 한함)

  차. 2) 남성용 탤컴(사용 후 씻어내는 제품에 한함) 4) 세이빙 크림 5) 세이빙 폼 6) 그 밖의 면도용 제품류(사용 후 씻어내는 제품에 한함)

  카. 6) 팩, 마스크(사용 후 씻어내는 제품에 한함) 9) 손·발의 피부연화 제품(사용 후 씻어내는 제품에 한함) 10) 클렌징 워터, 클렌징 오일, 클렌징 로션, 클렌징 크림 등 메이크업 리무버 11) 그 밖의 기초화장용 제품류(사용 후 씻어내는 제품에 한함))

- 바륨염(바륨설페이트 및 색소레이크희석제로 사용한 바륨염은 제외)
- 바비츄레이트
- 2,2'-바이옥시란
- 발녹트아미드
- 발린아미드
- 방사성물질
- 백신, 독소 또는 혈청
- 베낙티진
- 베노밀
- 베라트룸(Veratrum)속 및 그 제제
- 베라트린, 그 염류 및 생약제제
- 베르베나오일(*Lippia citriodora Kunth.*)
- 베릴륨 및 그 화합물
- 베메그리드 및 그 염류
- 베록시카인 및 그 염류
- 베이직바이올렛 1(메칠바이올렛)
- 베이직바이올렛 3(크리스탈바이올렛)
- 1-(베타-우레이도에칠)아미노-4-니트로벤젠 및 그 염류(예 : 4-니트로페닐 아미노

에칠우레아)(다만, 4-니트로페닐 아미노에칠우레아는 산화염모제에서 용법·용량에 따른 혼합물의 염모성분으로서 0.25 % 이하, 비산화염모제에서 용법·용량에 따른 혼합물의 염모성분으로서 0.5 % 이하는 제외)

- 1-(베타-하이드록시)아미노-2-니트로-4-N-에칠-N-(베타-하이드록시에칠)아미노벤젠 및 그 염류(예 : 에이치시 청색 No. 13)
- 벤드로플루메치아자이드 및 그 유도체
- 벤젠
- 1,2-벤젠디카르복실릭애씨드 디펜틸에스터(가지형과 직선형) ; n-펜틸-이소펜틸 프탈레이트 ; 디-n-펜틸프탈레이트 ; 디이소펜틸프탈레이트
- 1,2,4-벤젠트리아세테이트 및 그 염류
- 7-(벤조일아미노)-4-하이드록시-3-[[4-[(4-설포페닐)아조]페닐]아조]-2-나프탈렌설포닉애씨드 및 그 염류
- 벤조일퍼옥사이드
- 벤조[*a*]피렌
- 벤조[*e*]피렌
- 벤조[*j*]플루오란텐
- 벤조[*k*]플루오란텐
- 벤즈[*e*]아세페난트릴렌
- 벤즈아제핀류와 벤조디아제핀류
- 벤즈아트로핀 및 그 염류
- 벤즈[*a*]안트라센
- 벤즈이미다졸-2(3H)-온
- 벤지딘
- 벤지딘계 아조 색소류
- 벤지딘디하이드로클로라이드
- 벤지딘설페이트
- 벤지딘아세테이트
- 벤지로늄브로마이드
- 벤질 2,4-디브로모부타노에이트
- 3(또는 5)-((4-(벤질메칠아미노)페닐)아조)-1,2-(또는 1,4)-디메칠-1H-1,2,4-트리아졸리움 및 그 염류
- 벤질바이올렛([4-[[4-(디메칠아미노)페닐][4-[에칠(3-설포네이토벤질)아미노]페닐]메칠렌]사이클로헥사-2,5-디엔-1-일리덴](에칠)(3-설포네이토벤질) 암모늄염 및 소듐염)
- 벤질시아나이드
- 4-벤질옥시페놀(히드로퀴논모노벤질에텔)
- 2-부타논 옥심
- 부타닐리카인 및 그 염류

- 1,3-부타디엔
- 부토피프린 및 그 염류
- 부톡시디글리세롤
- 부톡시에탄올
- 5-(3-부티릴-2,4,6-트리메칠페닐)-2-[1-(에톡시이미노)프로필]-3-하이드록시사이클로헥스-2-엔-1-온
- 부틸글리시딜에텔
- 4-*tert*-부틸-3-메톡시-2,6-디니트로톨루엔(머스크암브레트)
- 1-부틸-3-(N-크로토노일설파닐일)우레아
- 5-*tert*-부틸-1,2,3-트리메칠-4,6-디니트로벤젠(머스크티베텐)
- 4-*tert*-부틸페놀
- 2-(4-*tert*-부틸페닐)에탄올
- 4-tert-부틸피로카테콜
- 부펙사막
- 붕산
- 브레티륨토실레이트
- (R)-5-브로모-3-(1-메칠-2-피롤리디닐메칠)-1H-인돌
- 브로모메탄
- 브로모에칠렌
- 브로모에탄
- 1-브로모-3,4,5-트리플루오로벤젠
- 1-브로모프로판 ; n-프로필 브로마이드
- 2-브로모프로판
- 브로목시닐헵타노에이트
- 브롬
- 브롬이소발
- 브루신(에탄올의 변성제는 제외)
- 비나프아크릴(2-*sec*-부틸-4,6-디니트로페닐-3-메칠크로토네이트)
- 9-비닐카르바졸
- 비닐클로라이드모노머
- 1-비닐-2-피롤리돈
- 비마토프로스트, 그 염류 및 유도체
- 비소 및 그 화합물
- 1,1-비스(디메칠아미노메칠)프로필벤조에이트(아미드리카인, 알리핀) 및 그 염류
- 4,4'-비스(디메칠아미노)벤조페논
- 3,7-비스(디메칠아미노)-페노치아진-5-이움 및 그 염류
- 3,7-비스(디에칠아미노)-페녹사진-5-이움 및 그 염류
- N-(4-[비스[4-(디에칠아미노)페닐]메칠렌]-2,5-사이클로헥사디엔-1-일리

덴)−N−에칠−에탄아미니움 및 그 염류
- 비스(2−메톡시에칠)에텔(디메톡시디글리콜)
- 비스(2−메톡시에칠)프탈레이트
- 1,2−비스(2−메톡시에톡시)에탄 ; 트리에칠렌글리콜 디메칠 에텔(TEGDME) ; 트리글라임
- 1,3−비스(비닐설포닐아세타아미도)−프로판
- 비스(사이클로펜타디에닐)−비스(2,6−디플루오로−3−(피롤−1−일)−페닐)티타늄
- 4−[[비스−(4−플루오로페닐)메칠실릴]메칠]−4H−1,2,4−트리아졸과 1−[[비스−(4−플루오로페닐)메칠실릴]메칠]−1 H−1,2,4−트리아졸의 혼합물
- 비스(클로로메칠)에텔(옥시비스[클로로메탄])
- N,N−비스(2−클로로에칠)메칠아민−N−옥사이드 및 그 염류
- 비스(2−클로로에칠)에텔
- 비스페놀 A(4,4'−이소프로필리덴디페놀)
- N'N'−비스(2−히드록시에칠)−N−메칠−2−니트로−*p*−페닐렌디아민(HC 블루 No.1) 및 그 염류
- 4,6−비스(2−하이드록시에톡시)−*m*−페닐렌디아민 및 그 염류
- 2,6−비스(2−히드록시에톡시)−3,5−피리딘디아민 및 그 염산염
- 비에타미베린
- 비치오놀
- 비타민 L_1, L_2
- [1,1'−비페닐−4,4'−디일]디암모니움설페이트
- 비페닐−2−일아민
- 비페닐−4−일아민 및 그 염류
- 4,4'−비−*o*−톨루이딘
- 4,4'−비−*o*−톨루이딘디하이드로클로라이드
- 4,4'−비−*o*−톨루이딘설페이트
- 빈클로졸린
- 사이클라멘알코올
- N−사이클로펜틸−*m*−아미노페놀
- 사이클로헥시미드
- N−사이클로헥실−N−메톡시−2,5−디메칠−3−퓨라마이드
- 트랜스−4−사이클로헥실−L−프롤린 모노하이드로클로라이드
- 사프롤(천연에센스에 자연적으로 함유되어 그 양이 최종제품에서 100ppm을 넘지 않는 경우는 제외)
- α−산토닌((3S, 5aR, 9bS)−3, 3a,4,5,5a,9b−헥사히드로−3,5a,9−트리메칠나프토(1,2−b))푸란−2,8−디온
- 석면
- 석유

- 석유 정제과정에서 얻어지는 부산물(증류물, 가스오일류, 나프타, 윤활그리스, 슬랙왁스, 탄화수소류, 알칸류, 백색 페트롤라툼을 제외한 페트롤라툼, 연료오일, 잔류물). 다만, 정제과정이 완전히 알려져 있고 발암물질을 함유하지 않음을 보여줄 수 있으면 예외로 한다.
- 부타디엔 0.1%를 초과하여 함유하는 석유정제물(가스류, 탄화수소류, 알칸류, 증류물, 라피네이트)
- 디메칠설폭사이드(DMSO)로 추출한 성분을 3% 초과하여 함유하고 있는 석유 유래물질
- 벤조[a]피렌 0.005%를 초과하여 함유하고 있는 석유화학 유래물질, 석탄 및 목타르 유래물질
- 석탄추출 젯트기용 연료 및 디젤연료
- 설티암
- 설팔레이트
- 3,3'-(설포닐비스(2-니트로-4,1-페닐렌)이미노)비스(6-(페닐아미노))벤젠설포닉애씨드 및 그 염류
- 설폰아미드 및 그 유도체(톨루엔설폰아미드/포름알데하이드수지, 톨루엔설폰아미드/에폭시수지는 제외)
- 설핀피라존
- 과산화물가가 10mmol/L을 초과하는 *Cedrus atlantica*의 오일 및 추출물
- 세파엘린 및 그 염류
- 센노사이드
- 셀렌 및 그 화합물(셀레늄아스파테이트는 제외)
- 소듐헥사시클로네이트
- *Solanum nigrum L.* 및 그 생약제제
- *Schoenocaulon officinale Lind.*(씨 및 그 생약제제)
- 솔벤트레드1(CI 12150)
- 솔벤트블루 35
- 솔벤트오렌지 7
- 수은 및 그 화합물
- 스트로판투스(*Strophantus*)속 및 그 생약제제
- 스트로판틴, 그 비당질 및 그 각각의 유도체
- 스트론튬화합물
- 스트리크노스(*Strychnos*)속 그 생약제제
- 스트리키닌 및 그 염류
- 스파르테인 및 그 염류
- 스피로노락톤
- 시마진
- 4-시아노-2,6-디요도페닐 옥타노에이트

- 스칼렛레드(솔벤트레드 24)
- 시클라바메이트
- 시클로메놀 및 그 염류
- 시클로포스파미드 및 그 염류
- 2-α-시클로헥실벤질(N,N,N',N'테트라에칠)트리메칠렌디아민(페네타민)
- 신코카인 및 그 염류
- 신코펜 및 그 염류(유도체 포함)
- 썩시노니트릴
- *Anamirta cocculus L.*(과실)
- *o*-아니시딘
- 아닐린, 그 염류 및 그 할로겐화 유도체 및 설폰화 유도체
- 아다팔렌
- *Adonis vernalis L.* 및 그 제제
- *Areca catechu* 및 그 생약제제
- 아레콜린
- 아리스톨로키아(*Aristolochia*)속 및 그 생약제제
- 아리스토로킥 애씨드 및 그 염류
- 1-아미노-2-니트로-4-(2',3'-디하이드록시프로필)아미노-5-클로로벤젠과 1,4-비스-(2',3'-디하이드록시프로필)아미노-2-니트로-5-클로로벤젠 및 그 염류(예 : 에이치시 적색 No. 10과 에이치시 적색 No. 11)(다만, 산화염모제에서 용법·용량에 따른 혼합물의 염모성분으로서 1.0 % 이하, 비산화염모제에서 용법·용량에 따른 혼합물의 염모성분으로서 2.0 % 이하는 제외)
- 2-아미노-3-니트로페놀 및 그 염류
- *p*-아미노-*o*-니트로페놀(4-아미노-2-니트로페놀)
- 4-아미노-3-니트로페놀 및 그 염류(다만, 4-아미노-3-니트로페놀은 산화염모제에서 용법·용량에 따른 혼합물의 염모성분으로서 1.5 % 이하, 비산화염모제에서 용법·용량에 따른 혼합물의 염모성분으로서 1.0 % 이하는 제외)
- 2,2'-[(4-아미노-3-니트로페닐)이미노]바이세타놀 하이드로클로라이드 및 그 염류(예 : 에이치시 적색 No. 13)(다만, 하이드로클로라이드염으로서 산화염모제에서 용법·용량에 따른 혼합물의 염모성분으로서 1.5 % 이하, 비산화염모제에서 용법·용량에 따른 혼합물의 염모성분으로서 1.0 % 이하는 제외)
- (8-[(4-아미노-2-니트로페닐)아조]-7-하이드록시-2-나프틸)트리메칠암모늄 및 그 염류(베이직브라운 17의 불순물로 있는 베이직레드 118 제외)
- 1-아미노-4-[[4-[(디메칠아미노)메칠]페닐]아미노]안트라퀴논 및 그 염류
- 6-아미노-2-((2,4-디메칠페닐)-1H-벤즈[de]이소퀴놀린-1,3-(2 H)-디온(솔벤트옐로우 44) 및 그 염류
- 5-아미노-2,6-디메톡시-3-하이드록시피리딘 및 그 염류
- 3-아미노-2,4-디클로로페놀 및 그 염류(다만, 3-아미노-2,4-디클로로페놀 및 그

염산염은 염모제에서 용법·용량에 따른 혼합물의 염모성분으로 염산염으로서 1.5 % 이하는 제외)

- 2-아미노메칠-*p*-아미노페놀 및 그 염산염
- 2-[(4-아미노-2-메칠-5-니트로페닐)아미노]에탄올 및 그 염류(예 : 에이치시 자색 No. 1)(다만, 산화염모제에서 용법·용량에 따른 혼합물의 염모성분으로서 0.25 % 이하, 비산화염모제에서 용법·용량에 따른 혼합물의 염모성분으로서 0.28 % 이하는 제외)
- 2-[(3-아미노-4-메톡시페닐)아미노]에탄올 및 그 염류(예 : 2-아미노-4-하이드록시에칠아미노아니솔)(다만, 산화염모제에서 용법·용량에 따른 혼합물의 염모성분으로서 1.5 % 이하는 제외)
- 4-아미노벤젠설포닉애씨드 및 그 염류
- 4-아미노벤조익애씨드 및 아미노기(-NH2)를 가진 그 에스텔
- 2-아미노-1,2-비스(4-메톡시페닐)에탄올 및 그 염류
- 4-아미노살리실릭애씨드 및 그 염류
- 4-아미노아조벤젠
- 1-(2-아미노에칠)아미노-4-(2-하이드록시에칠)옥시-2-니트로벤젠 및 그 염류(예 : 에이치시 등색 No. 2)(다만, 비산화염모제에서 용법·용량에 따른 혼합물의 염모성분으로서 1.0 % 이하는 제외)
- 아미노카프로익애씨드 및 그 염류
- 4-아미노-m-크레솔 및 그 염류(다만, 4-아미노-m-크레솔은 산화염모제에서 용법·용량에 따른 혼합물의 염모성분으로서 1.5 % 이하는 제외)
- 6-아미노-*o*-크레솔 및 그 염류
- 2-아미노-6-클로로-4-니트로페놀 및 그 염류(다만, 2-아미노-6-클로로-4-니트로페놀은 염모제에서 용법·용량에 따른 혼합물의 염모성분으로서 2.0 % 이하는 제외)
- 1-[(3-아미노프로필)아미노]-4-(메칠아미노)안트라퀴논 및 그 염류
- 4-아미노-3-플루오로페놀
- 5-[(4-[(7-아미노-1-하이드록시-3-설포-2-나프틸)아조]-2,5-디에톡시페닐)아조]-2-[(3-포스포노페닐)아조]벤조익애씨드 및 5-[(4-[(7-아미노-1-하이드록시-3-설포-2-나프틸)아조]-2,5-디에톡시페닐)아조]-3-[(3-포스포노페닐)아조벤조익애씨드
- 3(또는 5)-[[4-[(7-아미노-1-하이드록시-3-설포네이토-2-나프틸)아조]-1-나프틸]아조]살리실릭애씨드 및 그 염류
- *Ammi majus* 및 그 생약제제
- 아미트롤
- 아미트리프틸린 및 그 염류
- 아밀나이트라이트
- 아밀 4-디메칠아미노벤조익애씨드(펜틸디메칠파바, 파디메이트A)

- 과산화물가가 10mmol/L을 초과하는 *Abies balsamea* 잎의 오일 및 추출물
- 과산화물가가 10mmol/L을 초과하는 *Abies sibirica* 잎의 오일 및 추출물
- 과산화물가가 10mmol/L을 초과하는 *Abies alba* 열매의 오일 및 추출물
- 과산화물가가 10mmol/L을 초과하는 *Abies alba* 잎의 오일 및 추출물
- 과산화물가가 10mmol/L을 초과하는 *Abies pectinata* 잎의 오일 및 추출물
- 아세노코우마롤
- 아세타마이드
- 아세토나이트릴
- 아세토페논, 포름알데하이드, 사이클로헥실아민, 메탄올 및 초산의 반응물
- (2-아세톡시에칠)트리메칠암모늄히드록사이드(아세틸콜린 및 그 염류)
- N-[2-(3-아세틸-5-니트로치오펜-2-일아조)-5-디에칠아미노페닐]아세타마이드
- 3-[(4-(아세틸아미노)페닐)아조]4-4하이드록시-7-[[[[5-하이드록시-6-(페닐아조)-7-설포-2-나프탈레닐]아미노]카보닐]아미노]-2-나프탈렌설포닉애씨드 및 그 염류
- 5-(아세틸아미노)-4-하이드록시-3-((2-메칠페닐)아조)-2,7-나프탈렌디설포닉애씨드 및 그 염류
- 아자시클로놀 및 그 염류
- 아자페니딘
- 아조벤젠
- 아지리딘
- 아코니툼(*Aconitum*)속 및 그 생약제제
- 아코니틴 및 그 염류
- 아크릴로니트릴
- 아크릴아마이드(다만, 폴리아크릴아마이드류에서 유래되었으며, 사용 후 씻어내지 않는 바디화장품에 0.1ppm, 기타 제품에 0.5ppm 이하인 경우에는 제외)
- 아트라놀
- *Atropa belladonna L.* 및 그 제제
- 아트로핀, 그 염류 및 유도체
- 아포몰핀 및 그 염류
- *Apocynum cannabinum L.* 및 그 제제
- 안드로겐효과를 가진 물질
- 안트라센오일
- 스테로이드 구조를 갖는 안티안드로겐
- 안티몬 및 그 화합물
- 알드린
- 알라클로르
- 알로클아미드 및 그 염류
- 알릴글리시딜에텔

- 2-(4-알릴-2-메톡시페녹시)-N,N-디에칠아세트아미드 및 그 염류
- 4-알릴-2,6-비스(2,3-에폭시프로필)페놀, 4-알릴-6-[3-[6-[3-(4-알릴-2,6-비스(2,3-에폭시프로필)페녹시)-2-하이드록시프로필]-4-알릴-2-(2,3-에폭시프로필)페녹시]-2-하이드록시프로필]-4-알릴-2-(2,3-에폭시프로필)페녹시]-2-하이드록시프로필-2-(2,3-에폭시프로필)페놀, 4-알릴-6-[3-(4-알릴-2,6-비스(2,3-에폭시프로필)페녹시)-2-하이드록시프로필]-2-(2,3-에폭시프로필)페놀, 4-알릴-6-[3-[6-[3-(4-알릴-2,6-비스(2,3-에폭시프로필)페녹시)-2-하이드록시프로필]-4-알릴-2-(2,3-에폭시프로필)페녹시]-2-하이드록시프로필]-2-(2,3-에폭시프로필)페놀의 혼합물
- 알릴이소치오시아네이트
- 에스텔의 유리알릴알코올농도가 0.1%를 초과하는 알릴에스텔류
- 알릴클로라이드(3-클로로프로펜)
- 2급 알칸올아민 및 그 염류
- 알칼리 설파이드류 및 알칼리토 설파이드류
- 2-알칼리펜타시아노니트로실페레이트
- 알킨알코올 그 에스텔, 에텔 및 염류
- o-알킬디치오카르보닉애씨드의 염
- 2급 알킬아민 및 그 염류
- 2-{4-(2-암모니오프로필아미노)-6-[4-하이드록시-3-(5-메칠-2-메톡시-4-설파모일페닐아조)-2-설포네이토나프트-7-일아미노]-1,3,5-트리아진-2-일아미노}-2-아미노프로필포메이트
- 애씨드오렌지24(CI 20170)
- 애씨드레드73(CI 27290)
- 애씨드블랙 131 및 그 염류
- 에르고칼시페롤 및 콜레칼시페롤(비타민D_2와 D_3)
- 에리오나이트
- 에메틴, 그 염류 및 유도체
- 에스트로겐
- 에제린 또는 피조스티그민 및 그 염류
- 에이치시 녹색 No. 1
- 에이치시 적색 No. 8 및 그 염류
- 에이치시 청색 No. 11
- 에이치시 황색 No. 11
- 에이치시 등색 No. 3
- 에치온아미드
- 에칠렌글리콜 디메칠 에텔(EGDME)
- 2,2'-[(1,2'-에칠렌디일)비스[5-((4-에톡시페닐)아조]벤젠설포닉애씨드) 및 그 염류
- 에칠렌옥사이드

- 3-에칠-2-메칠-2-(3-메칠부털)-1,3-옥사졸리딘
- 1-에칠-1-메칠몰포리늄 브로마이드
- 1-에칠-1-메칠피롤리디늄 브로마이드
- 에칠비스(4-히드록시-2-옥소-1-벤조피란-3-일)아세테이트 및 그 산의 염류
- 4-에칠아미노-3-니트로벤조익애씨드(N-에칠-3-니트로 파바) 및 그 염류
- 에칠아크릴레이트
- 3'-에칠-5',6',7',8'-테트라히드로-5',6',8',8',-테트라메칠-2'-아세토나프탈렌(아세틸에칠테트라메칠테트라린, AETT)
- 에칠페나세미드(페네투라이드)
- 2-[[4-[에칠(2-하이드록시에칠)아미노]페닐]아조]-6-메톡시-3-메칠-벤조치아졸리움 및 그 염류
- 2-에칠헥사노익애씨드
- 2-에칠헥실[[[3,5-비스(1,1-디메칠에칠)-4-하이드록시페닐]-메칠]치오]아세테이트
- O,O'-(에테닐메칠실릴렌디[(4-메칠펜탄-2-온)옥심]
- 에토헵타진 및 그 염류
- 7-에톡시-4-메칠쿠마린
- 4'-에톡시-2-벤즈이미다졸아닐라이드
- 2-에톡시에탄올(에칠렌글리콜 모노에칠에텔, EGMEE)
- 에톡시에탄올아세테이트
- 5-에톡시-3-트리클로로메칠-1,2,4-치아디아졸
- 4-에톡시페놀(히드로퀴논모노에칠에텔)
- 4-에톡시-*m*-페닐렌디아민 및 그 염류(예 : 4-에톡시-m-페닐렌디아민 설페이트)
- 에페드린 및 그 염류
- 1,2-에폭시부탄
- (에폭시에칠)벤젠
- 1,2-에폭시-3-페녹시프로판
- R-2,3-에폭시-1-프로판올
- 2,3-에폭시프로판-1-올
- 2,3-에폭시프로필-*o*-톨일에텔
- 에피네프린
- 옥사디아질
- (옥사릴비스이미노에칠렌)비스((*o*-클로로벤질)디에칠암모늄)염류, (예 : 암베노뮴클로라이드)
- 옥산아미드 및 그 유도체
- 옥스페네리딘 및 그 염류
- 4,4'-옥시디아닐린(*p*-아미노페닐 에텔) 및 그 염류
- (s)-옥시란메탄올 4-메칠벤젠설포네이트

- 옥시염화비스머스 이외의 비스머스화합물
- 옥시퀴놀린(히드록시-8-퀴놀린 또는 퀴놀린-8-올) 및 그 황산염
- 옥타목신 및 그 염류
- 옥타밀아민 및 그 염류
- 옥토드린 및 그 염류
- 올레안드린
- 와파린 및 그 염류
- 요도메탄
- 요오드
- 요힘빈 및 그 염류
- 우레탄(에칠카바메이트)
- 우로카닌산, 우로카닌산에칠
- *Urginea scilla Stern.* 및 그 생약제제
- 우스닉산 및 그 염류(구리염 포함)
- 2,2'-이미노비스-에탄올, 에피클로로히드린 및 2-니트로-1,4-벤젠디아민의 반응생성물(에이치시 청색 No. 5) 및 그 염류
- (마이크로-((7,7'-이미노비스(4-하이드록시-3-((2-하이드록시-5-(N-메칠설파모일)페닐)아조)나프탈렌-2-설포네이토))(6-)))디쿠프레이트 및 그 염류
- 4,4'-(4-이미노사이클로헥사-2,5-디에닐리덴메칠렌)디아닐린 하이드로클로라이드
- 이미다졸리딘-2-치온
- 과산화물가가 10mmol/L을 초과하는 이소디프렌
- 이소메트헵텐 및 그 염류
- 이소부틸나이트라이트
- 4,4'-이소부틸에칠리덴디페놀
- 이소소르비드디나이트레이트
- 이소카르복사지드
- 이소프레나린
- 이소프렌(2-메칠-1,3-부타디엔)
- 6-이소프로필-2-데카하이드로나프탈렌올(6-이소프로필-2-데카롤)
- 3-(4-이소프로필페닐)-1,1-디메칠우레아(이소프로투론)
- (2-이소프로필펜트-4-에노일)우레아(아프로날리드)
- 이속사풀루톨
- 이속시닐 및 그 염류
- 이부프로펜피코놀, 그 염류 및 유도체
- *Ipecacuanha*(*Cephaelis ipecacuaha Brot.* 및 관련된 종) (뿌리, 가루 및 생약제제)
- 이프로디온
- 인체 세포·조직 및 그 배양액(다만, 배양액 중 별표 3의 인체 세포·조직 배양액 안전기준에 적합한 경우는 제외)

- 인태반(Human Placenta) 유래 물질
- 인프로쿠온
- 임페라토린(9−(3−메칠부트−2−에니록시)푸로(3,2−g)크로멘−7온)
- 자이람
- 자일렌(다만, 화장품 원료의 제조공정에서 용매로 사용되었으나 완전히 제거할 수 없는 잔류용매로서 화장품법 시행규칙 [별표 3] 자. 손발톱용 제품류 중 1), 2), 3), 5)에 해당하는 제품 중 0.01%이하, 기타 제품 중 0.002% 이하인 경우 제외)
- 자일로메타졸린 및 그 염류
- 자일리딘, 그 이성체, 염류, 할로겐화 유도체 및 설폰화 유도체
- 족사졸아민
- *Juniperus sabina L.*(잎, 정유 및 생약제제)
- 지르코늄 및 그 산의 염류
- 천수국꽃 추출물 또는 오일
- Chenopodium ambrosioides(정유)
- 치람
- 4,4'−치오디아닐린 및 그 염류
- 치오아세타마이드
- 치오우레아 및 그 유도체
- 치오테파
- 치오판네이트−메칠
- 카드뮴 및 그 화합물
- 카라미펜 및 그 염류
- 카르벤다짐
- 4,4'−카르본이미돌일비스[N,N−디메칠아닐린] 및 그 염류
- 카리소프로돌
- 카바독스
- 카바릴
- N−(3−카바모일−3,3−디페닐프로필)−N,N−디이소프로필메칠암모늄염(예 : 이소프로파미드아이오다이드)
- 카바졸의 니트로유도체
- 7,7'−(카보닐디이미노)비스(4−하이드록시−3−[[2−설포−4−[(4−설포페닐)아조]페닐]아조−2−나프탈렌설포닉애씨드 및 그 염류
- 카본디설파이드
- 카본모노옥사이드(일산화탄소)
- 카본블랙(다만, 불순물 중 벤조피렌과 디벤즈(a,h)안트라센이 각각 5ppb 이하이고 총다환방향족탄화수소류(PAHs)가 0.5ppm 이하인 경우에는 제외)
- 카본테트라클로라이드
- 카부트아미드

- 카브로말
- 카탈라아제
- 카테콜(피로카테콜)(다만, 산화염모제에서 용법·용량에 따른 혼합물의 염모성분으로서 1.5 % 이하는 제외)
- 칸타리스, *Cantharis vesicatoria*
- 캡타폴
- 캡토디암
- 케토코나졸
- *Coniummaculatum L.*(과실, 가루, 생약제제)
- 코니인
- 코발트디클로라이드(코발트클로라이드)
- 코발트벤젠설포네이트
- 코발트설페이트
- 코우메타롤
- 콘발라톡신
- 콜린염 및 에스텔(예 : 콜린클로라이드)
- 콜키신, 그 염류 및 유도체
- 콜키코시드 및 그 유도체
- *Colchicum autumnale L.* 및 그 생약제제
- 콜타르 및 정제콜타르
- 쿠라레와 쿠라린
- 합성 쿠라리잔트(Curarizants)
- 과산화물가가 10mmol/L을 초과하는 *Cupressus sempervirens* 잎의 오일 및 추출물
- 크로톤알데히드(부테날)
- *Croton tiglium*(오일)
- 3-(4-클로로페닐)-1,1-디메칠우로늄 트리클로로아세테이트 ; 모누론-TCA
- 크롬 ; 크로믹애씨드 및 그 염류
- 크리센
- 크산티놀(7-{2-히드록시-3-[N-(2-히드록시에칠)-N-메칠아미노]프로필}테오필린)
- *Claviceps purpurea Tul.*, 그 알칼로이드 및 생약제제
- 1-클로로-4-니트로벤젠
- 2-[(4-클로로-2-니트로페닐)아미노]에탄올(에이치시 황색 No. 12) 및 그 염류
- 2-[(4-클로로-2-니트로페닐)아조)-N-(2-메톡시페닐)-3-옥소부탄올아마이드(피그먼트옐로우 73) 및 그 염류
- 2-클로로-5-니트로-N-하이드록시에칠-p-페닐렌디아민 및 그 염류
- 클로로데콘
- 2,2'-((3-클로로-4-((2,6-디클로로-4-니트로페닐)아조)페닐)이미노)비스에탄올

(디스퍼스브라운 1) 및 그 염류
- 5–클로로–1,3–디하이드로–2H–인돌–2–온
- [6–[[3–클로로–4–(메칠아미노)페닐]이미노]–4–메칠–3–옥소사이클로헥사–1,4–디엔–1–일]우레아(에이치시 적색 No. 9) 및 그 염류
- 클로로메칠 메칠에텔
- 2–클로로–6–메칠피리미딘–4–일디메칠아민(크리미딘–ISO)
- 클로로메탄
- *p*–클로로벤조트리클로라이드
- N–5–클로로벤족사졸–2–일아세트아미드
- 4–클로로–2–아미노페놀
- 클로로아세타마이드
- 클로로아세트알데히드
- 클로로아트라놀
- 6–(2–클로로에칠)–6–(2–메톡시에톡시)–2,5,7,10–테트라옥사–6–실라운데칸
- 2–클로로–6–에칠아미노–4–니트로페놀 및 그 염류(다만, 산화염모제에서 용법·용량에 따른 혼합물의 염모성분으로서 1.5 % 이하, 비산화염모제에서 용법·용량에 따른 혼합물의 염모성분으로서 3 % 이하는 제외)
- 클로로에탄
- 1–클로로–2,3–에폭시프로판
- R–1–클로로–2,3–에폭시프로판
- 클로로탈로닐
- 클로로톨루론 ; 3–(3–클로로–*p*–톨일)–1,1–디메칠우레아
- *α*–클로로톨루엔
- N'–(4–클로로–*o*–톨일)–N,N–디메칠포름아미딘 모노하이드로클로라이드
- 1–(4–클로로페닐)–4,4–디메칠–3–(1,2,4–트리아졸–1–일메칠)펜타–3–올
- (3–클로로페닐)–(4–메톡시–3–니트로페닐)메타논
- (2RS,3RS)–3–(2–클로로페닐)–2–(4–플루오로페닐)–[1H–1,2,4–트리아졸–1–일)메칠]옥시란(에폭시코나졸)
- 2–(2–(4–클로로페닐)–2–페닐아세틸)인단 1,3–디온(클로로파시논–ISO)
- 클로로포름
- 클로로프렌(2–클로로부타–1,3–디엔)
- 클로로플루오로카본 추진제(완전하게 할로겐화 된 클로로플루오로알칸)
- 2–클로로–N–(히드록시메칠)아세트아미드
- N–[(6–[(2–클로로–4–하이드록시페닐)이미노]–4–메톡시–3–옥소–1,4–사이클로헥사디엔–1–일]아세타마이드(에이치시 황색 No. 8) 및 그 염류
- 클로르단
- 클로르디메폼
- 클로르메자논

- 클로르메틴 및 그 염류
- 클로르족사존
- 클로르탈리돈
- 클로르프로티센 및 그 염류
- 클로르프로파미드
- 클로린
- 클로졸리네이트
- 클로페노탄 ; DDT(ISO)
- 클로펜아미드
- 키노메치오네이트
- 타크로리무스(tacrolimus), 그 염류 및 유도체
- 탈륨 및 그 화합물
- 탈리도마이드 및 그 염류
- 대한민국약전(식품의약품안전처 고시) '탤크'항 중 석면기준에 적합하지 않은 탤크
- 과산화물가가 10mmol/L을 초과하는 테르펜 및 테르페노이드(다만, 리모넨류는 제외)
- 과산화물가가 10mmol/L을 초과하는 신핀 테르펜 및 테르페노이드(sinpine terpenes and terpenoids)
- 과산화물가가 10mmol/L을 초과하는 테르펜 알코올류의 아세테이트
- 과산화물가가 10mmol/L을 초과하는 테르펜하이드로카본
- 과산화물가가 10mmol/L을 초과하는 α-테르피넨
- 과산화물가가 10mmol/L을 초과하는 γ-테르피넨
- 과산화물가가 10mmol/L을 초과하는 테르피놀렌
- *Thevetia neriifolia juss*, 배당체 추출물
- N,N,N',N'-테트라글리시딜-4,4'-디아미노-3,3'-디에칠디페닐메탄
- N,N,N',N-테트라메칠-4,4'-메칠렌디아닐린
- 테트라베나진 및 그 염류
- 테트라브로모살리실아닐리드
- 테트라소듐 3,3'-[[1,1'-비페닐]-4,4'-디일비스(아조)]비스[5-아미노-4-하이드록시나프탈렌-2,7-디설포네이트](다이렉트블루 6)
- 1,4,5,8-테트라아미노안트라퀴논(디스퍼스블루1)
- 테트라에칠피로포스페이트 ; TEPP(ISO)
- 테트라카보닐니켈
- 테트라카인 및 그 염류
- 테트라코나졸((+/-)-2-(2,4-디클로로페닐)-3-(1H-1,2,4-트리아졸-1-일)프로필-1,1,2,2-테트라플루오로에칠에텔)
- 2,3,7,8-테트라클로로디벤조-p-디옥신
- 테트라클로로살리실아닐리드

- 5,6,12,13-테트라클로로안트라(2,1,9-def:6,5,10-d'e'f')디이소퀴놀린-1,3,8,10(2H,9H)-테트론
- 테트라클로로에칠렌
- 테트라키스-하이드록시메칠포스포늄 클로라이드, 우레아 및 증류된 수소화 C16-18 탈로우 알킬아민의 반응생성물 (UVCB 축합물)
- 테트라하이드로-6-니트로퀴노살린 및 그 염류
- 테트라히드로졸린(테트리졸린) 및 그 염류
- 테트라하이드로치오피란-3-카르복스알데하이드
- (+/-)-테트라하이드로풀푸릴-(R)-2-[4-(6-클로로퀴노살린-2-일옥시)페닐옥시]프로피오네이트
- 테트릴암모늄브로마이드
- 테파졸린 및 그 염류
- 텔루륨 및 그 화합물
- 토목향(*Inula helenium*)오일
- 톡사펜
- 톨루엔-3,4-디아민
- 톨루이디늄클로라이드
- 톨루이딘, 그 이성체, 염류, 할로겐화 유도체 및 설폰화 유도체
- *o*-톨루이딘계 색소류
- 톨루이딘설페이트(1:1)
- *m*-톨리덴 디이소시아네이트
- 4-*o*-톨릴아조-*o*-톨루이딘
- 톨복산
- 톨부트아미드
- [(톨일옥시)메칠]옥시란(크레실 글리시딜 에텔)
- [(*m*-톨일옥시)메칠]옥시란
- [(*p*-톨일옥시)메칠]옥시란
- 과산화물가가 10mmol/L을 초과하는 피누스(*Pinus*)속을 스팀증류하여 얻은 투르펜틴
- 과산화물가가 10mmol/L을 초과하는 투르펜틴검(피누스(*Pinus*)속)
- 과산화물가가 10mmol/L을 초과하는 투르펜틴 오일 및 정제오일
- 투아미노헵탄, 이성체 및 그 염류
- 과산화물가가 10mmol/L을 초과하는 *Thuja Occidentalis* 나무줄기의 오일
- 과산화물가가 10mmol/L을 초과하는 *Thuja Occidentalis* 잎의 오일 및 추출물
- 트라닐시프로민 및 그 염류
- 트레타민
- 트레티노인(레티노익애씨드 및 그 염류)
- 트리니켈디설파이드
- 트리데모르프

- 3,5,5-트리메칠사이클로헥스-2-에논
- 2,4,5-트리메칠아닐린[1] ; 2,4,5-트리메칠아닐린 하이드로클로라이드[2]
- 3,6,10-트리메칠-3,5,9-운데카트리엔-2-온(메칠이소슈도이오논)
- 2,2,6-트리메칠-4-피페리딜벤조에이트(유카인) 및 그 염류
- 3,4,5-트리메톡시펜에칠아민 및 그 염류
- 트리부틸포스페이트
- 3,4',5-트리브로모살리실아닐리드(트리브롬살란)
- 2,2,2-트리브로모에탄올(트리브로모에칠알코올)
- 트리소듐 비스(7-아세트아미도-2-(4-니트로-2-옥시도페닐아조)-3-설포네이토-1-나프톨라토)크로메이트(1-)
- 트리소듐[4'-(8-아세틸아미노-3,6-디설포네이토-2-나프틸아조)-4"-(6-벤조일아미노-3-설포네이토-2-나프틸아조)-비페닐-1,3',3",1"'-테트라올라토-O,O',O",O"']코퍼(II)
- 1,3,5-트리스(3-아미노메칠페닐)-1,3,5-(1H,3H,5H)-트리아진-2,4,6-트리온 및 3,5-비스(3-아미노메칠페닐)-1-폴리[3,5-비스(3-아미노메칠페닐)-2,4,6-트리옥소-1,3,5-(1H,3H,5H)-트리아진-1-일]-1,3,5-(1H,3H,5H)-트리아진-2,4,6-트리온 올리고머의 혼합물
- 1,3,5-트리스-[(2S 및 2R)-2,3-에폭시프로필]-1,3,5-트리아진-2,4,6-(1H,3H,5H)-트리온
- 1,3,5-트리스(옥시라닐메칠)-1,3,5-트리아진-2,4,6(1H,3H,5H)-트리온
- 트리스(2-클로로에칠)포스페이트
- N1-(트리스(하이드록시메칠))-메칠-4-니트로-1,2-페닐렌디아민(에이치시 황색 No. 3) 및 그 염류
- 1,3,5-트리스(2-히드록시에칠)헥사히드로1,3,5-트리아신
- 1,2,4-트리아졸
- 트리암테렌 및 그 염류
- 트리옥시메칠렌(1,3,5-트리옥산)
- 트리클로로니트로메탄(클로로피크린)
- N-(트리클로로메칠치오)프탈이미드
- N-[(트리클로로메칠)치오]-4-사이클로헥센-1,2-디카르복시미드(캡탄)
- 2,3,4-트리클로로부트-1-엔
- 트리클로로아세틱애씨드
- 트리클로로에칠렌
- 1,1,2-트리클로로에탄
- 2,2,2-트리클로로에탄-1,1-디올
- α,α,α-트리클로로톨루엔
- 2,4,6-트리클로로페놀
- 1,2,3-트리클로로프로판

- 트리클로르메틴 및 그 염류
- 트리톨일포스페이트
- 트리파라놀
- 트리플루오로요도메탄
- 트리플루페리돌
- 1,3,5-트리하이드록시벤젠(플로로글루시놀) 및 그 염류
- 티로트리신
- 티로프로픽애씨드 및 그 염류
- 티아마졸
- 티우람디설파이드
- 티우람모노설파이드
- 파라메타손
- 파르에톡시카인 및 그 염류
- 2급 아민함량이 5%를 초과하는 패티애씨드디알킬아마이드류 및 디알칸올아마이드류
- 페나글리코돌
- 페나디아졸
- 페나리몰
- 페나세미드
- *p*-페네티딘(4-에톡시아닐린)
- 페노졸론
- 페노티아진 및 그 화합물
- 페놀
- 페놀프탈레인((3,3-비스(4-하이드록시페닐)프탈리드)
- 페니라미돌
- *o*-페닐렌디아민 및 그 염류
- 페닐부타존
- 4-페닐부트-3-엔-2-온
- 페닐살리실레이트
- 1-페닐아조-2-나프톨(솔벤트옐로우 14)
- 4-(페닐아조)-*m*-페닐렌디아민 및 그 염류
- 4-페닐아조페닐렌-1-3-디아민시트레이트히드로클로라이드(크리소이딘시트레이트히드로클로라이드)
- (R)-α-페닐에칠암모늄(-)-(1R,2S)-(1,2-에폭시프로필)포스포네이트 모노하이드레이트
- 2-페닐인단-1,3-디온(페닌디온)
- 페닐파라벤
- 트랜스-4-페닐-L-프롤린
- 페루발삼(*Myroxylon pereirae*의 수지)[다만, 추출물(extracts) 또는 증류물(distillates)

로서 0.4% 이하인 경우는 제외]

- 페몰린 및 그 염류
- 페트리클로랄
- 펜메트라진 및 그 유도체 및 그 염류
- 펜치온
- N,N'-펜타메칠렌비스(트리메칠암모늄)염류 (예 : 펜타메토늄브로마이드)
- 펜타에리트리틸테트라나이트레이트
- 펜타클로로에탄
- 펜타클로로페놀 및 그 알칼리 염류
- 펜틴 아세테이트
- 펜틴 하이드록사이드
- 2-펜틸리덴사이클로헥사논
- 펜프로바메이트
- 펜프로코우몬
- 펜프로피모르프
- 펠레티에린 및 그 염류
- 포름아마이드
- 포름알데하이드 및 p-포름알데하이드
- 포스파미돈
- 포스포러스 및 메탈포스피드류
- 포타슘브로메이트
- 폴딘메틸설페이드
- 푸로쿠마린류(예 : 트리옥시살렌, 8-메톡시소랄렌, 5-메톡시소랄렌)(천연에센스에 자연적으로 함유된 경우는 제외. 다만, 자외선차단제품 및 인공선탠제품에서는 1ppm 이하이어야 한다.)
- 푸르푸릴트리메칠암모늄염(예 : 푸르트레토늄아이오다이드)
- 풀루아지포프-부틸
- 풀미옥사진
- 퓨란
- 프라모카인 및 그 염류
- 프레그난디올
- 프로게스토젠
- 프로그레놀론아세테이트
- 프로베네시드
- 프로카인아미드, 그 염류 및 유도체
- 프로파지트
- 프로파진
- 프로파틸나이트레이트

- 4,4'-[1,3-프로판디일비스(옥시)]비스벤젠-1,3-디아민 및 그 테트라하이드로클로라이드염(예 : 1,3-비스-(2,4-디아미노페녹시)프로판, 염산 1,3-비스-(2,4-디아미노페녹시)프로판 하이드로클로라이드)(다만, 산화염모제에서 용법·용량에 따른 혼합물의 염모성분으로서 산으로서 1.2 % 이하는 제외)
- 1,3-프로판설톤
- 프로판-1,2,3-트리일트리나이트레이트
- 프로피오락톤
- 프로피자미드
- 프로피페나존
- *Prunus laurocerasus L.*
- 프시로시빈
- 프탈레이트류(디부틸프탈레이트, 디에틸헥실프탈레이트, 부틸벤질프탈레이트에 한함)
- 플루실라졸
- 플루아니손
- 플루오레손
- 플루오로우라실
- 플루지포프-*p*-부틸
- 피그먼트레드 53(레이크레드 C)
- 피그먼트레드 53:1(레이크레드 CBa)
- 피그먼트오렌지 5(파마넨트오렌지)
- 피나스테리드, 그 염류 및 유도체
- 과산화물가가 10mmol/L을 초과하는 *Pinus nigra* 잎과 잔가지의 오일 및 추출물
- 과산화물가가 10mmol/L을 초과하는 *Pinus mugo* 잎과 잔가지의 오일 및 추출물
- 과산화물가가 10mmol/L을 초과하는 *Pinus mugo pumilio* 잎과 잔가지의 오일 및 추출물
- 과산화물가가 10mmol/L을 초과하는 *Pinus cembra* 아세틸레이티드 잎 및 잔가지의 추출물
- 과산화물가가 10mmol/L을 초과하는 *Pinus cembra* 잎과 잔가지의 오일 및 추출물
- 과산화물가가 10mmol/L을 초과하는 *Pinus species* 잎과 잔가지의 오일 및 추출물
- 과산화물가가 10mmol/L을 초과하는 *Pinus sylvestris* 잎과 잔가지의 오일 및 추출물
- 과산화물가가 10mmol/L을 초과하는 *Pinus palustris* 잎과 잔가지의 오일 및 추출물
- 과산화물가가 10mmol/L을 초과하는 *Pinus pumila* 잎과 잔가지의 오일 및 추출물
- 과산화물가가 10mmol/L을 초과하는 *Pinus pinaste* 잎과 잔가지의 오일 및 추출물
- *Pyrethrum album L.* 및 그 생약제제
- 피로갈롤(다만, 염모제에서 용법·용량에 따른 혼합물의 염모성분으로서 2 % 이하는 제외)
- *Pilocarpus jaborandi Holmes* 및 그 생약제제

- 피로카르핀 및 그 염류
- 6-(1-피롤리디닐)-2,4-피리미딘디아민-3-옥사이드(피롤리디닐 디아미노 피리미딘 옥사이드)
- 피리치온소듐(INNM)
- 피리치온알루미늄캄실레이트
- 피메크로리무스(pimecrolimus), 그 염류 및 그 유도체
- 피메트로진
- 과산화물가가 10mmol/L을 초과하는 *Picea mariana* 잎의 오일 및 추출물
- *Physostigma venenosum Balf.*
- 피이지-3,2',2'-디-p-페닐렌디아민
- 피크로톡신
- 피크릭애씨드
- 피토나디온(비타민 K1)
- 피톨라카(*Phytolacca*)속 및 그 제제
- 피파제테이트 및 그 염류
- 6-(피페리디닐)-2,4-피리미딘디아민-3-옥사이드(미녹시딜), 그 염류 및 유도체
- α-피페리딘-2-일벤질아세테이트 좌회전성의 트레오포름(레보파세토페란) 및 그 염류
- 피프라드롤 및 그 염류
- 피프로쿠라륨 및 그 염류
- 형광증백제
- 히드라스틴, 히드라스티닌 및 그 염류
- (4-하이드라지노페닐)-N-메칠메탄설폰아마이드 하이드로클로라이드
- 히드라지드 및 그 염류
- 히드라진, 그 유도체 및 그 염류
- 하이드로아비에틸 알코올
- 히드로겐시아니드 및 그 염류
- 히드로퀴논
- 히드로플루오릭애씨드, 그 노르말 염, 그 착화합물 및 히드로플루오라이드
- N-[3-하이드록시-2-(2-메칠아크릴로일아미노메톡시)프로폭시메칠]-2-메칠아크릴아마이드, N-[2,3-비스-(2-메칠아크릴로일아미노메톡시)프로폭시메칠-2-메칠아크릴아미드, 메타크릴아마이드 및 2-메칠-N-(2-메칠아크릴로일아미노메톡시메칠)-아크릴아마이드
- 4-히드록시-3-메톡시신나밀알코올의벤조에이트(천연에센스에 자연적으로 함유된 경우는 제외)
- (6-(4-하이드록시)-3-(2-메톡시페닐아조)-2-설포네이토-7-나프틸아미노)-1,3,5-트리아진-2,4-디일)비스[(아미노이-1-메칠에칠)암모늄]포메이트
- 1-하이드록시-3-니트로-4-(3-하이드록시프로필아미노)벤젠 및 그 염류 (예 : 4-

하이드록시프로필아미노-3-니트로페놀)(다만, 염모제에서 용법·용량에 따른 혼합물의 염모성분으로서 2.6 % 이하는 제외)

- 1-하이드록시-2-베타-하이드록시에칠아미노-4,6-디니트로벤젠 및 그 염류(예 : 2-하이드록시에칠피크라믹애씨드)(다만, 2-하이드록시에칠피크라믹애씨드는 산화염모제에서 용법·용량에 따른 혼합물의 염모성분으로서 1.5 % 이하, 비산화염모제에서 용법·용량에 따른 혼합물의 염모성분으로서 2.0 % 이하는 제외)
- 5-하이드록시-1,4-벤조디옥산 및 그 염류
- 하이드록시아이소헥실 3-사이클로헥센 카보스알데히드(HICC)
- N1-(2-하이드록시에칠)-4-니트로-*o*-페닐렌디아민(에이치시 황색 No. 5) 및 그 염류
- 하이드록시에칠-2,6-디니트로-*p*-아니시딘 및 그 염류
- 3-[[4-[(2-하이드록시에칠)메칠아미노]-2-니트로페닐]아미노]-1,2-프로판디올 및 그 염류
- 하이드록시에칠-3,4-메칠렌디옥시아닐린; 2-(1,3-벤진디옥솔-5-일아미노)에탄올 하이드로클로라이드 및 그 염류 (예 : 하이드록시에칠-3,4-메칠렌디옥시아닐린 하이드로클로라이드)(다만, 산화염모제에서 용법·용량에 따른 혼합물의 염모성분으로서 1.5 % 이하는 제외)
- 3-[[4-[(2-하이드록시에칠)아미노]-2-니트로페닐]아미노]-1,2-프로판디올 및 그 염류
- 4-(2-하이드록시에칠)아미노-3-니트로페놀 및 그 염류 (예 : 3-니트로-p-하이드록시에칠아미노페놀)(다만, 3-니트로-p-하이드록시에칠아미노페놀은 산화염모제에서 용법·용량에 따른 혼합물의 염모성분으로서 3.0 % 이하, 비산화염모제에서 용법·용량에 따른 혼합물의 염모성분으로서 1.85 % 이하는 제외)
- 2,2'-[[4-[(2-하이드록시에칠)아미노]-3-니트로페닐]이미노]바이세타놀 및 그 염류(예 : 에이치시 청색 No. 2)(다만, 비산화염모제에서 용법·용량에 따른 혼합물의 염모성분으로서 2.8 % 이하는 제외)
- 1-[(2-하이드록시에칠)아미노]-4-(메칠아미노-9,10-안트라센디온 및 그 염류
- 하이드록시에칠아미노메칠-*p*-아미노페놀 및 그 염류
- 5-[(2-하이드록시에칠)아미노]-o-크레졸 및 그 염류(예 : 2-메칠-5-하이드록시에칠아미노페놀)(다만, 2-메칠-5-하이드록시에칠아미노페놀은 염모제에서 용법·용량에 따른 혼합물의 염모성분으로서 0.5 % 이하는 제외)
- (4-(4-히드록시-3-요오도페녹시)-3,5-디요오도페닐)아세틱애씨드 및 그 염류
- 6-하이드록시-1-(3-이소프로폭시프로필)-4-메칠-2-옥소-5-[4-(페닐아조)페닐아조]-1,2-디하이드로-3-피리딘카보니트릴
- 4-히드록시인돌
- 2-[2-하이드록시-3-(2-클로로페닐)카르바모일-1-나프틸아조]-7-[2-하이드록시-3-(3-메칠페닐)카르바모일-1-나프틸아조]플루오렌-9-온
- 4-(7-하이드록시-2,4,4-트리메칠-2-크로마닐)레솔시놀-4-일-트리스(6-디아

조-5,6-디하이드로-5-옥소나프탈렌-1-설포네이트) 및 4-(7-하이드록시-2,4,4-트리메칠-2-크로마닐)레솔시놀비스(6-디아조-5,6-디하이드로-5-옥소나프탈렌-1-설포네이트)의 2:1 혼합물

- 11-α-히드록시프레근-4-엔-3,20-디온 및 그 에스텔
- 1-(3-하이드록시프로필아미노)-2-니트로-4-비스(2-하이드록시에칠)아미노)벤젠 및 그 염류(예 : 에이치시 자색 No. 2)(다만, 비산화염모제에서 용법·용량에 따른 혼합물의 염모성분으로서 2.0 % 이하는 제외)
- 히드록시프로필 비스(N-히드록시에칠-p-페닐렌디아민) 및 그 염류(다만, 산화염모제에서 용법·용량에 따른 혼합물의 염모성분으로 테트라하이드로클로라이드염으로서 0.4 % 이하는 제외)
- 〈삭 제〉
- 하이드록시피리디논 및 그 염류
- 3-하이드록시-4-[(2-하이드록시나프틸)아조]-7-니트로나프탈렌-1-설포닉애씨드 및 그 염류
- 할로카르반
- 할로페리돌
- 항생물질
- 항히스타민제(예 : 독실아민, 디페닐피랄린, 디펜히드라민, 메타피릴렌, 브롬페니라민, 사이클리진, 클로르페녹사민, 트리펠렌아민, 히드록사진 등)
- N,N'-헥사메칠렌비스(트리메칠암모늄)염류(예 : 헥사메토늄브로마이드)
- 헥사메칠포스포릭-트리아마이드
- 헥사에칠테트라포스페이트
- 헥사클로로벤젠
- (1R,4S,5R,8S)-1,2,3,4,10,10-헥사클로로-6,7-에폭시-1,4,4a,5,6,7,8,8a-옥타히드로-,1,4;5,8-디메타노나프탈렌(엔드린-ISO)
- 1,2,3,4,5,6-헥사클로로사이클로헥산류 (예 : 린단)
- 헥사클로로에탄
- (1R,4S,5R,8S)-1,2,3,4,10,10-헥사클로로-1,4,4a,5,8,8a-헥사히드로-1,4;5,8-디메타노나프탈렌(이소드린-ISO)
- 헥사프로피메이트
- (1R,2S)-헥사히드로-1,2-디메칠-3,6-에폭시프탈릭안하이드라이드(칸타리딘)
- 헥사하이드로사이클로펜타(C) 피롤-1-(1H)-암모늄 N-에톡시카르보닐-N-(p-톨릴설포닐)아자나이드
- 헥사하이드로쿠마린
- 헥산
- 헥산-2-온
- 1,7-헵탄디카르복실산(아젤라산), 그 염류 및 유도체
- 트랜스-2-헥세날디메칠아세탈

- 트랜스-2-헥세날디에칠아세탈
- 헨나(*Lawsonia Inermis*)엽가루(다만, 염모제에서 염모성분으로 사용하는 것은 제외)
- 트랜스-2-헵테날
- 헵타클로로에폭사이드
- 헵타클로르
- 3-헵틸-2-(3-헵틸-4-메칠-치오졸린-2-일렌)-4-메칠-치아졸리늄다이드
- 황산 4,5-디아미노-1-((4-클로르페닐)메칠)-1H-피라졸
- 황산 5-아미노-4-플루오르-2-메칠페놀
- Hyoscyamus niger L. (잎, 씨, 가루 및 생약제제)
- 히요시아민, 그 염류 및 유도체
- 히요신, 그 염류 및 유도체
- 영국 및 북아일랜드산 소 유래 성분
- BSE(Bovine Spongiform Encephalopathy) 감염조직 및 이를 함유하는 성분
- 광우병 발병이 보고된 지역의 다음의 특정위험물질(specified risk material) 유래성분 (소·양·염소 등 반추동물의 18개 부위)
  - 뇌(brain)
  - 두개골(skull)
  - 척수(spinal cord)
  - 뇌척수액(cerebrospinal fluid)
  - 송과체(pineal gland)
  - 하수체(pituitary gland)
  - 경막(dura mater)
  - 눈(eye)
  - 삼차신경절(trigeminal ganglia)
  - 배측근신경절(dorsal root ganglia)
  - 척주(vertebral column)
  - 림프절(lymph nodes)
  - 편도(tonsil)
  - 흉선(thymus)
  - 십이지장에서 직장까지의 장관(intestines from the duodenum to the rectum)
  - 비장(spleen)
  - 태반(placenta)
  - 부신(adrenal gland)
- 〈삭 제〉
- 화학물질의 등록 및 평가 등에 관한 법률」 제2조제9호 및 제27조에 따라 지정하고 있는 금지물질

[부록 2] 화장품법

[법률 제17250호, 2020. 4. 7, 일부 개정]
식품의약품안전처(화장품정책과) 043-719-3409

제1장 총 칙

제1조(목적) 이 법은 화장품의 제조·수입·판매 및 수출 등에 관한 사항을 규정함으로써 국민보건향상과 화장품 산업의 발전에 기여함을 목적으로 한다. 〈개정 2018. 3. 13.〉

제2조(정의) 이 법에서 사용하는 용어의 뜻은 다음과 같다. 〈개정 2020. 4. 7.〉

1. "화장품"이란 인체를 청결·미화하여 매력을 더하고 용모를 밝게 변화시키거나 피부·모발의 건강을 유지 또는 증진하기 위하여 인체에 바르고 문지르거나 뿌리는 등 이와 유사한 방법으로 사용되는 물품으로서 인체에 대한 작용이 경미한 것을 말한다. 다만, 「약사법」 제2조제4호의 의약품에 해당하는 물품은 제외한다.
2. "기능성화장품"이란 화장품 중에서 다음 각 목의 어느 하나에 해당되는 것으로서 총리령으로 정하는 화장품을 말한다.
   가. 피부의 미백에 도움을 주는 제품
   나. 피부의 주름개선에 도움을 주는 제품
   다. 피부를 곱게 태워주거나 자외선으로부터 피부를 보호하는 데에 도움을 주는 제품
   라. 모발의 색상 변화·제거 또는 영양공급에 도움을 주는 제품
   마. 피부나 모발의 기능 약화로 인한 건조함, 갈라짐, 빠짐, 각질화 등을 방지하거나 개선하는 데에 도움을 주는 제품

2의2. "천연화장품"이란 동식물 및 그 유래 원료 등을 함유한 화장품으로서 식품의약품안전처장이 정하는 기준에 맞는 화장품을 말한다.

3. "유기농화장품"이란 유기농 원료, 동식물 및 그 유래 원료 등을 함유한 화장품으로서 식품의약품안전처장이 정하는 기준에 맞는 화장품을 말한다.

3의2. "맞춤형화장품"이란 다음 각 목의 화장품을 말한다.
   가. 제조 또는 수입된 화장품의 내용물에 다른 화장품의 내용물이나 식품의약품안전처장이 정하는 원료를 추가하여 혼합한 화장품
   나. 제조 또는 수입된 화장품의 내용물을 소분(小分)한 화장품. 다만, 고형(固形) 비누 등 총리령으로 정하는 화장품의 내용물을 단순 소분한 화장품은 제외한다.

4. "안전용기·포장"이란 만 5세 미만의 어린이가 개봉하기 어렵게 설계·고안된 용기나 포장을 말한다.
5. "사용기한"이란 화장품이 제조된 날부터 적절한 보관 상태에서 제품이 고유의 특성을 간직한 채 소비자가 안정적으로 사용할 수 있는 최소한의 기한을 말한다.
6. "1차 포장"이란 화장품 제조 시 내용물과 직접 접촉하는 포장용기를 말한다.
7. "2차 포장"이란 1차 포장을 수용하는 1개 또는 그 이상의 포장과 보호재 및 표시의 목적으로 한 포장(첨부문서 등을 포함한다)을 말한다.

8. "표시"란 화장품의 용기·포장에 기재하는 문자·숫자·도형 또는 그림 등을 말한다.
9. "광고"란 라디오·텔레비전·신문·잡지·음성·음향·영상·인터넷·인쇄물·간판, 그 밖의 방법에 의하여 화장품에 대한 정보를 나타내거나 알리는 행위를 말한다.
10. "화장품제조업"이란 화장품의 전부 또는 일부를 제조(2차 포장 또는 표시만의 공정은 제외한다)하는 영업을 말한다.
11. "화장품책임판매업"이란 취급하는 화장품의 품질 및 안전 등을 관리하면서 이를 유통·판매하거나 수입대행형 거래를 목적으로 알선·수여(授與)하는 영업을 말한다.
12. "맞춤형화장품판매업"이란 맞춤형화장품을 판매하는 영업을 말한다.

제2조의2(영업의 종류) ① 이 법에 따른 영업의 종류는 다음 각 호와 같다.
1. 화장품제조업
2. 화장품책임판매업
3. 맞춤형화장품판매업

② 제1항에 따른 영업의 세부 종류와 그 범위는 대통령령으로 정한다.

[본조신설 2018. 3. 13.]

제2장 화장품의 제조·유통

제3조(영업의 등록) ① 화장품제조업 또는 화장품책임판매업을 하려는 자는 각각 총리령으로 정하는 바에 따라 식품의약품안전처장에게 등록하여야 한다. 등록한 사항 중 총리령으로 정하는 중요한 사항을 변경할 때에도 또한 같다. 〈개정 2018. 3. 13.〉

② 제1항에 따라 화장품제조업을 등록하려는 자는 총리령으로 정하는 시설기준을 갖추어야 한다. 다만, 화장품의 일부 공정만을 제조하는 등 총리령으로 정하는 경우에 해당하는 때에는 시설의 일부를 갖추지 아니할 수 있다. 〈개정 2018. 3. 13.〉

③ 제1항에 따라 화장품책임판매업을 등록하려는 자는 총리령으로 정하는 화장품의 품질관리 및 책임판매 후 안전관리에 관한 기준을 갖추어야 하며, 이를 관리할 수 있는 관리자(이하 "책임판매관리자"라 한다)를 두어야 한다. 〈개정 2018. 3. 13.〉

④ 제1항부터 제3항까지의 규정에 따른 등록 절차 및 책임판매관리자의 자격기준과 직무 등에 관하여 필요한 사항은 총리령으로 정한다. 〈개정 2018. 3. 13.〉

[제목개정 2018. 3. 13.]

제3조의2(맞춤형 화장품판매업의 신고) ① 맞춤형화장품판매업을 하려는 자는 총리령으로 정하는 바에 따라 식품의약품안전처장에게 신고하여야 한다. 신고한 사항 중 총리령으로 정하는 사항을 변경할 때에도 또한 같다.

② 제1항에 따라 맞춤형화장품판매업을 신고한 자(이하 "맞춤형화장품판매업자"라 한다)는 총리령으로 정하는 바에 따라 맞춤형화장품의 혼합·소분 업무에 종사하는 자(이하 "맞춤형화장품조제관리사"라 한다)를 두어야 한다.

[본조신설 2018. 3. 13.]

제3조의3(결격사유) 다음 각 호의 어느 하나에 해당하는 자는 화장품제조업 또는 화장품책임판매업의 등록이나 맞춤형화장품판매업의 신고를 할 수 없다. 다만, 제1호 및 제3호는 화장품제조업만 해당한다.

1. 「정신건강증진 및 정신질환자 복지서비스 지원에 관한 법률」 제3조제1호에 따른 정신질환자. 다만, 전문의가 화장품제조업자(제3조제1항에 따라 화장품제조업을 등록한 자를 말한다. 이하 같다)로서 적합하다고 인정하는 사람은 제외한다.
2. 피성년후견인 또는 파산선고를 받고 복권되지 아니한 자
3. 「마약류 관리에 관한 법률」 제2조제1호에 따른 마약류의 중독자
4. 이 법 또는 「보건범죄 단속에 관한 특별조치법」을 위반하여 금고 이상의 형을 선고받고 그 집행이 끝나지 아니하거나 그 집행을 받지 아니하기로 확정되지 아니한 자
5. 제24조에 따라 등록이 취소되거나 영업소가 폐쇄(이 조 제1호부터 제3호까지의 어느 하나에 해당하여 등록이 취소되거나 영업소가 폐쇄된 경우는 제외한다)된 날부터 1년이 지나지 아니한 자

[본조신설 2018. 3. 13.]

제3조의4(맞춤형 화장품조제관리사 자격시험) ① 맞춤형화장품조제관리사가 되려는 사람은 화장품과 원료 등에 대하여 식품의약품안전처장이 실시하는 자격시험에 합격하여야 한다.

② 식품의약품안전처장은 맞춤형화장품조제관리사가 거짓이나 그 밖의 부정한 방법으로 시험에 합격한 경우에는 자격을 취소하여야 하며, 자격이 취소된 사람은 취소된 날부터 3년간 자격시험에 응시할 수 없다.

③ 식품의약품안전처장은 제1항에 따른 자격시험 업무를 효과적으로 수행하기 위하여 필요한 전문인력과 시설을 갖춘 기관 또는 단체를 시험운영기관으로 지정하여 시험업무를 위탁할 수 있다.

④ 제1항 및 제3항에 따른 자격시험의 시기, 절차, 방법, 시험과목, 자격증의 발급, 시험운영기관의 지정 등 자격시험에 필요한 사항은 총리령으로 정한다.

[본조신설 2018. 3. 13.]

제4조(기능성 화장품의 심사 등) ① 기능성화장품으로 인정받아 판매 등을 하려는 화장품제조업자, 화장품책임판매업자(제3조제1항에 따라 화장품책임판매업을 등록한 자를 말한다. 이하 같다) 또는 총리령으로 정하는 대학·연구소 등은 품목별로 안전성 및 유효성에 관하여 식품의약품안전처장의 심사를 받거나 식품의약품안전처장에게 보고서를 제출하여야 한다. 제출한 보고서나 심사받은 사항을 변경할 때에도 또한 같다. 〈개정 2018. 3. 13.〉

② 제1항에 따른 유효성에 관한 심사는 제2조제2호 각 목에 규정된 효능·효과에 한하여 실시한다.

③ 제1항에 따른 심사를 받으려는 자는 총리령으로 정하는 바에 따라 그 심사에 필요한 자료를 식품의약품안전처장에게 제출하여야 한다.

④ 제1항 및 제2항에 따른 심사 또는 보고서 제출의 대상과 절차 등에 관하여 필요한 사항은 총리령으로 정한다.

제4조의2(영유아 또는 어린이 사용 화장품의 관리) ① 화장품책임판매업자는 영유아 또는 어린이가 사용할 수 있는 화장품임을 표시·광고하려는 경우에는 제품별로 안전과 품질을 입증할 수 있는 다음 각 호의 자료(이하 "제품별 안전성 자료"라 한다)를 작성 및 보관하여야 한다.

1. 제품 및 제조방법에 대한 설명 자료
2. 화장품의 안전성 평가 자료
3. 제품의 효능·효과에 대한 증명 자료

② 식품의약품안전처장은 제1항에 따른 화장품에 대하여 제품별 안전성 자료, 소비자 사용실태, 사용 후 이상사례 등에 대하여 주기적으로 실태조사를 실시하고, 위해요소의 저감화를 위한 계획을 수립하여야 한다.

③ 식품의약품안전처장은 소비자가 제1항에 따른 화장품을 안전하게 사용할 수 있도록 교육 및 홍보를 할 수 있다.

④ 제1항에 따른 영유아 또는 어린이의 연령 및 표시·광고의 범위, 제품별 안전성 자료의 작성 범위 및 보관기간 등과 제2항에 따른 실태조사 및 계획 수립의 범위, 시기, 절차 등에 필요한 사항은 총리령으로 정한다.

[본조신설 2019. 1. 15.]

제5조(영업자의 의무 등) ① 화장품제조업자는 화장품의 제조와 관련된 기록·시설·기구 등 관리 방법, 원료·자재·완제품 등에 대한 시험·검사·검정 실시 방법 및 의무 등에 관하여 총리령으로 정하는 사항을 준수하여야 한다. 〈개정 2018. 3. 13.〉

② 화장품책임판매업자는 화장품의 품질관리기준, 책임판매 후 안전관리기준, 품질 검사 방법 및 실시 의무, 안전성·유효성 관련 정보사항 등의 보고 및 안전대책 마련 의무 등에 관하여 총리령으로 정하는 사항을 준수하여야 한다. 〈개정 2018. 3. 13.〉

③ 맞춤형화장품판매업자는 맞춤형화장품 판매장 시설·기구의 관리 방법, 혼합·소분 안전관리기준의 준수 의무, 혼합·소분되는 내용물 및 원료에 대한 설명 의무 등에 관하여 총리령으로 정하는 사항을 준수하여야 한다. 〈신설 2018. 3. 13.〉

④ 화장품책임판매업자는 총리령으로 정하는 바에 따라 화장품의 생산실적 또는 수입실적, 화장품의 제조과정에 사용된 원료의 목록 등을 식품의약품안전처장에게 보고하여야 한다. 이 경우 원료의 목록에 관한 보고는 화장품의 유통·판매 전에 하여야 한다. 〈개정 2018. 3. 13.〉

⑤ 책임판매관리자 및 맞춤형화장품조제관리사는 화장품의 안전성 확보 및 품질관리에 관한 교육을 매년 받아야 한다. 〈개정 2018. 3. 13.〉

⑥ 식품의약품안전처장은 국민 건강상 위해를 방지하기 위하여 필요하다고 인정하면 화장품제조업자, 화장품책임판매업자 및 맞춤형화장품판매업자(이하 "영업자"라 한다)에게 화장품 관련 법령 및 제도(화장품의 안전성 확보 및 품질관리에 관한 내용을 포함한다)에 관한 교육을 받을 것을 명할 수 있다. 〈개정 2018. 3. 13.〉

⑦ 제6항에 따라 교육을 받아야 하는 자가 둘 이상의 장소에서 화장품제조업, 화장품책임판매업 또는 맞춤형화장품판매업을 하는 경우에는 종업원 중에서 총리령으로 정하는 자를 책임자로 지정하여 교육을 받게 할 수 있다. 〈개정 2018. 3. 13.〉

⑧ 제5항부터 제7항까지의 규정에 따른 교육의 실시 기관, 내용, 대상 및 교육비 등에 관하여 필요한 사항은 총리령으로 정한다. 〈개정 2018. 3. 13.〉
[제목개정 2018. 3. 13.]

제5조의2(위해화장품의 회수) ① 영업자는 제9조, 제15조 또는 제16조제1항에 위반되어 국민보건에 위해(危害)를 끼치거나 끼칠 우려가 있는 화장품이 유통 중인 사실을 알게 된 경우에는 지체 없이 해당 화장품을 회수하거나 회수하는 데에 필요한 조치를 하여야 한다. 〈개정 2018. 12. 11.〉
② 제1항에 따라 해당 화장품을 회수하거나 회수하는 데에 필요한 조치를 하려는 영업자는 회수계획을 식품의약품안전처장에게 미리 보고하여야 한다.
〈개정 2018. 3. 13.〉
③ 식품의약품안전처장은 제1항에 따른 회수 또는 회수에 필요한 조치를 성실하게 이행한 영업자가 해당 화장품으로 인하여 받게 되는 제24조에 따른 행정처분을 총리령으로 정하는 바에 따라 감경 또는 면제할 수 있다. 〈개정 2018. 3. 13.〉
④ 제1항 및 제2항에 따른 회수 대상 화장품, 해당 화장품의 회수에 필요한 위해성 등급 및 그 분류기준, 회수계획 보고 및 회수절차 등에 필요한 사항은 총리령으로 정한다. 〈개정 2018. 12. 11.〉

제6조(폐업 등의 신고) ① 영업자는 다음 각 호의 어느 하나에 해당하는 경우에는 총리령으로 정하는 바에 따라 식품의약품안전처장에게 신고하여야 한다. 다만, 휴업기간이 1개월 미만이거나 그 기간 동안 휴업하였다가 그 업을 재개하는 경우에는 그러하지 아니하다. 〈개정 2018. 3. 13., 2018. 12. 11.〉
1. 폐업 또는 휴업하려는 경우
2. 휴업 후 그 업을 재개하려는 경우
3. 삭제 〈2018. 12. 11.〉
② 식품의약품안전처장은 화장품제조업자 또는 화장품책임판매업자가 「부가가치세법」 제8조에 따라 관할 세무서장에게 폐업신고를 하거나 관할 세무서장이 사업자등록을 말소한 경우에는 등록을 취소할 수 있다. 〈신설 2018. 3. 13.〉
③ 식품의약품안전처장은 제2항에 따라 등록을 취소하기 위하여 필요하면 관할 세무서장에게 화장품제조업자 또는 화장품책임판매업자의 폐업여부에 대한 정보 제공을 요청할 수 있다. 이 경우 요청을 받은 관할 세무서장은 「전자정부법」 제39조에 따라 화장품제조업자 또는 화장품책임판매업자의 폐업여부에 대한 정보를 제공하여야 한다. 〈신설 2018. 3. 13.〉
④ 식품의약품안전처장은 제1항제1호에 따른 폐업신고 또는 휴업신고를 받은 날부터 7일 이내에 신고수리 여부를 신고인에게 통지하여야 한다. 〈신설 2018. 12. 11.〉
⑤ 식품의약품안전처장이 제4항에서 정한 기간 내에 신고수리 여부 또는 민원 처리 관련 법령에 따른 처리기간의 연장을 신고인에게 통지하지 아니하면 그 기간(민원 처리 관련 법령에 따라 처리기간이 연장 또는 재연장된 경우에는 해당 처리기간을 말한다)이 끝난 날의 다음 날에 신고를 수리한 것으로 본다. 〈신설 2018. 12. 11.〉

제7조 삭제 〈2018. 3. 13.〉

제3장 화장품의 취급

제1절 기 준

제8조(화장품 안전기준 등) ① 식품의약품안전처장은 화장품의 제조 등에 사용할 수 없는 원료를 지정하여 고시하여야 한다.

② 식품의약품안전처장은 보존제, 색소, 자외선차단제 등과 같이 특별히 사용상의 제한이 필요한 원료에 대하여는 그 사용기준을 지정하여 고시하여야 하며, 사용기준이 지정·고시된 원료 외의 보존제, 색소, 자외선차단제 등은 사용할 수 없다. 〈개정 2018. 3. 13.〉

③ 식품의약품안전처장은 국내외에서 유해물질이 포함되어 있는 것으로 알려지는 등 국민보건상 위해 우려가 제기되는 화장품 원료 등의 경우에는 총리령으로 정하는 바에 따라 위해요소를 신속히 평가하여 그 위해 여부를 결정하여야 한다. 〈개정 2013. 3. 23.〉

④ 식품의약품안전처장은 제3항에 따라 위해평가가 완료된 경우에는 해당 화장품 원료 등을 화장품의 제조에 사용할 수 없는 원료로 지정하거나 그 사용기준을 지정하여야 한다. 〈개정 2013. 3. 23.〉

⑤ 식품의약품안전처장은 제2항에 따라 지정·고시된 원료의 사용기준의 안전성을 정기적으로 검토하여야 하고, 그 결과에 따라 지정·고시된 원료의 사용기준을 변경할 수 있다. 이 경우 안전성 검토의 주기 및 절차 등에 관한 사항은 총리령으로 정한다. 〈신설 2018. 3. 13.〉

⑥ 화장품제조업자, 화장품책임판매업자 또는 대학·연구소 등 총리령으로 정하는 자는 제2항에 따라 지정·고시되지 아니한 원료의 사용기준을 지정·고시하거나 지정·고시된 원료의 사용기준을 변경하여 줄 것을 총리령으로 정하는 바에 따라 식품의약품안전처장에게 신청할 수 있다. 〈신설 2018. 3. 13.〉

⑦ 식품의약품안전처장은 제6항에 따른 신청을 받은 경우에는 신청된 내용의 타당성을 검토하여야 하고, 그 타당성이 인정되는 경우에는 원료의 사용기준을 지정·고시하거나 변경하여야 한다. 이 경우 신청인에게 검토 결과를 서면으로 알려야 한다. 〈신설 2018. 3. 13.〉

⑧ 식품의약품안전처장은 그 밖에 유통화장품 안전관리 기준을 정하여 고시할 수 있다. 〈개정 2018. 3. 13.〉

제9조(안전용기·포장 등) ① 화장품책임판매업자 및 맞춤형화장품판매업자는 화장품을 판매할 때에는 어린이가 화장품을 잘못 사용하여 인체에 위해를 끼치는 사고가 발생하지 아니하도록 안전용기·포장을 사용하여야 한다. 〈개정 2018. 3. 13.〉

② 제1항에 따라 안전용기·포장을 사용하여야 할 품목 및 용기·포장의 기준 등에 관하여는 총리령으로 정한다.

제2절 표시·광고·취급

제10조(화장품의 기재사항) ① 화장품의 1차 포장 또는 2차 포장에는 총리령으로 정하는 바에 따라 다음 각 호의 사항을 기재·표시하여야 한다. 다만, 내용량이 소량인 화장품의 포장 등 총리령으로 정하는 포장에는 화장품의 명칭, 화장품책임판매업자 및 맞춤형화장품판매업자의 상호, 가격, 제조번호와 사용기한 또는 개봉 후 사용기간(개봉 후 사용기간을 기재할 경우에는 제조연월일을 병행 표기하여야 한다. 이하 이 조에서 같다)만을 기재·표시할 수 있다. 〈개정 2018. 3. 13.〉

1. 화장품의 명칭
2. 영업자의 상호 및 주소
3. 해당 화장품 제조에 사용된 모든 성분(인체에 무해한 소량 함유 성분 등 총리령으로 정하는 성분은 제외한다)
4. 내용물의 용량 또는 중량
5. 제조번호
6. 사용기한 또는 개봉 후 사용기간
7. 가격
8. 기능성화장품의 경우 "기능성화장품"이라는 글자 또는 기능성화장품을 나타내는 도안으로서 식품의약품안전처장이 정하는 도안
9. 사용할 때의 주의사항
10. 그 밖에 총리령으로 정하는 사항

② 제1항 각 호 외의 부분 본문에도 불구하고 다음 각 호의 사항은 1차 포장에 표시하여야 한다. 〈개정 2018. 3. 13.〉

1. 화장품의 명칭
2. 영업자의 상호
3. 제조번호
4. 사용기한 또는 개봉 후 사용기간

③ 제1항에 따른 기재사항을 화장품의 용기 또는 포장에 표시할 때 제품의 명칭, 영업자의 상호는 시각장애인을 위한 점자 표시를 병행할 수 있다. 〈개정 2018. 3. 13.〉

④ 제1항 및 제2항에 따른 표시기준과 표시방법 등은 총리령으로 정한다.

제11조(화장품의 가격표시) ① 제10조제1항제7호에 따른 가격은 소비자에게 화장품을 직접 판매하는 자(이하 "판매자"라 한다)가 판매하려는 가격을 표시하여야 한다.

② 제1항에 따른 표시방법과 그 밖에 필요한 사항은 총리령으로 정한다.

제12조(기재·표시상의 주의) 제10조 및 제11조에 따른 기재·표시는 다른 문자 또는 문장보다 쉽게 볼 수 있는 곳에 하여야 하며, 총리령으로 정하는 바에 따라 읽기 쉽고 이해하기 쉬운 한글로 정확히 기재·표시하여야 하되, 한자 또는 외국어를 함께 기재할 수 있다.

제13조(부당한 표시·광고 행위 등의 금지) ① 영업자 또는 판매자는 다음 각 호의 어느 하나에 해당하는 표시 또는 광고를 하여서는 아니 된다. 〈개정 2018. 3. 13.〉

1. 의약품으로 잘못 인식할 우려가 있는 표시 또는 광고
2. 기능성화장품이 아닌 화장품을 기능성화장품으로 잘못 인식할 우려가 있거나 기능성화장품의 안전성·유효성에 관한 심사결과와 다른 내용의 표시 또는 광고
3. 천연화장품 또는 유기농화장품이 아닌 화장품을 천연화장품 또는 유기농화장품으로 잘못 인식할 우려가 있는 표시 또는 광고
4. 그 밖에 사실과 다르게 소비자를 속이거나 소비자가 잘못 인식하도록 할 우려가 있는 표시 또는 광고

② 제1항에 따른 표시·광고의 범위와 그 밖에 필요한 사항은 총리령으로 정한다.

제14조(표시·광고 내용의 실증 등) ① 영업자 및 판매자는 자기가 행한 표시·광고 중 사실과 관련한 사항에 대하여는 이를 실증할 수 있어야 한다. 〈개정 2018. 3. 13.〉

② 식품의약품안전처장은 영업자 또는 판매자가 행한 표시·광고가 제13조제1항제4호에 해당하는지를 판단하기 위하여 제1항에 따른 실증이 필요하다고 인정하는 경우에는 그 내용을 구체적으로 명시하여 해당 영업자 또는 판매자에게 관련 자료의 제출을 요청할 수 있다. 〈개정 2018. 3. 13.〉

③ 제2항에 따라 실증자료의 제출을 요청받은 영업자 또는 판매자는 요청받은 날부터 15일 이내에 그 실증자료를 식품의약품안전처장에게 제출하여야 한다. 다만, 식품의약품안전처장은 정당한 사유가 있다고 인정하는 경우에는 그 제출기간을 연장할 수 있다. 〈개정 2018. 3. 13.〉

④ 식품의약품안전처장은 영업자 또는 판매자가 제2항에 따라 실증자료의 제출을 요청받고도 제3항에 따른 제출기간 내에 이를 제출하지 아니한 채 계속하여 표시·광고를 하는 때에는 실증자료를 제출할 때까지 그 표시·광고 행위의 중지를 명하여야 한다. 〈개정 2018. 3. 13.〉

⑤ 제2항 및 제3항에 따라 식품의약품안전처장으로부터 실증자료의 제출을 요청받아 제출한 경우에는 「표시·광고의 공정화에 관한 법률」 등 다른 법률에 따라 다른 기관이 요구하는 자료제출을 거부할 수 있다.

⑥ 식품의약품안전처장은 제출받은 실증자료에 대하여 「표시·광고의 공정화에 관한 법률」 등 다른 법률에 따른 다른 기관의 자료요청이 있는 경우에는 특별한 사유가 없는 한 이에 응하여야 한다.

⑦ 제1항부터 제4항까지의 규정에 따른 실증의 대상, 실증자료의 범위 및 요건, 제출방법 등에 관하여 필요한 사항은 총리령으로 정한다.

제14조의2(천연화장품 및 유기농 화장품에 대한 인증) ① 식품의약품안전처장은 천연화장품 및 유기농화장품의 품질제고를 유도하고 소비자에게 보다 정확한 제품정보가 제공될 수 있도록 식품의약품안전처장이 정하는 기준에 적합한 천연화장품 및 유기농화장품에 대하여 인증할 수 있다.

② 제1항에 따라 인증을 받으려는 화장품제조업자, 화장품책임판매업자 또는 총리령으로 정하는 대학·연구소 등은 식품의약품안전처장에게 인증을 신청하여야 한다.

③ 식품의약품안전처장은 제1항에 따라 인증을 받은 화장품이 다음 각 호의 어느 하나에 해당하는 경우에는 그 인증을 취소하여야 한다.

1. 거짓이나 그 밖의 부정한 방법으로 인증을 받은 경우
2. 제1항에 따른 인증기준에 적합하지 아니하게 된 경우

④ 식품의약품안전처장은 인증업무를 효과적으로 수행하기 위하여 필요한 전문 인력과 시설을 갖춘 기관 또는 단체를 인증기관으로 지정하여 인증업무를 위탁할 수 있다.

⑤ 제1항부터 제4항까지에 따른 인증절차, 인증기관의 지정기준, 그 밖에 인증제도 운영에 필요한 사항은 총리령으로 정한다.

[본조신설 2018. 3. 13.]

제14조의3(인증의 유효기간) ① 제14조의2제1항에 따른 인증의 유효기간은 인증을 받은 날부터 3년으로 한다.

② 인증의 유효기간을 연장 받으려는 자는 유효기간 만료 90일 전에 총리령으로 정하는 바에 따라 연장신청을 하여야 한다.

[본조신설 2018. 3. 13.]

제14조의4(인증의 표시) ① 제14조의2제1항에 따라 인증을 받은 화장품에 대해서는 총리령으로 정하는 인증표시를 할 수 있다.

② 누구든지 제14조의2제1항에 따라 인증을 받지 아니한 화장품에 대하여 제1항에 따른 인증표시나 이와 유사한 표시를 하여서는 아니 된다.

[본조신설 2018. 3. 13.]

제14조의5(인증기관 지정의 취소 등) ① 식품의약품안전처장은 필요하다고 인정하는 경우에는 관계 공무원으로 하여금 제14조의2제4항에 따라 지정받은 인증기관(이하 "인증기관"이라 한다)이 업무를 적절하게 수행하는지를 조사하게 할 수 있다.

② 식품의약품안전처장은 인증기관이 다음 각 호의 어느 하나에 해당하면 그 지정을 취소하거나 1년 이내의 기간을 정하여 해당 업무의 전부 또는 일부의 정지를 명할 수 있다. 다만, 제1호에 해당하는 경우에는 그 지정을 취소하여야 한다.

1. 거짓이나 그 밖의 부정한 방법으로 인증기관의 지정을 받은 경우
2. 제14조의2제5항에 따른 지정기준에 적합하지 아니하게 된 경우

③ 제2항에 따른 지정 취소 및 업무 정지 등에 필요한 사항은 총리령으로 정한다.

[본조신설 2018. 3. 13.]

제3절 제조·수입·판매 등의 금지

제15조(영업의 금지) 누구든지 다음 각 호의 어느 하나에 해당하는 화장품을 판매(수입대행형 거래를 목적으로 하는 알선·수여를 포함한다)하거나 판매할 목적으로 제조·수입·보관 또는 진열하여서는 아니 된다. 〈개정 2018. 3. 13.〉

1. 제4조에 따른 심사를 받지 아니하거나 보고서를 제출하지 아니한 기능성화장품
2. 전부 또는 일부가 변패(變敗)된 화장품
3. 병원미생물에 오염된 화장품
4. 이물이 혼입되었거나 부착된 것

5. 제8조제1항 또는 제2항에 따른 화장품에 사용할 수 없는 원료를 사용하였거나 같은 조 제8항에 따른 유통화장품 안전관리 기준에 적합하지 아니한 화장품
6. 코뿔소 뿔 또는 호랑이 뼈와 그 추출물을 사용한 화장품
7. 보건위생상 위해가 발생할 우려가 있는 비위생적인 조건에서 제조되었거나 제3조제2항에 따른 시설기준에 적합하지 아니한 시설에서 제조된 것
8. 용기나 포장이 불량하여 해당 화장품이 보건위생상 위해를 발생할 우려가 있는 것
9. 제10조제1항제6호에 따른 사용기한 또는 개봉 후 사용기간(병행 표기된 제조연월일을 포함한다)을 위조·변조한 화장품

[제목개정 2018. 3. 13.]

제15조의2(동물실험을 실시한 화장품 등의 유통판매 금지) ① 화장품책임판매업자는 「실험동물에 관한 법률」 제2조제1호에 따른 동물실험(이하 이 조에서 "동물실험"이라 한다)을 실시한 화장품 또는 동물실험을 실시한 화장품 원료를 사용하여 제조(위탁제조를 포함한다) 또는 수입한 화장품을 유통·판매하여서는 아니 된다. 다만, 다음 각 호의 어느 하나에 해당하는 경우는 그러하지 아니하다. 〈개정 2018. 3. 13.〉

1. 제8조제2항의 보존제, 색소, 자외선차단제 등 특별히 사용상의 제한이 필요한 원료에 대하여 그 사용기준을 지정하거나 같은 조 제3항에 따라 국민보건상 위해 우려가 제기되는 화장품 원료 등에 대한 위해평가를 하기 위하여 필요한 경우
2. 동물대체시험법(동물을 사용하지 아니하는 실험방법 및 부득이하게 동물을 사용하더라도 그 사용되는 동물의 개체 수를 감소하거나 고통을 경감시킬 수 있는 실험방법으로서 식품의약품안전처장이 인정하는 것을 말한다. 이하 이 조에서 같다)이 존재하지 아니하여 동물실험이 필요한 경우
3. 화장품 수출을 위하여 수출 상대국의 법령에 따라 동물실험이 필요한 경우
4. 수입하려는 상대국의 법령에 따라 제품 개발에 동물실험이 필요한 경우
5. 다른 법령에 따라 동물실험을 실시하여 개발된 원료를 화장품의 제조 등에 사용하는 경우
6. 그 밖에 동물실험을 대체할 수 있는 실험을 실시하기 곤란한 경우로서 식품의약품안전처장이 정하는 경우

② 식품의약품안전처장은 동물대체시험법을 개발하기 위하여 노력하여야 하며, 화장품책임판매업자 등이 동물대체시험법을 활용할 수 있도록 필요한 조치를 하여야 한다. 〈개정 2018. 3. 13.〉

제16조(판매 등의 금지) ① 누구든지 다음 각 호의 어느 하나에 해당하는 화장품을 판매하거나 판매할 목적으로 보관 또는 진열하여서는 아니 된다. 다만, 제3호의 경우에는 소비자에게 판매하는 화장품에 한한다. 〈개정 2018. 3. 13.〉

1. 제3조제1항에 따른 등록을 하지 아니한 자가 제조한 화장품 또는 제조·수입하여 유통·판매한 화장품

1의2. 제3조의2제1항에 따른 신고를 하지 아니한 자가 판매한 맞춤형화장품

1의3. 제3조의2제2항에 따른 맞춤형화장품조제관리사를 두지 아니하고 판매한 맞춤형화장품

2. 제10조부터 제12조까지에 위반되는 화장품 또는 의약품으로 잘못 인식할 우려가 있게 기재·표시된 화장품
3. 판매의 목적이 아닌 제품의 홍보·판매촉진 등을 위하여 미리 소비자가 시험·사용하도록 제조 또는 수입된 화장품
4. 화장품의 포장 및 기재·표시 사항을 훼손(맞춤형화장품 판매를 위하여 필요한 경우는 제외한다) 또는 위조·변조한 것

② 누구든지(맞춤형화장품조제관리사를 통하여 판매하는 맞춤형화장품판매업자 및 제2조제3호의2나목 단서에 해당하는 화장품 중 소분 판매를 목적으로 제조된 화장품의 판매자는 제외한다) 화장품의 용기에 담은 내용물을 나누어 판매하여서는 아니 된다. 〈개정 2020. 4. 7.〉

제4절 화장품업 단체 등 〈개정 2018. 3. 13.〉

제17조(단체 설립) 영업자는 자주적인 활동과 공동이익을 보장하고 국민보건향상에 기여하기 위하여 단체를 설립할 수 있다. 〈개정 2018. 3. 13.〉
[제목개정 2018. 3. 13.]

제4장 감 독

제18조(보고와 검사 등) ① 식품의약품안전처장은 필요하다고 인정하면 영업자·판매자 또는 그 밖에 화장품을 업무상 취급하는 자에 대하여 필요한 보고를 명하거나, 관계 공무원으로 하여금 화장품 제조장소·영업소·창고·판매장소, 그 밖에 화장품을 취급하는 장소에 출입하여 그 시설 또는 관계 장부나 서류, 그 밖의 물건의 검사 또는 관계인에 대한 질문을 할 수 있다. 〈개정 2018. 3. 13.〉

② 식품의약품안전처장은 화장품의 품질 또는 안전기준, 포장 등의 기재·표시 사항 등이 적합한지 여부를 검사하기 위하여 필요한 최소 분량을 수거하여 검사할 수 있다.

③ 식품의약품안전처장은 총리령으로 정하는 바에 따라 제품의 판매에 대한 모니터링 제도를 운영할 수 있다.

④ 제1항의 경우에 관계 공무원은 그 권한을 표시하는 증표를 관계인에게 내보여야 한다.

⑤ 제1항 및 제2항의 관계 공무원의 자격과 그 밖에 필요한 사항은 총리령으로 정한다.

제18조의2(소비자 화장품안전관리감시원) ① 식품의약품안전처장 또는 지방식품의약품안전청장은 화장품 안전관리를 위하여 제17조에 따라 설립된 단체 또는 「소비자기본법」 제29조에 따라 등록한 소비자단체의 임직원 중 해당 단체의 장이 추천한 사람이나 화장품 안전관리에 관한 지식이 있는 사람을 소비자화장품안전관리감시원으로 위촉할 수 있다.

② 제1항에 따라 위촉된 소비자화장품안전관리감시원(이하 "소비자화장품감시원"이라 한다)의 직무는 다음 각 호와 같다.

1. 유통 중인 화장품이 제10조제1항 및 제2항에 따른 표시기준에 맞지 아니하거나 제13조제1항 각 호의 어느 하나에 해당하는 표시 또는 광고를 한 화장품인 경우 관할 행정관청에 신고하거나 그에 관한 자료 제공
2. 제18조제1항·제2항에 따라 관계 공무원이 하는 출입·검사·질문·수거의 지원
3. 그 밖에 화장품 안전관리에 관한 사항으로서 총리령으로 정하는 사항

③ 식품의약품안전처장 또는 지방식품의약품안전청장은 소비자화장품감시원에게 직무 수행에 필요한 교육을 실시할 수 있다.

④ 식품의약품안전처장 또는 지방식품의약품안전청장은 소비자화장품감시원이 다음 각 호의 어느 하나에 해당하는 경우에는 해당 소비자화장품감시원을 해촉(解囑)하여야 한다.

1. 해당 소비자화장품감시원을 추천한 단체에서 퇴직하거나 해임된 경우
2. 제2항 각 호의 직무와 관련하여 부정한 행위를 하거나 권한을 남용한 경우
3. 질병이나 부상 등의 사유로 직무 수행이 어렵게 된 경우

⑤ 소비자화장품감시원의 자격, 교육, 그 밖에 필요한 사항은 총리령으로 정한다.

[본조신설 2018. 3. 13.]

제19조(시정명령) 식품의약품안전처장은 이 법을 지키지 아니하는 자에 대하여 필요하다고 인정하면 그 시정을 명할 수 있다.

제20조(검사명령) 식품의약품안전처장은 영업자에 대하여 필요하다고 인정하면 취급한 화장품에 대하여 「식품·의약품분야 시험·검사 등에 관한 법률」 제6조제2항제5호에 따른 화장품 시험·검사기관의 검사를 받을 것을 명할 수 있다. 〈개정 2018. 3. 13.〉

제21조 삭제 〈2013. 7. 30.〉

제22조(개수명령) 식품의약품안전처장은 화장품제조업자가 갖추고 있는 시설이 제3조제2항에 따른 시설기준에 적합하지 아니하거나 노후 또는 오손되어 있어 그 시설로 화장품을 제조하면 화장품의 안전과 품질에 문제의 우려가 있다고 인정되는 경우에는 화장품제조업자에게 그 시설의 개수를 명하거나 그 개수가 끝날 때까지 해당 시설의 전부 또는 일부의 사용금지를 명할 수 있다. 〈개정 2018. 3. 13.〉

제23조(회수·폐기명령 등) ① 식품의약품안전처장은 판매·보관·진열·제조 또는 수입한 화장품이나 그 원료·재료 등(이하 "물품"이라 한다)이 제9조, 제15조 또는 제16조제1항을 위반하여 국민보건에 위해를 끼칠 우려가 있는 경우에는 해당 영업자·판매자 또는 그 밖에 화장품을 업무상 취급하는 자에게 해당 물품의 회수·폐기 등의 조치를 명하여야 한다. 〈개정 2018. 12. 11.〉

② 식품의약품안전처장은 판매·보관·진열·제조 또는 수입한 물품이 국민보건에 위해를 끼치거나 끼칠 우려가 있다고 인정되는 경우에는 해당 영업자·판매자 또는 그 밖에 화장품을 업무상 취급하는 자에게 해당 물품의 회수·폐기 등의 조치를 명할 수 있다. 〈신설 2018. 12. 11.〉

③ 제1항 및 제2항에 따른 명령을 받은 영업자·판매자 또는 그 밖에 화장품을 업무상 취급하는 자는 미리 식품의약품안전처장에게 회수계획을 보고하여야 한다. 〈신설 2018. 12. 11.〉

④ 식품의약품안전처장은 다음 각 호의 어느 하나에 해당하는 경우에는 관계 공무원으로 하여금 해당 물품을 폐기하게 하거나 그 밖에 필요한 처분을 하게 할 수 있다. 〈개정 2018. 12. 11.〉

1. 제1항 및 제2항에 따른 명령을 받은 자가 그 명령을 이행하지 아니한 경우
2. 그 밖에 국민보건을 위하여 긴급한 조치가 필요한 경우

⑤ 제1항부터 제3항까지의 규정에 따른 물품의 회수에 필요한 위해성 등급 및 그 분류기준, 회수·폐기의 절차·계획 및 사후조치 등에 필요한 사항은 총리령으로 정한다. 〈개정 2018. 12. 11.〉

제23조의2(위해화장품의 공표) ① 식품의약품안전처장은 다음 각 호의 어느 하나에 해당하는 경우에는 해당 영업자에 대하여 그 사실의 공표를 명할 수 있다. 〈개정 2018. 12. 11.〉

1. 제5조의2제2항에 따른 회수계획을 보고받은 때
2. 제23조제3항에 따른 회수계획을 보고받은 때

② 제1항에 따른 공표의 방법·절차 등에 필요한 사항은 총리령으로 정한다.

제24조(등록의 취소 등) ① 영업자가 다음 각 호의 어느 하나에 해당하는 경우에는 식품의약품안전처장은 등록을 취소하거나 영업소 폐쇄(제3조의2제1항에 따라 신고한 영업만 해당한다. 이하 이 조에서 같다)를 명하거나, 품목의 제조·수입 및 판매(수입대행형 거래를 목적으로 하는 알선·수여를 포함한다)의 금지를 명하거나 1년의 범위에서 기간을 정하여 그 업무의 전부 또는 일부에 대한 정지를 명할 수 있다. 다만, 제3호 또는 제14호(광고 업무에 한정하여 정지를 명한 경우는 제외한다)에 해당하는 경우에는 등록을 취소하거나 영업소를 폐쇄하여야 한다. 〈개정 2019. 1. 15.〉

1. 제3조제1항 후단에 따른 화장품제조업 또는 화장품책임판매업의 변경 사항 등록을 하지 아니한 경우

2. 제3조제2항에 따른 시설을 갖추지 아니한 경우

2의2. 제3조의2제1항 후단에 따른 맞춤형화장품판매업의 변경신고를 하지 아니한 경우

3. 제3조의3 각 호의 어느 하나에 해당하는 경우

4. 국민보건에 위해를 끼쳤거나 끼칠 우려가 있는 화장품을 제조·수입한 경우

5. 제4조제1항을 위반하여 심사를 받지 아니하거나 보고서를 제출하지 아니한 기능성화장품을 판매한 경우

5의2. 제4조의2제1항에 따른 제품별 안전성 자료를 작성 또는 보관하지 아니한 경우

6. 제5조를 위반하여 영업자의 준수사항을 이행하지 아니한 경우

6의2. 제5조의2제1항을 위반하여 회수 대상 화장품을 회수하지 아니하거나 회수하는 데에 필요한 조치를 하지 아니한 경우

6의3. 제5조의2제2항을 위반하여 회수계획을 보고하지 아니하거나 거짓으로 보고한 경우

7. 삭제 <2018. 3. 13.>
8. 제9조에 따른 화장품의 안전용기·포장에 관한 기준을 위반한 경우
9. 제10조부터 제12조까지의 규정을 위반하여 화장품의 용기 또는 포장 및 첨부문서에 기재·표시한 경우
10. 제13조를 위반하여 화장품을 표시·광고하거나 제14조제4항에 따른 중지명령을 위반하여 화장품을 표시·광고 행위를 한 경우
11. 제15조를 위반하여 판매하거나 판매의 목적으로 제조·수입·보관 또는 진열한 경우
12. 제18조제1항·제2항에 따른 검사·질문·수거 등을 거부하거나 방해한 경우
13. 제19조, 제20조, 제22조, 제23조제1항·제2항 또는 제23조의2에 따른 시정명령·검사명령·개수명령·회수명령·폐기명령 또는 공표명령 등을 이행하지 아니한 경우
13의2. 제23조제3항에 따른 회수계획을 보고하지 아니하거나 거짓으로 보고한 경우
14. 업무정지기간 중에 업무를 한 경우

② 제1항에 따른 행정처분의 기준은 총리령으로 정한다.

[제목개정 2018. 3. 13.]

제25조 삭제 <2013. 7. 30.>

제26조(영업자의 지위 승계) 영업자가 사망하거나 그 영업을 양도한 경우 또는 법인인 영업자가 합병한 경우에는 그 상속인, 영업을 양수한 자 또는 합병 후 존속하는 법인이나 합병에 따라 설립되는 법인이 그 영업자의 의무 및 지위를 승계한다.
<개정 2018. 3. 13.> [제목개정 2018. 3. 13.]

제26조의2(행정제재처분 효과의 승계) 제26조에 따라 영업자의 지위를 승계한 경우에 종전의 영업자에 대한 제24조에 따른 행정제재처분의 효과는 그 처분 기간이 끝난 날부터 1년간 해당 영업자의 지위를 승계한 자에게 승계되며, 행정제재처분의 절차가 진행 중일 때에는 해당 영업자의 지위를 승계한 자에 대하여 그 절차를 계속 진행할 수 있다. 다만, 영업자의 지위를 승계한 자가 지위를 승계할 때에 그 처분 또는 위반 사실을 알지 못하였음을 증명하는 경우에는 그러하지 아니하다.
[본조신설 2018. 12. 11.]

제27조(청문) 식품의약품안전처장은 제14조의2제3항에 따른 인증의 취소, 제14조의5제2항에 따른 인증기관 지정의 취소 또는 업무의 전부에 대한 정지를 명하거나 제24조에 따른 등록의 취소, 영업소 폐쇄, 품목의 제조·수입 및 판매(수입대행형 거래를 목적으로 하는 알선·수여를 포함한다)의 금지 또는 업무의 전부에 대한 정지를 명하고자 하는 경우에는 청문을 하여야 한다. <개정 2018. 3. 13.>

제28조(과징금처분) ① 식품의약품안전처장은 제24조에 따라 영업자에게 업무정지처분을 하여야 할 경우에는 그 업무정지처분을 갈음하여 10억원 이하의 과징금을 부과할 수 있다. <개정 2018. 12. 11.>

② 제1항에 따른 과징금을 부과하는 위반행위의 종류와 위반정도 등에 따른 과징금의 금액과 그 밖에 필요한 사항은 대통령령으로 정한다.

③ 식품의약품안전처장은 과징금을 부과하기 위하여 필요한 경우에는 다음 각 호의 사항을 적은 문서로 관할 세무관서의 장에게 과세 정보 제공을 요청할 수 있다. 〈신설 2018. 3. 13.〉

1. 납세자의 인적 사항
2. 과세 정보의 사용 목적
3. 과징금 부과기준이 되는 매출금액

④ 식품의약품안전처장은 제1항에 따른 과징금을 내야 할 자가 납부기한까지 과징금을 내지 아니하면 대통령령으로 정하는 바에 따라 제1항에 따른 과징금부과처분을 취소하고 제24조제1항에 따른 업무정지처분을 하거나 국세 체납처분의 예에 따라 이를 징수한다. 다만, 제6조에 따른 폐업 등으로 제24조제1항에 따른 업무정지처분을 할 수 없을 때에는 국세 체납처분의 예에 따라 이를 징수한다. 〈개정 2018. 3. 13.〉

⑤ 식품의약품안전처장은 제4항에 따라 체납된 과징금의 징수를 위하여 다음 각 호의 어느 하나에 해당하는 자료 또는 정보를 해당 각 호의 자에게 요청할 수 있다. 이 경우 요청을 받은 자는 정당한 사유가 없으면 요청에 따라야 한다. 〈신설 2018. 3. 13.〉

1. 「건축법」 제38조에 따른 건축물대장 등본: 국토교통부장관
2. 「공간정보의 구축 및 관리 등에 관한 법률」 제71조에 따른 토지대장 등본: 국토교통부장관
3. 「자동차관리법」 제7조에 따른 자동차등록원부 등본: 특별시장·광역시장·특별자치시장·도지사 또는 특별자치도지사

제28조의2(위반사실의 공표) ① 식품의약품안전처장은 제22조, 제23조, 제23조의2, 제24조 또는 제28조에 따라 행정처분이 확정된 자에 대한 처분 사유, 처분 내용, 처분 대상자의 명칭·주소 및 대표자 성명, 해당 품목의 명칭 등 처분과 관련한 사항으로서 대통령령으로 정하는 사항을 공표할 수 있다.

② 제1항에 따른 공표방법 등 공표에 필요한 사항은 대통령령으로 정한다.

제29조(자발적 관리의 지원) 식품의약품안전처장은 영업자가 스스로 표시·광고, 품질관리, 국내외 인증 등의 준수사항을 위하여 노력하는 자발적 관리체계가 정착·확산될 수 있도록 행정적·재정적 지원을 할 수 있다. 〈개정 2018. 3. 13.〉

제30조(수출용 제품의 예외) 국내에서 판매되지 아니하고 수출만을 목적으로 하는 제품은 제4조, 제8조부터 제12조까지, 제14조, 제15조제1호·제5호, 제16조제1항제2호·제3호 및 같은 조 제2항을 적용하지 아니하고 수입국의 규정에 따를 수 있다.

제5장 보 칙

제31조(등록필증 등의 재교부) 영업자가 등록필증·신고필증 또는 기능성화장품심사결과통지서 등을 잃어버리거나 못쓰게 될 때는 총리령으로 정하는 바에 따라 이를 다시 교부받을 수 있다. 〈개정 2018. 3. 13.〉

제32조(수수료) 이 법에 따른 등록·신고·심사 또는 인증을 받거나, 자격시험 응시와 자격증 발급을 신청하고자 하는 자는 총리령으로 정하는 바에 따라 수수료를 납부하여야 한다. 등록·신고·심사 또는 인증받은 사항을 변경하고자 하는 경우에도 또한 같다.
[전문개정 2018. 3. 13.]

제33조(화장품산업의 지원) 보건복지부장관과 식품의약품안전처장은 화장품산업의 진흥을 위한 기반조성 및 경쟁력 강화에 필요한 시책을 수립·시행하여야 하며 이를 위한 재원을 마련하고 기술개발, 조사·연구 사업, 해외 정보의 제공, 국제협력체계의 구축 등에 필요한 지원을 하여야 한다. 〈개정 2018. 3. 13.〉

제33조의2(국제협력) 식품의약품안전처장은 화장품의 수출 진흥 및 안전과 품질관리 등을 위하여 수입국·수출국과 협약을 체결하는 등 국제협력에 노력하여야 한다.
[본조신설 2018. 12. 11.]

제34조(권한 등의 위임·위탁) ① 이 법에 따른 식품의약품안전처장의 권한은 그 일부를 대통령령으로 정하는 바에 따라 지방식품의약품안전청장이나 특별시장·광역시장·도지사 또는 특별자치도지사에게 위임할 수 있다.
② 식품의약품안전처장은 이 법에 따른 화장품에 관한 업무의 일부를 대통령령으로 정하는 바에 따라 제17조에 따른 단체 또는 화장품 관련 기관·법인·단체에 위탁할 수 있다. 〈개정 2018. 3. 13.〉
[제목개정 2018. 3. 13.]

제6장 벌 칙

제35조 삭제 〈2018. 3. 13.〉

제36조(벌칙) ① 다음 각 호의 어느 하나에 해당하는 자는 3년 이하의 징역 또는 3천만원 이하의 벌금에 처한다. 〈개정 2018. 3. 13.〉
1. 제3조제1항 전단을 위반한 자
1의2. 제3조의2제1항 전단을 위반한 자
1의3. 제3조의2제2항을 위반한 자
2. 제4조제1항 전단을 위반한 자
2의2. 제14조의2제3항제1호의 거짓이나 부정한 방법으로 인증받은 자
2의3. 제14조의4제2항을 위반하여 인증표시를 한 자
3. 제15조를 위반한 자
4. 제16조제1항제1호 또는 제4호를 위반한 자
② 제1항의 징역형과 벌금형은 이를 함께 부과할 수 있다.

제37조(벌칙) ① 제4조의2제1항, 제9조, 제13조, 제16조제1항제2호·제3호 또는 같은 조 제2항을 위반하거나, 제14조제4항에 따른 중지명령에 따르지 아니한 자는 1년 이하의 징역 또는 1천만원 이하의 벌금에 처한다. 〈개정 2019. 1. 15.〉
② 제1항의 징역형과 벌금형은 이를 함께 부과할 수 있다.

제38조(벌칙) 다음 각 호의 어느 하나에 해당하는 자는 200만원 이하의 벌금에 처한다. 〈개정 2018. 12. 11.〉

1. 제5조제1항부터 제3항까지의 규정에 따른 준수사항을 위반한 자

1의2. 제5조의2제1항을 위반한 자

1의3. 제5조의2제2항을 위반한 자

2. 제10조제1항(같은 항 제7호는 제외한다)·제2항을 위반한 자

2의2. 제14조의3에 따른 인증의 유효기간이 경과한 화장품에 대하여 제14조의4제1항에 따른 인증표시를 한 자

3. 제18조, 제19조, 제20조, 제22조 및 제23조에 따른 명령을 위반하거나 관계 공무원의 검사·수거 또는 처분을 거부·방해하거나 기피한 자

제39조(양벌규정) 법인의 대표자나 법인 또는 개인의 대리인, 사용인, 그 밖의 종업원이 그 법인 또는 개인의 업무에 관하여 제36조부터 제38조까지의 어느 하나에 해당하는 위반행위를 하면 그 행위자를 벌하는 외에 그 법인 또는 개인에게도 해당 조문의 벌금형을 과(科)한다. 다만, 법인 또는 개인이 그 위반행위를 방지하기 위하여 해당 업무에 관하여 상당한 주의와 감독을 게을리하지 아니한 경우에는 그러하지 아니하다. 〈개정 2018. 3. 13.〉

제40조(과태료) ① 다음 각 호의 어느 하나에 해당하는 자에게는 100만원 이하의 과태료를 부과한다. 〈개정 2018. 12. 11.〉

1. 삭제 〈2018. 3. 13.〉

2. 제4조제1항 후단을 위반하여 변경심사를 받지 아니한 자

3. 제5조제4항을 위반하여 화장품의 생산실적 또는 수입실적 또는 화장품 원료의 목록 등을 보고하지 아니한 자

4. 제5조제5항에 따른 명령을 위반한 자

5. 제6조를 위반하여 폐업 등의 신고를 하지 아니한 자

5의2. 제10조제1항제7호 및 제11조를 위반하여 화장품의 판매 가격을 표시하지 아니한 자

6. 제18조에 따른 명령을 위반하여 보고를 하지 아니한 자

7. 제15조의2제1항을 위반하여 동물실험을 실시한 화장품 또는 동물실험을 실시한 화장품 원료를 사용하여 제조(위탁제조를 포함한다) 또는 수입한 화장품을 유통·판매한 자

② 제1항에 따른 과태료는 대통령령으로 정하는 바에 따라 식품의약품안전처장이 부과·징수한다.

부 칙 〈제17250호, 2020. 4. 7.〉

이 법은 공포한 날부터 시행한다.

참고 문헌

- 국가법령정보센터, "화장품법", 법제처, 2020.
- 김경영·배유경·이은주·김수미·김은애·송다해·안경민·최수기, "에센스 화장품학 개정5판", 메디시언, 2019.
- 김경태·안광현·정낙철, "McMurry 기본 유기화학 7판", 사이플러스, 2011.
- 김기연·박은경·이승화·이정희·이종민·조남영·조지훈, "화장품성분학 사전", 현문사, 2011.
- 김주덕·경기열·조진훈, "화장품 과학 가이드 제2판", 광문각, 2011.
- 김주덕·김상진·김한식·박경환·이화순·진종언, "신화장품학", 동화기술, 2008.
- 김주덕·신정은, "최신 화장품학", 광문각, 2018.
- 김주덕·지홍근, "화장품 성분", 성신여자대학교 PRIME 사업추진단, 2017.
- 대한화장품협회, "성분사전", 2020.
- 박외숙, "화장품 과학", 자유아카데미, 2010.
- 사이토 가츠히로, "가볍게 읽는 유기화학", 북스힐, 2019.
- 사마키 타케오·테라다 미츠히로, "야마다 요이치", 북스힐, 2019.
- 식품의약품안전처, "화장품 정책자료", 2020.
- 양재찬, "화장품학의 이해", 라이프사이언스, 2019.
- 오정숙·박초희, "안면미용 기기관리학", 에듀컨텐츠휴피아, 2017.
- 이근광·송연숙, "화장품성분과학", 현문사, 2012.
- 이영행, "유기화학입문", 자유아카데미, 2000.
- 하병조, "기능성 화장품", 신광출판사, 2009.
- 황완균·허선정·이은주·박초희, "제대로 알고 바르자! 기능성 화장품", 헬스조선, 2016.

찾아 보기

INDEX

Essence
에센스 화장품 성분과학
Cosmetic Ingredients

2021년 2월 15일 초판 인쇄
2021년 2월 20일 초판 발행

저 자 박초희 · 구정은 · 김경영
김정기 · 배근혜 · 이은경

발행인 주병오 · 주민기

발행처 메디시인

주 소 경기도 파주시 회동길 209
파주출판문화도시
영업팀 (031) 955－7566 · 7577
편집디자인팀 (031) 955－7731
F A X (031) 955－7730
홈페이지 www.ji-gu.co.kr
전자우편 jigupub@hanmail.net
등록번호 2005년 2월 16일 제 406－2005－000045호

ISBN 979－11－90839－15－0 값 22,000원

표준 주기율표
Periodic Table of the Elements

표기법:

원자 번호 **기호** 원소명(국문) 원소명(영문) 표준 원자량

1	2	3	4	5	6	7	8	9
1 **H** 수소 hydrogen 1.0078, 1.0082								
3 **Li** 리튬 lithium 6.938, 6.997	4 **Be** 베릴륨 beryllium 9.0122							
11 **Na** 소듐 sodium 22.990	12 **Mg** 마그네슘 magnesium 24.304, 24.307							
19 **K** 포타슘 potassium 39.098	20 **Ca** 칼슘 calcium 40.078(4)	21 **Sc** 스칸듐 scandium 44.956	22 **Ti** 타이타늄 titanium 47.867	23 **V** 바나듐 vanadium 50.942	24 **Cr** 크로뮴 chromium 51.996	25 **Mn** 망가니즈 manganese 54.938	26 **Fe** 철 iron 55.845(2)	27 **Co** 코발트 cobalt 58.933
37 **Rb** 루비듐 rubidium 85.468	38 **Sr** 스트론튬 strontium 87.62	39 **Y** 이트륨 yttrium 88.906	40 **Zr** 지르코늄 zirconium 91.224(2)	41 **Nb** 나이오븀 niobium 92.906	42 **Mo** 몰리브데넘 molybdenum 95.95	43 **Tc** 테크네튬 technetium	44 **Ru** 루테늄 ruthenium 101.07(2)	45 **Rh** 로듐 rhodiur 102.91
55 **Cs** 세슘 caesium 132.91	56 **Ba** 바륨 barium 137.33	57–71 란타넘족 lanthanoids	72 **Hf** 하프늄 hafnium 178.49(2)	73 **Ta** 탄탈럼 tantalum 180.95	74 **W** 텅스텐 tungsten 183.84	75 **Re** 레늄 rhenium 186.21	76 **Os** 오스뮴 osmium 190.23(3)	77 **Ir** 이리듐 iridium 192.22
87 **Fr** 프랑슘 francium	88 **Ra** 라듐 radium	89–103 악티늄족 actinoids	104 **Rf** 러더포듐 rutherfordium	105 **Db** 두브늄 dubnium	106 **Sg** 시보귬 seaborgium	107 **Bh** 보륨 bohrium	108 **Hs** 하슘 hassium	109 **Mt** 마이트너 meitneriu

Lathanides	57 **La** 란타넘 lanthanum 138.91	58 **Ce** 세륨 cerium 140.12	59 **Pr** 프라세오디뮴 praseodymium 140.91	60 **Nd** 네오디뮴 neodymium 144.24	61 **Pm** 프로메튬 promethium	62 **Sm** 사마륨 samariu 150.36(2
Actinides	89 **Ac** 악티늄 actinium	90 **Th** 토륨 thorium 232.04	91 **Pa** 프로트악티늄 protactinium 231.04	92 **U** 우라늄 uranium 238.03	93 **Np** 넵투늄 neptunium	94 **Pu** 플루토늄 plutoniu

참조) 표준 원자량은 2011년 IUPAC에서 결정한 새로운 형식을 따른 것으로 [ ] 안에 표시
분포를 고려한 표준 원자량의 범위를 나타낸 것임. 자세한 내용은 Pure A

10	11	12	13	14	15	16	17	18
								2 He 헬륨 helium 4.0026
			5 B 붕소 boron 10.806, 10.821	6 C 탄소 carbon 12.009, 12.012	7 N 질소 nitrogen 14.006, 14.008	8 O 산소 oxygen 15.999, 16.000	9 F 플루오린 fluorine 18.998	10 Ne 네온 neon 20.180
			13 Al 알루미늄 aluminium 26.982	14 Si 규소 silicon 28.084, 28.086	15 P 인 phosphorus 30.974	16 S 황 sulfur 32.059, 32.076	17 Cl 염소 chlorine 35.446, 35.457	18 Ar 아르곤 argon 39.948
28 Ni 니켈 nickel 58.693	29 Cu 구리 copper 63.546(3)	30 Zn 아연 zinc 65.38(2)	31 Ga 갈륨 gallium 69.723	32 Ge 저마늄 germanium 72.630(8)	33 As 비소 arsenic 74.922	34 Se 셀레늄 selenium 78.971(8)	35 Br 브로민 bromine 79.901, 79.907	36 Kr 크립톤 krypton 83.798(2)
46 Pd 팔라듐 alladium 106.42	47 Ag 은 silver 107.87	48 Cd 카드뮴 cadmium 112.41	49 In 인듐 indium 114.82	50 Sn 주석 tin 118.71	51 Sb 안티모니 antimony 121.76	52 Te 텔루륨 tellurium 127.60(3)	53 I 아이오딘 iodine 126.90	54 Xe 제논 xenon 131.29
78 Pt 백금 latinum 195.08	79 Au 금 gold 196.97	80 Hg 수은 mercury 200.59	81 Tl 탈륨 thallium 204.38, 204.39	82 Pb 납 lead 207.2	83 Bi 비스무트 bismuth 208.98	84 Po 폴로늄 polonium	85 At 아스타틴 astatine	86 Rn 라돈 radon
110 Ds 름슈타튬 mstadtium	111 Rg 뢴트게늄 roentgenium	112 Cn 코페르니슘 copernicium	113 Nh 니호늄 nihonium	114 Fl 플레로븀 flerovium	115 Mc 모스코븀 moscovium	116 Lv 리버모륨 livermorium	117 Ts 테네신 tennessine	118 Og 오가네손 oganesson

63 Eu 유로퓸 uropium 151.96	64 Gd 가돌리늄 gadolinium 157.25(3)	65 Tb 터븀 terbium 158.93	66 Dy 디스프로슘 dysprosium 162.50	67 Ho 홀뮴 holmium 164.93	68 Er 어븀 erbium 167.26	69 Tm 툴륨 thulium 168.93	70 Yb 이터븀 ytterbium 173.05	71 Lu 루테튬 lutetium 174.97
95 Am 메리슘 mericium	96 Cm 퀴륨 curium	97 Bk 버클륨 berkelium	98 Cf 캘리포늄 californium	99 Es 아인슈타이늄 einsteinium	100 Fm 페르뮴 fermium	101 Md 멘델레븀 mendelevium	102 No 노벨륨 nobelium	103 Lr 로렌슘 lawrencium

종류 이상의 안정한 동위원소가 존재하는 경우에 지각 시료에서 발견되는 자연 존재비의
3, 359–396(2011); doi:10.1351/PAC-REP-10-09-14을 참조하기 바람.